U0199959

 中国地质调查"DD20160060"项目资助

特殊地质地貌区填图方法指南丛书

戈壁荒漠覆盖区 1 ： 50000 填图方法指南

王国灿　陈　超　胡健民　季军良　陈　越　邱士东 等　著

科 学 出 版 社

北　京

内 容 简 介

戈壁荒漠覆盖区主要分布于我国西部和北部广大区域。这类区域填图的主要目标是查明覆盖层之下基岩地质结构，解决一些与覆盖有关的重要基础地质矿产问题，揭示覆盖层中一些重要目标地质体如含水层与隔水层的分布状况。因此，在戈壁荒漠覆盖区填图，各种物探方法与钻探验证成为核心填图技术方法组合。但具体方法组合要根据探测目标特征与方法技术应用效果决定。本书分两部分，第一部分基于戈壁荒漠覆盖区特定的地理地质特征和填图目标任务，系统阐述戈壁荒漠覆盖区地质填图的技术路线和主要技术方法；第二部分基于新疆巴里坤盆地东部口门子－奎苏一带的戈壁荒漠覆盖区地质填图实践，系统阐述其具体填图目标、相关方法组合、工作量的投入和具体的工作部署。

本书适合地质调查、矿产勘查、资源预测相关人员参考。

审图号：GS（2018）2851号

图书在版编目（CIP）数据

戈壁荒漠覆盖区 1 ： 50000 填图方法指南 / 王国灿等著 . —北京：科学出版社，2018.6

（特殊地质地貌区填图方法指南丛书）

ISBN 978-7-03-056187-9

Ⅰ . ①戈… Ⅱ . ①王… Ⅲ . ①戈壁－地质填图－中国－指南 ②荒漠－地质填图－中国－指南 Ⅳ . ① P623-62

中国版本图书馆CIP数据核字（2017）第321166号

责任编辑：王 运 陈娇娇 / 责任校对：张小霞
责任印制：肖 兴 / 封面设计：李姗姗

科 学 出 版 社 出版

北京东黄城根北街16号
邮政编码：100717

http://www.sciencep.com

北京汇瑞嘉合文化发展有限公司 印刷

科学出版社发行 各地新华书店经销

*

2018年6月第 一 版 开本：787×1092 1/16
2018年6月第一次印刷 印张：15 3/4
字数：373 000

定价：188.00元

（如有印装质量问题，我社负责调换）

丛　书　序

目前，我国已基本完成陆域可测地区 1∶20 万、1∶25 万区域地质调查、重要经济区和成矿带 1∶50000 区域地质调查，形成了一套完整的地质填图技术标准规范，为推进区域地质调查工作做出了历史性贡献。近年来，地质调查工作由传统的供给驱动型转变为需求驱动型，地质找矿、灾害防治、环境保护、工程建设等专业领域对地质填图成果的服务能力提出了新的要求。但是，利用传统的填图方法或借助传统交通工具难以开展地质调查的特殊地质地貌区（森林草原、戈壁荒漠、湿地沼泽、黄土覆盖区、新构造－活动构造发育区、岩溶区、高山峡谷、海岸带等）是矿产资源富集、自然环境脆弱、科学问题交汇、经济活动活跃的地区，调查研究程度相对较低，不能完全满足经济社会发展和生态文明建设的迫切需求。因此，在我国经济新常态下，区域地质调查领域、方式和方法的转变，正成为地质行业一项迫在眉睫的任务；同时，提高地质填图成果多尺度、多层次和多目标的服务能力，也是现代地质调查工作支撑服务国家重大发展战略和自然资源中心工作的必然要求。

在中国地质调查局基础调查部指导下，经过一年多的研究论证和精心部署，"特殊地区地质填图工程"于 2014 年正式启动，由中国地质科学院地质力学研究所组织实施。该工程的目标是本着精准服务的新理念、新职责、新目标，聚焦国家重大需求，革新区调填图思路，拓展我国区域地质调查领域；按照需求导向、目标导向，针对不同类型特殊地质地貌区的基本特征和分布区域，围绕国家重要能源资源接替基地、丝绸之路经济带、东部 T 型经济带（沿海经济带和长江经济带）等重大战略，在不同类型的特殊地区进行 1∶50000 地质填图试点，统筹部署地质调查工作，融合多学科、多手段，探索不同类型特殊地质地貌区填图技术方法，逐渐形成适合不同类型特殊地质地貌区填图工作指南与规范，引领我国区域地质调查工作由基岩裸露区向特殊地质地貌区转移，创新地质填图成果表达方式，探讨形成面对多目标的服务成果。该工程一方面在工作内容和服务对象上进行深度调整，从解决国家重大资源环境科学问题出发，加强资源、环境、重要经济区等综合地质调查，注重人类活动与地球系统之间的相互作用和相互影响，积极拓展服务领域；另一方面，全方位地融合现代科技手段，探索地质调查新模式，创新成果表达内容和方式，提高服务的质量和效率。

工程所设各试点项目由中国地质调查局大区地质调查中心、研究所及高等院校承担，经过 4 年的艰苦努力，特殊地区地质填图工程下设项目如期完成预设目标任务。在项目执行过程中同时开展多项中外合作填图项目，充分借鉴国外经验，探索出一套符合我国地质背景的特殊地区填图方法，促进填图质量稳步提升。《特殊地质地貌区填图方法指南丛书》是经全国相关领域著名专家和编辑委员会反复讨论和修改，在各试点项目调查和研究成果的基础上编写而成。全书分 10 册，内容包括戈壁荒漠覆盖区、长三角平原区、高山峡谷区、森林沼泽覆盖区、山前盆地覆盖区、南方强风化层覆盖区、岩溶区、黄土覆盖区、新构造－活动构造发育区等不同类型特殊地质地貌区 1 ：50000 填图方法指南及特殊地质地貌区填图技术方法指南。每个分册主要阐述了在这种地质地貌区开展 1 ：50000 地质填图的目标任务、工作流程、技术路线、技术方法及填图实践成果等，形成了一套特殊地质地貌区区域地质调查技术标准规范和填图技术方法体系。

　　这套丛书是在中国地质调查局基础调查部领导下，由中国地质科学院地质力学研究所组织实施，中国地质调查局有关直属单位、高等院校、地方地质调查机构的地调、科研与教学人员花费几年艰苦努力、探索总结完成的，对今后一段时间我国基础地质调查工作具有重要的指导意义和参考价值。在此，我向所有为这套丛书付出心血的人员表示衷心的祝贺！

李廷栋

2018 年 6 月 20 日

前　　言

国家经济社会发展对资源环境调查提出了新的要求，我国区域地质调查工作也处于一个新的重要转型阶段，由原来的矿产资源地质背景调查为目的转向整个自然资源地质背景调查为目的，由传统的地质调查内容转向新的地球系统地质调查内容，由原来的服务单一地质矿产行业和部门转向服务整个社会多元目标。在这种新形势和背景下，中国地质调查局启动"特殊地区地质填图工程"（工程挂靠单位为中国地质科学院地质力学研究所），旨在对占我国陆地总面积约 250 万 km^2 的森林草原覆盖区、戈壁荒漠覆盖区、平原覆盖区、南方强风化层覆盖区、海岸带、岩溶区、艰险区等特殊地质地貌区开展 1 ∶ 50000 区域地质填图试点，创新现代地质填图理论及方法，探索适合不同类型特殊地质地貌区特征的填图技术方法体系。

作为覆盖区最基本类型之一的戈壁荒漠覆盖区占据我国西部和北部广袤的面积，涉及地域辽阔，也是我国丝绸之路的重要途经区域。而戈壁荒漠覆盖区基础地质调查工作程度极低，存在诸多制约区域地质构造演化认识的重要基础地质问题；很多戈壁荒漠覆盖区往往与造山带成矿系统关系密切，找矿潜力巨大；另外，戈壁荒漠覆盖区水资源及环境状况是制约地方经济发展的重要瓶颈，地表水以及地下水的运移和赋存条件与覆盖层及其下的岩性和构造关系密切，干旱缺水为特点的脆弱生态环境是晚新生代以来地质变迁的结果，丰富的气候环境演变信息蕴藏在覆盖层沉积系统中。因此，开展戈壁荒漠覆盖区地质调查无论是对进一步解决重大基础地质问题，揭示晚近地质时期气候环境演变，还是对地质找矿和地方社会经济发展服务等方面都具有重要的理论和实际意义。

基于此，在"特殊地区地质填图工程"统一部署下，设立"新疆 1 ∶ 50000 板房沟（K46E002015）、小柳沟（K46E003015）、伊吾军马场（K46E004015）、口门子（K46E005015）幅填图试点"子项目（项目周期 2014 ～ 2016 年），开展戈壁荒漠覆盖区地质填图试点。子项目由中国地质大学（武汉）地质调查研究院承担，隶属中国地质科学院地质力学研究所组织实施的二级项目"特殊地质地貌区填图试点"。本指南主要是在该子项目针对东天山巴里坤盆地口门子－奎苏一带戈壁荒漠覆盖区的填图实践并参考其他相关覆盖区地质填图成果的基础上编写完成的，其后，在实施新的二级项目"东天山喀拉塔格－雅满苏一带戈壁荒漠浅覆盖区地质填图"（项目周期 2017 ～ 2019 年）工作过程中，又根据新的调研成果对指南文本进行了适当修改和完善。

本指南分两部分，第一部分"戈壁荒漠覆盖区 1 ∶ 50000 填图技术方法"分六章，主要基于戈壁荒漠覆盖区特定的地理地质特征和填图目标任务，系统阐述了戈壁荒漠覆盖区地质填图的技术路线、主要技术方法、不同填图阶段的主要技术要求和精度要求建议；第二部分"新疆巴里坤口门子－奎苏一带戈壁荒漠覆盖区填图实践"分七章，主要基于新疆巴里坤盆地东部口门子－奎苏一带的戈壁荒漠覆盖区地质填图实践，系统阐述了针对覆盖区的地表、覆盖层和基岩地质填图的具体填图目标、相关方法组合、工作量的投入和具体的工作部署以及取得的主要成果认识和成果表达。其中第一章至第六章由王国灿、陈超、胡健民、季军良、陈越、邱士东编写；第七章由王国灿、陈超编写；第八章由王国灿、廖群安、张雄华编写；第九章由季军良、陈越、王国灿编写；第十章、第十一章由王国灿、陈超、季军良、陈越编写；第十二章由陈越、王国灿、季军良编写；第十三章由陈越编写。全书最后由王国灿、陈超统稿和定稿。

指南编写过程中，中国地质调查局基础部、所属工程挂靠单位中国地质科学院地质力学研究所给予了大力支持和关怀。二级项目和工程多次组织专家对指南编写提出了大量建设性意见和具体指导，为本指南的完善提供了积极的技术支撑。子项目承担单位中国地质大学（武汉）地质调查研究院也对本指南编写工作予以高度重视，组织力量对子项目的实施和运行进行了全面支持，对子项目工作进度和质量进行了严格审核和把关。项目组相关工作人员克服了时间紧任务重的多重困难，积极调研国内外有关覆盖区地质调查研究现状，结合我国戈壁荒漠区地质实际进行广泛的素材收集，通过填图技术与方法的不断总结，最后形成本指南。在此，对给予本指南工作指导和帮助的有关单位、领导、专家和参与项目的全体工作人员表示衷心感谢！

需要说明的是，尽管本指南试图涵盖不同类型戈壁荒漠覆盖区，但毕竟试点子项目的工作地域较为局限，对整个戈壁荒漠覆盖区的复杂性的把握可能还不全面，加之指南编写的时间较仓促，因此，本指南难免存在疏漏之处，敬请读者批评指正！也希望通过实践对指南作出进一步修正和完善。

作　者

2017 年 12 月

目　　录

第二部分　新疆巴里坤口门子－奎苏一带戈壁荒漠覆盖区填图实践

第一部分　戈壁荒漠覆盖区 1：50000 填图技术方法

第一章　绪　　论

第一节　戈壁荒漠区基本地理地质特征

戈壁（gobi）一词来源于蒙古语，原是指沙漠的一种，即地面主要由砾石构成的"沙漠"。但在中文中戈壁与沙漠含义不同，戈壁单指地势起伏平缓、地面覆盖大片砾石的荒漠地区，而沙漠是指以沙丘为特征的荒漠地区。本指南所指"戈壁荒漠覆盖区"（以下简称戈壁荒漠区）是指在干旱或极端干旱区长期受强烈风蚀或物理风化作用、地表由砾石覆盖的地势开阔荒漠景观区。戈壁荒漠（gobi desert）区主要分布于东亚内陆地区，在我国主要分布于贺兰山以西，昆仑山、阿尔金山和祁连山以北。在行政区划上，我国戈壁荒漠区主要分布于内蒙古自治区中西部、宁夏回族自治区、甘肃省（河西走廊）和新疆维吾尔自治区，总面积约 57 万 km^2，约占我国陆地面积的 6%，整体向西和向东延伸（图 1-1）。境外部分主要分布在蒙古国西部戈壁荒漠覆盖区。

一、戈壁荒漠区基本地理特征

（一）气候特征及戈壁荒漠气候分区

1. 气候特征

（1）干旱少雨：干燥度大于 20（图 1-2）。年降水量一般不超过 250mm，且多小于 50mm，而年蒸发量却远远大于 1500mm。降水为阵性，越向荒漠中心越少，几乎无地表径流，同时地下水位也较深。山地水流局限于戈壁边缘，在水源较充足的地区会出现绿洲，具有独特的生态环境，利于人类居住、生活与生产。

（2）气温寒暑变化剧烈：夏季异常酷热，最高气温可达 50℃，昼夜温差悬殊，有时达 30℃以上。

（3）风力强劲：风沙活动频繁，干燥剥蚀作用和风力搬运作用强烈，岩石机械崩解作用强烈，在山区及低山丘陵区有季节性冲洪积物。

2. 气候分区

根据气候干温系统，中国戈壁荒漠分布区可以划分为温性干旱极干旱戈壁区、暖性干旱极干旱戈壁区和亚寒干旱极干旱戈壁区 3 个一级区（地区）（图 1-1），其下根据区域

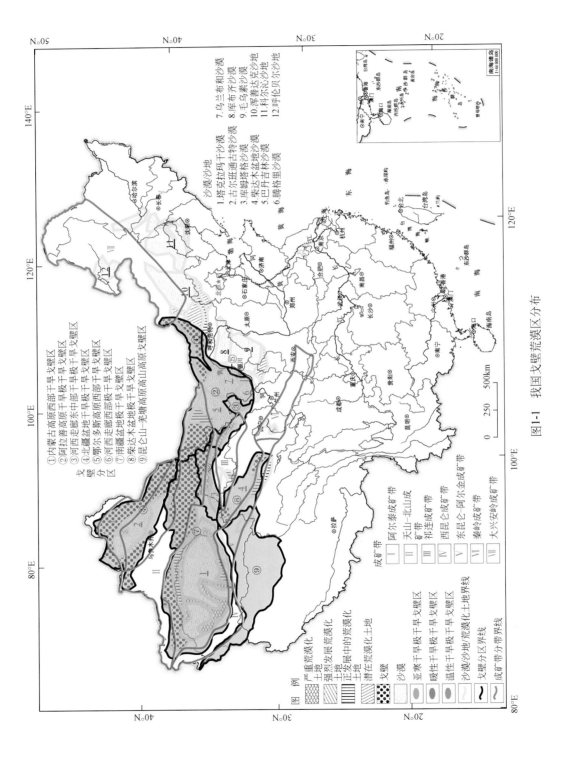

图1-1 我国戈壁荒漠区分布

地质地貌特征划分出 9 个二级区，分别为内蒙古高原西部干旱戈壁区、阿拉善高原干旱极干旱戈壁区、河西走廊东中部干旱极干旱戈壁区、北疆盆地干旱极干旱戈壁区；鄂尔多斯高原西部干旱戈壁区、河西走廊西部极干旱戈壁区、南疆盆地极干旱戈壁区；柴达木盆地极干旱戈壁区、昆仑山－羌塘高原高山高原戈壁区（申元村等，2016）。

图 1-2 茫茫戈壁滩，干旱少雨（新疆哈密）

（二）植被特征

戈壁荒漠区总体植被覆盖率低，小于 5%，荒漠植被发育（图 1-3），包括红棉柳、灌木、骆驼刺和麻黄草等。

图 1-3 戈壁滩上稀疏荒漠植被，受稀疏植物保护的风成沙丘（新疆哈密）

（三）地貌特征

我国西部戈壁荒漠覆盖区的地貌特点可概括为干燥剥蚀山地、山地丘陵与山间盆地的"山盆交错"分布。典型的戈壁荒漠覆盖区从山脉至覆盖区依次为高山、边缘山地、山前滩地到中央盆地，如新疆的吐哈盆地。边缘山地与山前滩地地貌特征多为冲洪积扇平原（图 1-4），而盆地中心为冲积－风积平原（图 1-5）与冲积－湖积平原（图 1-6）。

图 1-4　山前冲洪积扇平原（新疆巴里坤盆地东部）

图 1-5　冲积－风积平原，表面发育新月形锥形的风成沙丘，迎风面为砾石滩，背风面富砂

（四）环境状况

1. 戈壁荒漠区生态环境

戈壁荒漠区生态环境十分脆弱，干旱是戈壁荒漠区生态环境的最基本特征。生态环境整体呈恶化趋势，生物多样性极差，土地有效利用率极低。戈壁荒漠区与绿洲呈棋盘交错分布格局，干旱气候严重威胁和破坏着绿洲的生态系统。

图1-6　冲积-湖积平原

2. 戈壁荒漠区地质环境

戈壁荒漠区的地质环境问题可分为原生地质环境问题和次生地质环境问题。前者主要为荒漠边缘土地盐碱化，沙化强烈；后者则为矿区开采引发的地表破坏、地面塌陷和大气污染等。

（五）重要城市经济带

戈壁荒漠区生态环境恶劣，人烟稀少，重要的城市经济带较少，主要戈壁荒漠区城市有酒泉、哈密、吐鲁番、喀什等。其中典型戈壁荒漠区城市哈密位于新疆东部，人口约58万，为丝绸之路沿线诞生的最年轻城市，吐哈盆地盛产油气。

二、戈壁荒漠区简要地质矿产特征

（一）戈壁荒漠区基本地质结构特征

戈壁荒漠区的堆积特点可以分为两大亚景观区，即剥蚀残积型戈壁和堆积型戈壁。剥蚀残积型戈壁以剥蚀（侵蚀）作用为主，物质成分主要为低山残丘地区基岩发生风化导致的风化残积或坡积物，其物质主要通过长期风化、原地残积或坡积短距离搬运堆积而成。残积或坡积物碎石棱角分明，基本没有磨圆度，碎石成分与下伏基岩相同。

堆积型戈壁主要通过流水洪积或冲积作用发生一定距离的搬运并堆积而成。其分布区域地面较平坦，砾石具有一定的磨圆度。

两类戈壁荒漠的垂向结构特点如下（图1-7，图1-8）。

1. 剥蚀残积型戈壁垂向结构

剥蚀残积型戈壁垂向分层自上而下分别为地表卵砾石或铁豆石（iron pisolite）漂浮层、孔泡结皮层、上弱胶结层、强胶结钙积层、下弱胶结层、风化基岩（赵善定和王学求，

(a)   (b)

图 1-7　剥蚀残积型戈壁结构特征（冯益明等，2014）

（a）剥蚀残积型戈壁表面砾石特征；（b）剥蚀残积型戈壁土壤剖面

(a)

(b)

图 1-8　堆积型戈壁结构特征（新疆哈密）

（a）洪冲积砂砾石层覆于基岩古近系砂岩之上，表面风蚀带走细粒物质，残留砾石层；（b）堆积型戈壁土壤剖面，表层为风蚀残留的砾石层，中下部为原洪冲积堆积砂砾石层，以下为基岩古近系砂岩

2005）。漂浮层为松散风成砂伴有卵砾石或铁豆石；孔泡结皮层具蜂窝孔洞状；上弱胶结层为较松散的细砂、黏土丰富的含砾砂泥层；强胶结钙积层为钙质或盐质板结的结壳，发育石膏盐磐层；下弱胶结层为弱胶结砂砾石层；风化基岩即为受风化作用影响形成的易碎基岩，向下逐渐过渡到新鲜基岩。各层厚度与总厚度在不同亚景观中不尽一致，但总体较薄。

2. 堆积型戈壁垂向结构

堆积型戈壁土壤剖面主要特征表现为表层覆盖不同粒径的砾石，其下有细砂，随后即为砂砾混合（图 1-8）。堆积型戈壁的形成是先有堆积作用形成砾砂混合物，然后，砾砂混合物受强风力侵蚀作用，表面细小物质被吹走，剩下砾石残余物。

堆积型戈壁按粒径大小细分为 3 个亚类，各亚类主要依据戈壁表面主体物质的粒径大小进行区分。

粗砾质戈壁：指戈壁表面主体组成物质较粗，主体物质主要由粒径大于 64mm 的砾石组成，该种类型的戈壁一般主要是洪积物，分布在洪积扇的顶端，砾石磨圆度差，粗细不均，地面坡度较大。

中砾质戈壁：戈壁表面主体组成物质粒径为 4 ～ 64mm，一般主要是冲洪积物，主要分布在冲洪积平原地带，砾石磨圆度较好，粗细相对均匀，砾石覆盖密度大，地面基本平坦。

细砾质戈壁：戈壁表面主体组成物质粒径为 1 ～ 4mm，一般主要是冲积物，主要分布在冲积平原区域，砾石磨圆度较好，粗细相对均匀，地面基本平坦。

（二）戈壁荒漠区矿产资源状况

我国戈壁荒漠区矿产资源丰富，一些重要的矿集区或重要成矿带经过戈壁荒漠区。经过戈壁荒漠区的主要的成矿带有阿尔泰成矿带（Ⅰ）和天山-北山成矿带（Ⅱ）。另外，祁连成矿带（Ⅲ）、东昆仑-阿尔金成矿带（Ⅴ）、秦岭成矿带（Ⅵ）和大兴安岭成矿带（Ⅶ）也发育小面积戈壁荒漠区。阿尔泰成矿带新发现（或重大新进展）矿产地有新疆富蕴县麦兹大型铅锌金矿（储量 100 万 t）；天山-北山成矿带有土屋-延东超大型铜矿（储量 465 万 t）和彩霞山大型铅锌矿（储量 300 万 t）等（肖克炎等，2016）。

我国西部的戈壁荒漠区往往与大型盆地相关，蕴藏了丰富的油气资源和煤、盐等非金属矿产资源。吐哈盆地、准噶尔盆地、塔里木盆地、柴达木盆地等占据我国戈壁荒漠区的主体部分，产出有大量的油气田。

第二节　戈壁荒漠覆盖区覆盖类型划分

根据覆盖区景观特点，覆盖区可以划分为森林覆盖区、草原覆盖区、沼泽湿地覆盖区、平原覆盖区、戈壁荒漠覆盖区、强风化层覆盖区。戈壁荒漠覆盖区是覆盖区的基本景观类型之一。戈壁荒漠覆盖区地表几乎被粗砂、砾石覆盖，气候干燥、植物稀少，景观荒凉。

一、按覆盖层厚度划分

以覆盖层厚度200m为界，将覆盖层厚度小于200m的称为浅覆盖区，200～500m的称为深覆盖区，大于500m的称为超深覆盖区。浅覆盖区包括小于3m的超浅覆盖区和3～200m的浅覆盖区。这些不同厚度覆盖类型在戈壁荒漠区都有表现。戈壁荒漠超浅覆盖区一般体现在剥蚀残积型戈壁荒漠区，大于3m的不同厚度类型主要表现为堆积型戈壁荒漠覆盖区，且主要发育在有大量周缘山系物质供应的沉积盆地区，其中厚度较薄的浅覆盖类型主要分布于盆地边缘、深覆盖类型则主要发育于断陷中心强沉降区域。

戈壁荒漠覆盖区区域地质填图的首要目的是为深部地质找矿服务，因为我国的戈壁荒漠覆盖区往往与造山带系统关系密切，很多本身就是造山带中的重要成矿带系统，其第四系或新生代覆盖层下伏的基岩地质状况直接关系到深部地质找矿。相对于厚度大于200m的深覆盖区域，戈壁荒漠浅覆盖区在成矿带区域基岩目标层较浅，因此，戈壁荒漠浅覆盖区是戈壁荒漠覆盖区区域地质调查优先安排的区域。戈壁荒漠浅覆盖区可以进一步划分出多种不同覆盖层厚度类型。不同厚度类型浅覆盖区地质条件不同，地质调查内容和侧重点也不同，相应的技术、方法手段也不同，需要对戈壁荒漠浅覆盖区厚度类型予以进一步界定，可以按0～3m、3～20m、20～50m、50～100m和100～200m划分不同的浅覆盖厚度类型。

二、按松散堆积物类型划分

戈壁荒漠覆盖区松散堆积物为未固结成岩的沉积物，主要由不同成因类型的碎屑沉积物（黏土、砂、砾石、卵石等）及各种盐碱类化学沉积软泥等组成。不同类型松散堆积物化学性质及物理性质各不相同，相应的探测技术条件和手段各不相同。基于松散堆积物类型可划分为砾石层覆盖、砂土层覆盖、泥土层覆盖、化学沉积覆盖及强风化残积覆盖。

砾石层覆盖主要指以砾石、卵石为主的覆盖类型。相对其他松散堆积，其孔隙度较大，易于富水，密度较大，但难以形成完整块体，实施钻探工作难度较大。

砂土层覆盖主要指以砂质碎屑沉积为主的覆盖类型。其孔隙度一般较大，易于富水，往往为含水层。

泥土层覆盖主要指以泥－粉砂土为主的碎屑沉积覆盖。孔隙度较小，常常表现为隔水层。

化学沉积覆盖主要表现为盐碱类化学沉积软泥。

强风化残积覆盖指基岩表层受风化作用影响使其组织结构破坏，岩石矿物成分发生变异，形成次生矿物，即基岩岩石化学成分和物理性质发生显著改变，但总体为原地－半原地的表层覆盖部分。

三、按松散堆积物成因类型划分

戈壁荒漠覆盖区的第四纪松散堆积物成因类型多样，第四纪沉积成因类型是传统地表第四系地质填图的基本表达内容。从覆盖区地质填图角度，第四纪松散堆积物成因类型主要包括洪积、冲积、风积、湖积、沼积、残积等。

洪积：由山洪急流搬运的碎屑物质组成，在山前往往构成洪积扇，沉积粒度较粗。

冲积：由河流冲积物组成的沉积层。以砂砾石层为主，常常具有河道砾石层－河漫滩相砂土层的二元结构。

风积：风力作用下形成的砂、粉砂、黏土等物质。

湖积：即湖相沉积，一般在湖滨浅水地带以颗粒较粗的砂砾沉积为主，常见斜层理和波痕，厚度较小；在湖心深水地带以细粒的粉砂、黏土沉积为主，具水平层理。湖积物和其他陆相沉积物比较，一般颗粒较细，颗粒的分选性、砂砾的磨圆度、砾石的扁平度较好。

沼积：是指沼泽中形成的沉积物。它以泥炭、腐殖泥为主，有时也有少量泥沙沉积。

残积：地表岩石经过长期风化作用以后，改变了矿物成分、结构和构造，形成与原来岩石性质不同的风化产物，除一部分易溶物质被水溶解流失外，大部分物质残留在原地。

第三节　戈壁荒漠覆盖区 1 ∶ 50000 地质填图目标任务

覆盖区地质填图的基本目标包括两个方面，一是揭示覆盖层下伏基岩面地质结构，即将覆盖层揭盖，填绘基岩面地质图；二是揭示覆盖层地质结构，包括地表覆盖层地质结构和覆盖层的三维地质结构。作为覆盖区最基本类型之一的戈壁荒漠覆盖区，其地质填图的目的主要是解决基岩地质结构和覆盖层地质结构的问题。但是，由于戈壁荒漠覆盖区地质和人文的特殊性，其基岩和覆盖层地质结构揭示的针对性也有其特色。

第一，戈壁荒漠覆盖区地质填图最基本的目标任务是揭示覆盖层之下的基岩面地质结构，为覆盖区深部地质找矿提供地质背景资料。覆盖区的区域地质找矿亟须基础地质背景信息，特别是戈壁荒漠覆盖区本身往往就位于重要的成矿带内，与周缘基岩成矿带具有密切的联系，揭示覆盖层之下的基岩地质结构是西部覆盖区深部地质找矿的重要基础。第二，戈壁荒漠覆盖区地质调查必须揭示并解决一些与覆盖有关的重要基础地质矿产问题。有关区域地质组成、结构和演化的诸多重要基础地质问题过去主要集中在造山带的调查与研究，而盆地覆盖区作为盆山结构基本组合形式的另一端，其地质结构及演化的认识长期模糊不清，难以建立整体系统性的区域地质构造演化格式，如盆地基底性质、盆山构造关系等重要基础地质问题长期制约着区域地质构造演化的深刻认识，因此，通过覆盖区地质填图，揭示盆地覆盖区的地质结构和盆山关系有望对一些长期制约区域地质构造演化认识的重要基础地质问题取得新的突破。第三，戈壁荒漠覆盖区地质填图要为缺水地区地下水资源的开发和合理利用及生态环境建设提供地质背景资料。戈壁荒漠覆盖区干旱少雨，严重缺水。特别是我国西部地区长期极端缺水，水资源状况一直是制约西部地区经济发展的重要瓶颈，山脉的冰雪融水和地表水进入盆地多渗入地下成为地下水。地下水的运移和赋存条件与覆盖层及其下的岩性和构造关系密切，揭示覆盖区覆盖层及下伏基岩地质结构无疑将有利于查清地下水资源状况及运移和赋存条件，从而为西部地区水资源的合理开发和使用调配提供地质背景资料。

需要说明的是，不同戈壁荒漠覆盖区地质演化不平衡，社会经济发展也不平衡，因此，戈壁荒漠覆盖区地质填图涉及的目标任务也会有所差异。

从地质演化不平衡角度来看，总体上我国北方戈壁荒漠地区洋陆转换过程结束于晚古生代末，中新生代表现为系列断陷盆地的发育过程，但是，中新生代盆地演化并不均衡，造成前中生代地质体之上的覆盖层的组合形式多样，可以划分为以下基本形式。

（1）单层覆盖：前中生代地质体之上直接被第四系覆盖，往往出现于盆山边部。

（2）双层覆盖：前中生代地质体之上被古近系—新近系及第四系双层覆盖，出现于断陷较晚发育的盆地。

（3）三层覆盖：前中生代地质体之上发育中生界、古近系—新近系和第四系。

对于双层或三层覆盖形式的地区，如果将覆盖层只限于第四系的覆盖，只揭示第四纪覆盖层及其下伏古近纪—新近纪基岩，那么将难以满足上述对覆盖区地质调查特别是为覆盖区深部多金属地质找矿提供地质背景资料的需求。因为金属矿产主要与古生代的地质活动有关，古生界是多金属地质找矿的基本对象，中新生代盆地发育阶段主要形成油、气、煤、盐等非金属矿产，地下水的赋存与运移则主要与古近系—新近系和第四系结构有关。因此，盆地覆盖区地质调查的基本内容选择有赖于地质调查服务目标。为多金属地质找矿提供地质背景资料的地质调查内容要求揭示中新生界以下基岩地质结构；而为寻找油、气、煤、盐等非金属矿产资源服务，重点要求揭示中新生代地质结构；而为开发和利用地下水资源服务就要求对第四系和古近系—新近系地质结构予以揭示。因此，针对双层或三层覆盖形式的地区，揭示古近系—新近系下伏基岩甚至整个中新生界下伏基岩地质结构就成为我国北部断陷盆地戈壁荒漠覆盖区深部地质找矿对基础地质调查的客观要求。

从社会经济发展不平衡角度，在总体的戈壁荒漠背景下，存在人口聚集城镇和农作物区。对戈壁荒漠背景下的人口聚集城镇和农作物区，与水资源状况及城市地下空间利用相关的覆盖层和下伏基岩地质结构的揭示就应该是重要的调查内容之一。因此，基于社会需求为导向的重要区段、重要目标地质要素调查（如含水层、隔水层等）的选择是戈壁荒漠区不同社会经济发展区域地质填图面临的基本问题。

基于上述对戈壁荒漠覆盖区区域地质调查的客观需求，针对我国北方断陷盆地戈壁荒漠覆盖区不同形式覆盖的地质特色，从区域地质调查的角度，本着有所为有所不为的原则，其区域地质调查的内容应包括以下四个方面的主要内容。

（1）常规地表第四系地质填图。常规地表地质调查是区域地质调查的基本内容，需要对地表第四纪不同时代不同成因类型沉积进行系统划分和对比，对地表第四系不同时代不同成因类型沉积和活动构造进行有效控制，揭示地表第四系地质结构。

（2）第四纪、古近纪—新近纪或中生代覆盖层下伏基岩面地质结构填图。基岩面地质结构填图是覆盖区地质填图内容拓展的重要方面。由于戈壁荒漠覆盖区存在多种不同覆盖层组合，因此基岩面的含义将随不同的覆盖层组合而发生变化。例如，对双层覆盖形式来说，就存在第四系下伏基岩面和古近系—新近系下伏基岩面两个基岩面；而对三层覆盖形式来说，将存在第四系下伏基岩面、古近系—新近系下伏基岩面和中生界下伏基岩面三个不同基岩面。不同覆盖层的下伏基岩面地质结构不同，从地质填图角度，基岩面地质填图就是将基岩面作为地形面，在其上填绘下伏不同地质体及断裂构造的分布。

（3）第四纪、古近纪—新近纪或中生代覆盖层内重要目标地质要素三维地质填图。覆盖层的三维地质结构也是覆盖区地质填图的重要内容之一，东部大型城市区围绕城市建设对第四纪覆盖层开展了大量的钻探、坑道和浅层地球物理勘探，针对第四纪覆盖层的资料十分丰富，使得我们有可能对第四系地质结构进行较精细的三维地质建模。然而，我国北方戈壁荒漠覆盖区多为经济欠发达地区，除了针对油气资源勘探开发形成一批地球物理和钻探资料外，一般的针对覆盖区的深部资料十分有限，因此，要像东部地区那样建立较精细完善的覆盖层三维地质结构模型不现实，也无必要。因此，对戈壁荒漠覆盖区不同形式覆盖层三维地质结构的揭示应该结合不同区域的实际地质情况，选择重要目标地质要素进行有针对性的三维地质结构的揭示，如与地下水含水层或隔水层、油气储层、煤层、盐岩层等相关的重要目标层位三维结构、重要断裂构造三维组合形式等。

此外，不同形式覆盖层下伏基岩面的三维形态是基岩面地质填图的基准面，也是覆盖层结构的重要方面，因此作为覆盖层三维地质填图调查的重要内容之一，应对其进行系统刻画。

（4）盆地地质构造演化、盆山耦合关系及盆地断裂构造格架。揭示区域地质构造发展演化是基础地质调查的基本任务，盆地地质构造发展演化自然也是盆地覆盖区地质调查的基本任务，而盆地地质构造发展演化的重要方面即盆山关系，尤其是断陷盆地覆盖区，盆山关系及控盆构造的发育等都应是戈壁荒漠型断陷盆地区域地质调查的重要内容之一。

第四节　填图阶段划分

与其他类型地质填图相似，戈壁荒漠覆盖区地质填图一般也可划分为预研究与设计阶段、野外填图施工阶段、综合研究与成果出版阶段。

一、预研究与设计阶段

预研究与设计阶段包括对前人资料的系统收集整理，并对调研现状做出分析和评价，编制工作程度图；针对将要开展的工作地区进行野外踏勘，了解地质、地貌和人文等基本面貌，为工作部署提供依据；在前人资料收集和分析以及野外踏勘的基础上，形成工作方案，编制工作部署图和设计地质图，完成设计书编写。

戈壁荒漠区地质填图需要了解覆盖层下伏基岩地质结构、覆盖层重要目标地质要素三维结构及基岩面三维形态，需要借助地球物理和钻探等综合信息予以揭示，因此，在设计和预研究阶段，对前人相关资料的收集、分析和消化显得尤为重要，特别是涉及深部地质结构的地球物理和钻探资料的收集和利用。

另外，覆盖层下伏基岩信息与地表基岩露头信息的有机关联也是覆盖区地质调查的重要内容，一方面地表基岩岩石物性资料是地球物理数据反演的基础，另一方面地表基岩露头信息也是对覆盖层下基岩地质结构进行判识的对比依据。但覆盖调研区基岩露头少，要建立这种有机关联，就需要从更广泛的区域把握地表基岩露头信息，对调研区外围地表基岩露头信息有很好的了解，因此，在戈壁荒漠覆盖区地质填图的设计与预研究阶段，需要收集和分析区域上的地质构造信息，包括地层组成、岩浆岩发育、宏观构造格架和矿产分布等。

二、野外填图施工阶段

野外填图施工阶段是项目工作的主体，涉及多种调研手段的联合使用，需要分阶段有序推进，总的原则是：遥感地质解译贯穿填图工作的始终，地表地质调查先行，地球物理勘探遵照方法试验先行，物性分析优先，钻探工作做到以地球物理勘探为基础。一般应遵循四优先一滞后的原则，即：优先安排地表地质调查工作；优先安排地球物理方法试验工作；优先安排岩石物性测量；优先安排控制格架的地球物理勘探工作；滞后安排钻探工作。总之，野外填图与施工阶段主要包括：野外地表地质地貌调查，相关环境地质调查及重要气候事件地质记录调查；开展物探、化探及钻探施工和经过批准的必要的槽探；进行野外调查与施工资料整理及综合研究；完成样品采集与分析测试；完成实际材料图及野外地质图；完成质量检查野外原始资料与数据库的野外验收。

三、综合研究与成果出版阶段

综合研究与成果出版阶段是项目工作的收尾，包括资料综合整理、测试数据的综合分析、各种地质图件编制、数据库建设、三维地质建模及报告编写和成果出版发表等。

第二章　戈壁荒漠覆盖区地质填图技术路线与主要技术方法

第一节　技术路线

一、基本思路

1：50000覆盖区地质填图是一项基础性、公益性地质工作,目的任务是通过遥感解译、地表地质调查、工程揭露、物探、化探等技术方法手段填制地质图及专题图件,查明区内覆盖层及其以下岩石、地层、构造以及其他地质体的基本特征和地质结构,研究其属性、形成环境和演化历史等基础地质问题,为国家能源资源保障、生态文明建设、经济社会发展及地质科学研究等提供基础地质资料和科学依据,为矿产勘查、水文、工程、环境、灾害、城市地质调查服务,为社会公众提供公益性基础地质信息产品。

作为覆盖区基本景观类型之一的戈壁荒漠覆盖区地质填图,应该尊重覆盖区地质填图的基本思想,即要以地球系统科学观点和先进的地质理论为指导,以地表地质调查为基础,结合遥感解译、物探、化探和钻探等有效的技术方法手段,查明覆盖层及其以下岩石、地层、构造及其他地质体的基本特征和地质结构,研究其属性、形成环境和演化历史等基础地质问题,提高覆盖区地质调查程度。

戈壁荒漠区的基本特点是干旱缺水而矿产资源丰富,因此,戈壁荒漠区的地质填图应该重点围绕深部地质找矿和地下水资源的开发和合理利用,以及为生态文明建设提供地质背景资料。注重矿化线索的调查和发现、注重成矿地质背景的调研;注重与国计民生相关的基础地质问题的调研,强化社会服务的内涵,如地下水、环境、旅游资源等。

对于不同覆盖层厚度和结构类型的戈壁荒漠覆盖区,以及不同地质条件、工作条件、研究程度、地质问题、服务对象等,其工作重点、工作内容、成果表达要有所侧重和区别。根据服务对象及调查内容需要,设计有关地质图及相关专题图件产品,加强戈壁荒漠覆盖区覆盖层地质结构和隐伏基岩的三维表达,特别需求地区应建立三维地质结构模型。

戈壁荒漠覆盖区地质填图要充分利用已有的地质、遥感、物探、化探和钻探资料,运用行之有效的技术、方法,加强预研究工作,提高调查的针对性和解决问题的有效性。遵循调查精度与经济适宜的原则布置物探工作和揭露工程,不平均使用工作量。要突出以问题为导向的地质－地球物理－钻探等工作量的合理部署，强调有效控制和约束。对区内关键地质问题和重大应用需求开展专题研究，提高图幅地质研究水平。

二、技术路线

戈壁荒漠覆盖区地质调查必须针对需解决的关键地质问题，贯彻地表地质调查—地球物理探测—钻孔验证相结合的工作思路开展系统工作。在地表地质结构调查和分析的基础上，适度部署物探和钻探工作，以对覆盖层和基岩面地质结构进行有效控制和约束。地球物理勘探工作首先需要开展物探方法实验，优选对覆盖层地质结构、基岩岩性、构造等具有强的识别能力且经济实用的方法组合；钻探工作以钻达基岩为目标，重点以标定、验证和约束地球物理信息所揭示的关键部位的地质结构为目的。

基于戈壁荒漠覆盖区地质填图的目标任务，其技术路线概括如图2-1所示。

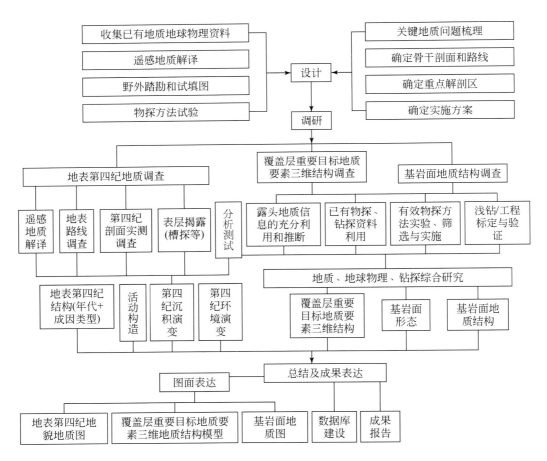

图2-1 戈壁荒漠浅覆盖区地质调查技术路线图

第二节　主要技术方法

一、遥感数据梳理与地质解释

遥感技术是第四系同样也是戈壁荒漠覆盖区区域地质调查中不可缺少的手段，对提高野外工作效率和宏观把控地质体要素（如成因类型、分布范围、形成的先后次序等）具有重要意义。

（一）遥感数据类型

随着卫星遥感技术的发展，遥感数据的种类不断增多，如 TM/ETM、ASTER、IRS、CBERS、ALOS、SPOT、IKONOS、GF、QuickBird、WorldView 等，数据的空间分辨率也形成了不同层次的嵌套体系，为不同尺度、不同目标的区域地质环境调查提供了丰富的数据源。

（1）TM/ETM：是美国国家航空航天局（NASA）在 1984 年和 1999 年分别发射的主题成像遥感器。这两颗卫星的宽幅均为 185km×185km，其中 TM 有 7 个波段，6 个波段的空间分辨率为 30m，1 个热红外波段的空间分辨率为 120m；ETM 增加了第八波段，该波段为全色波段，空间分辨率为 15m，热红外波段的空间分辨率则提高到了 60m。TM/ETM 的第七波段为地质波段，可用于区分主要岩石类型、岩石热蚀度，探测与交代岩石有关的黏土矿物。ETM 自 2003 年 5 月出现故障以来，已经停止接收数据。

（2）ASTER：是美国国家航空航天局与日本经济贸易工业部（METI）合作、由 Terra 卫星携带的一种高级光学传感器。ASTER 从 2000 年 2 月开始收集数据，共有 3 个谱段，扫描幅宽均为 60km×60km，可见光近红外谱段共有 3 个波段，空间分辨率为 15m；短波红外谱段共有 6 个波段，空间分辨率为 30m；热红外谱段共有 5 个波段，空间分辨率为 90m。短波红外波段在 2007 年出现故障，不再接收短波红外波段数据。

（3）CBERS：是我国与巴西联合研制的卫星。目前只有 2003 年发射的 CBERS-2 在轨运行。CBERS 共有三种传感器：电荷耦合器件（CCD）、红外多光谱扫描仪（IRMSS）和宽视场相机（WFI）。CCD 在可见、近红外光谱范围内有 4 个波段和 1 个全色波段，扫描幅宽为 113km，空间分辨率为 19.5m。IRMSS 有 1 个全色波段、2 个短波红外波段和 1 个热红外波段，扫描幅宽为 119.5km，可见光、短波红外波段的空间分辨率为 78m，热红外波段的空间分辨率为 156m。WFI 有 1 个可见光波段、1 个近红外波段，扫描幅宽为 890km，分辨率为 258m。

（4）IRS：由印度于 2003 年发射，携带多光谱传感器 LISS4 和 LISS3，以及高级广角传感器 AWIFS。LISS3 传感器具有 4 个光谱波段分别位于可见光、近红外与短波红外区域，空间分辨率为 23m，景宽 141km，重复周期为 24 天。LISS4 传感器有全色（MN）模式和多光谱（MX）模式，MN 模式可传送波段 2、3、4 中的任意一个波段数据，MX 模式的数据幅宽为 23.9km。AWIFS 传感器有与 LISS3 完全相同的四个波段，不同在于 AWIFS 的幅宽为 737km，分辨率为 56m。

（5）ALOS：是由日本于 2006 年发射的陆地观测卫星，主要应用目标为测绘、区域环境观测、灾害监测、资源调查等领域。ALOS 星点下分辨率为 2.5m，单程通过即可测得地面"立体像对"数据，多光谱分辨率为 10m，幅宽 70km。ALOS 卫星载有三个传感器：全色遥感立体测绘仪（PRISM）、先进可见光与近红外辐射计 -2（AVNIR-2）和相控阵型 L 波段合成孔径雷达（PALSAR）。PRISM 数据主要用于建立高精度的数字高程模型。AVNIR-2 主要用于陆地和沿海地区的观测，为区域环境监测提供土地覆盖图和土地利用分类图。PALSAR 采用了 L 带的合成开口雷达，主动式微波传感器，具有高分辨率（幅宽10m）、扫描式合成孔径雷达、极化三种观测模式，它不受云层、天气和昼夜影响，可全天候对地观测，适合对特定区域的监测。

（6）SPOT：包括 SPOT-4 和 SPOT-5，都是由法国发射的卫星，扫描带幅宽均为60km，均没有蓝光波段。SPOT-4 携带有 HRV 扫描仪，SPOT-5 携带有高分辨率几何成像装置（HRG）、植被探测器（VEGETATION）和高分辨率立体成像装置（HRS）。SPOT-4 和SPOT-5 的多光谱波段空间分辨率分别为 20m 和 10m，全色波段空间分辨率分别为 10m 和2.5m。SPOT 数据主要用于制图、路网信息提取及更新、城市土地利用图更新、三维模拟仿真数据的制作、农业统计、林业管理、自然灾害监控评估等。

（7）IKONOS：是由美国于 1999 年发射的全球第一颗高分辨率卫星影像的商业遥感卫星。IKONOS 提供高清晰度且分辨率全色达 1m、多光谱 4m 的卫星影像，扫描幅宽为11km×11km。

（8）QuickBird：是由美国于 2001 年发射的能提供亚米级分辨率（0.61m）的商业卫星，具有极高的地理定位精度，多光谱分辨率为 2.4m，全色波段空间分辨率为 0.61m。但是，数据成本较高。

（9）WorldView：是 DigitalGlobe 公司的下一代商业成像卫星系统。它由三颗卫星（WorldView-1、WorldView-2 和 WorldView-3）组成，其中 WorldView-1 已于 2007 年发射，WorldView-2 也在 2009 年 10 月发射升空，WorldView-3 于 2014 年发射。WorldView-1 和WorldView-2 可提供多波段高清晰影像，空间分辨率为 0.5m，多光谱遥感器不仅具有 4 个标准谱段（红、绿、蓝、近红外），还包括 4 个额外谱段（海岸、黄、红边和近红外 2）；WorldView-3 除可提供 0.31m 分辨率的全色影像和 8 波段多光谱影像外，还提供 8 波段短波红外影像，可提供极高的空间分辨率，可以分辨更小、更细的地物，可以与航空影像相媲美。但是，数据成本较高。

（10）GF：是我国高分辨率对地观测系统重大专项，计划在 2020 年前发射 GF-1 至GF-10 的十颗卫星。GF-1（高分一号）于 2013 年发射，为光学遥感卫星，分辨率全色为2m，多光谱为 8m 和 16m，对应幅宽分别为 60km 和 800km，重复周期为 4 天，实现了高空分辨率和高时间分辨率的完美结合。GF-2（高分二号）于 2014 年发射，具有米级空间分辨率（1m 全色和 4m 多光谱）的光学遥感卫星。GF-3（高分三号）于 2016 年发射，是我国首颗分辨率达到 1m 的 C 频段多极化合成孔径雷达（SAR）成像卫星，具备 12 种成像模式，涵盖传统的条带成像模式和扫描成像模式，以及面向海洋应用的波成像模式和全球观测成像模式。GF-4（高分四号）和 GF-8（高分八号）于 2015 年发射，GF-4 是我国第一颗地球静止轨道对地观测卫星及三轴稳定遥感卫星，全色多光谱相机分辨率优于 50m；GF-8 为光学遥感卫星，主要用于国土普查、城市规划、路网设计、农作物估产和防灾减灾等领域。

（二）遥感数据选取

地质填图遥感数据的选取要同时考虑遥感数据的空间分辨率和波谱分辨率。

不同遥感数据的空间分辨率不同，分辨率越低，反映的空间内容就越宏观，相应的影像成图比例尺就越小；反之，空间分辨率越高，反映的空间内容就越精细，相应的影像成图比例尺就越大。因此，空间分辨率选择的最主要依据是制图比例尺的大小。比例尺越大，要求的遥感数据空间分辨率也就越高。制图比例尺与卫星影像的关系一般为比例尺 = 影像分辨率 / 肉眼分辨率（0.2mm）。由此得到 1 ∶ 50000 成图比例尺的最佳空间分辨率需达到 10m。符合这一要求的遥感数据包括 IRS-P6 全色（5.8m）、IKONOS 多光谱（4m）、SPOT-5 全色（2.5m）、ALOS 全色（2.5m）、GF-1 全色（2m）多光谱（8m）和 GF-2 全色（1m）多光谱（4m）等。同时，空间分辨率或比例尺的选择也要考虑影像所包含的地物内容和纹理特征。

波谱分辨率是指传感器件接收电磁波辐射所能区分的最小波长范围及在其工作波长范围内所能划分的波段量度。波段的波长范围越小，波段越多，波谱的分辨率越高。因地物波谱反射或辐射电磁波能量的差异，最终反映在遥感影像的灰度差异上，故波谱分辨率也反映不同灰度等级的能力。

（三）遥感地质解译

遥感地质解译就是利用不同类型遥感影像数据，基于不同地质地貌遥感数据波谱特性处理后获得的遥感影像图像，对图像中大量不同尺度和类型的地质地貌信息进行解译，最大限度地提取有关地质地貌特点、第四纪地质体及成因类型、地质现象的空间分布特征与相互关系，并对隐伏活动构造轮廓和环境地质调查提供有价值的信息，增强地质调查的预见性和地质工作的针对性，提高填图精度和效率。

遥感地质解译信息的应用大致分为三个阶段。首先，对遥感影像增强和信息提取后进行地质解译，编制遥感解译地貌草图、遥感解译地质草图，指导野外踏勘和项目设计书编写；其次，以野外踏勘建立的解译标志进行详细解译，确定或推断各类地质要素属性，为地质调查路线、物探、化探、揭露工程的布置提供依据；最后，随野外调查进行全面检查验证，不断修改补充和完善解译标志，提高解译质量，配合野外调查编制地质图和地貌图。遥感地质解译工作应该贯穿地质调查工作的全过程。

二、地表地质调查

结合遥感影像，通过路线地质调查和第四纪剖面实测，对第四纪不同成因类型、不同地貌结构、活动构造等进行有效控制。勾绘第四纪不同成因类型地质界线、揭示第四纪不同时代不同成因类型之间的地质结构关系，通过第四纪年代学分析测试地表第四纪不同成因类型沉积时代，刻画第四纪沉积系列演变和反映的气候环境演变；观测和勾勒第四纪活动构造表现、地震活动期次、活动构造组合形式等。

第四纪地质－地貌调查是地表填图不可分割的两个方面。第四系沉积物往往都是相变很快且松散的沉积物，分布在一定的地质单元和地貌部位，形成一定的地貌形态。因此，地表地质调查除了揭示地表第四系地质结构以外，对地貌结构及演化也要进行系统调研。

地表第四系填图一般是按照年代＋成因来划分。按地质年代划分出更新统（细致一些会划分出下、中、上更新统）和全新统，按成因划分出冲积、洪积、湖积、海积、风积、冰碛、冰水堆积、岩溶堆积、化学沉积等。随着我国区域地质调查与国民经济可持续发展需求的提高，之前被忽视的、与人类生产和生活密切相关的第四系地质的精细调查显得越发重要。除了上述年代＋成因类型的填图划分，地表第四系地质填图还需要特别注意第四纪沉积相带的划分以及不同时代沉积体之间相互关系的揭示，如山前洪积扇群的期次划分及叠置关系。

（一）地貌调查

1. 地貌分类

地貌调查要统一到一个地貌分类，目前研究地貌的分支学科较多，地貌的分类也较多，如按地貌形态的分类、构造地貌分类、地貌成因分类等。

地貌形态类型指根据地表形态划分的地貌类型。目前世界各地的形态分类并不统一，我国的陆地地貌习惯上划分为平原、丘陵、山地、高原和盆地五大形态类型。由中国 1 ： 1000000 地貌图编辑委员会审定的《中国 1 ： 1000000 地貌图制图规范》（科学出版社 1989 年版）确定了平原、台地、丘陵和山地四个基本形态类型。在这一形态分类中，把盆地和高原视为有关形态类型的组合。较小的形态类型，大多与其成因结合起来进行划分，如新月形沙丘、河流阶地等，只有这种形态－成因结合的分类，才能更好地反映这些形态类型的特点。

构造地貌类型是指由地球内力作用直接造就或受地质体与地质构造控制的地貌类型。从宏观上看，所有大地貌单元，如大陆和海洋、山地和平原、高原和盆地，均由地壳变动直接造成。在中大比例尺地质填图尺度，构造地貌类型主要涉及断层地貌、褶皱地貌等。而对于覆盖区的中大比例尺地质填图，涉及的构造地貌主要有活动断层台阶、地裂缝或生长褶曲隆起等。绝大多数构造地貌都经受了外力作用的雕琢，故不论从构造解释地貌，或从地貌分析构造，都必须考虑外力作用的影响。

地貌成因类型指根据地貌成因划分的地貌类型。由于地貌形成因素的复杂性，目前也没有统一的成因分类方案。根据外营力，通常划分为流水地貌、湖成地貌、干燥地貌、风成地貌、黄土地貌、喀斯特地貌、冰川地貌、冰缘地貌、海岸地貌、风化与坡地重力地貌等。戈壁荒漠覆盖区的地貌成因类型主要有流水地貌、湖成地貌、干燥地貌、风成地貌等。外力地貌一般又可以划分为侵蚀地貌和堆积地貌两种类型。根据内营力，通常划分为大地构造地貌、褶曲构造地貌、断层构造地貌、火山与熔岩流地貌等。

区域地质调查有关地貌调查分析的主要目的就是通过地貌现象探寻形成地貌的各种内外力因素，即揭示地貌结构中的各种内外力因素，从而为区域地质构造分析提供依据。主要调研内容反映在动力地貌学的有关研究中，如调查研究形成构造地貌的构造应力场，分析各种岩层、岩体的物理力学性质对各种构造地貌的影响，并应用地球动力学知识分析新构造时期，地貌在内动力作用下的表现；调查研究河流动力与地貌形态的关系，包括研究在一定的水力与边界条件下，河床地貌的形成与演变过程；影响河流地貌过程的流域盆地、地质、气候、水文、水系密度、发育阶段等因素，与河流地貌之间的相互作用，以及通过野外观测、模拟试验等方法研究岸坡形态、河流纵剖面、河床地貌、河型及其转化等问题；应用空气动力学和实验物理学的理论，调查研究沙丘的形成和运动规律；通过野外观测和实验，研究风沙流的结构特征，探讨沙丘的动态变化；研究坡地在风化、降水、冰冻－融化、重力等因素作用下的演变过程，探讨坡面径流的侵蚀过程和崩塌、滑坡、泥石流等的动力机制，运用数理统计方法进行坡地形态分类，研究坡地发育的理论模式。动力地貌学从地貌形态和形成的内、外因素的角度考察地貌的形成过程，较好地体现了基岩性质、气候环境及构造应力与地貌形态之间的关系。

2. 地貌调查

地貌调查主要从以下几个方面进行。

（1）影像地貌特点的综合分析：在进行地貌调查前，应先结合调查区的卫星照片、航空照片和地形图等资料进行综合研究，以对全区地质、地貌有一个总的概念，了解测区各种地貌类型的分布及变化，为确定考察计划和路线提供依据。

（2）地貌几何形态的观测：在野外对地貌进行直接的观察、测量和描述，它是研究地貌的基本方法。通常是沿选择的路线不断进行观察，并在沿线选择观测点、记载观察和测绘的结果。内容包括地貌形态描述、形态测量（如相对高度、绝对高度、地形变化、形态特征、规模大小）、分布范围和地貌各组成单元的圈定。需有素描图和照片等记录。

（3）地貌物质组成的调查：对构成地貌的物质，如阶地、河漫滩、洪积扇等的堆积物地貌特征进行详细观察和描述，观察内容包括成分特征（碎屑组分、填隙物组分等）、结构（分选、磨圆等）、构造特征（层理、粒序、砾石定向等）等，并绘制信手剖面图，必要时做实测剖面图，记录沉积物垂向和横向的变化。

（4）观察地貌的现代作用过程：包括古地貌的改造过程和新地貌的形成进程、阶段和趋势判断。

（5）综合分析地貌的成因：可用动力地貌学有关概念进行地貌成因分类，如构造地貌、河流地貌（阶地、河床、河漫滩、洪泛平原、夷平面）、洪积地貌、风成地貌、冻融地貌、与重力作用相关的滑坡、崩塌、泥石流地貌等。

（6）地貌调查与第四系填图同时进行：采用地质－地貌双重填图法。

（二）地表第四系地质填图

地表第四系地质填图特别是地表第四系的成因类型、时代的确定，对覆盖层的深部三维填图有非常重要的指示意义。另外，地表第四系沉积物记录了第四系环境、生态变迁的历史，是研究新生代—近代生态环境演化趋势的重要实物载体。在西部戈壁荒漠覆盖区，地表第四系成因类型的填图同样也有重要的意义，它记录了第四纪盆山地貌－沉积演变，以及新生代以来气候、环境、生态变迁的历史，是地学界长期关注的焦点，同时西部地表第四系填图，对水资源勘测也有一定的指导意义。

地表第四系填图可以简单概括为：结合遥感影像，通过路线地质调查和第四纪剖面实测，对第四纪不同成因类型进行有效控制，勾绘第四纪不同成因类型地质界线、揭示第四纪不同时代不同成因类型之间的地质结构关系，通过第四纪年代学分析测试地表第四纪不同成因类型沉积时代，结合剖面沉积物的各种气候环境指标分析测试，刻画第四纪沉积系列演变和反映的气候环境演变。

1. 填图单位划分

第四纪沉积物特别是戈壁荒漠覆盖区第四纪堆积大多为不连续分布、成因与沉积相变化大、沉积速率较快的松散沉积物，分布在一定的地质单元和地貌单元，形成一定的地貌形态。

与一般的地表第四系地质填图相同，戈壁荒漠覆盖区地表第四系地表填图单元一般也是按照年代＋成因来划分。按地质年代划分出更新统（细致一些会划分出下、中、上更新统）和全新统，按成因划分出冲积、洪积、湖积、风积、冰碛、冰水堆积、化学沉积等。除了上述年代＋成因类型的填图划分，地表第四系地质填图还需要特别注意第四系沉积相带的划分以及不同时代沉积体相互关系的揭示，如山前洪积扇群的期次划分及叠置关系。

第四系填图单位采用年代＋成因类型进行划分，因此，年代的确定和成因类型的正确判别是基础，应该遵循以下两点。

（1）选择合适的测年方法确定地层时代。相对于老地层，目前第四纪地层年代的确定方法主要涉及新年代学方法，包括 ^{14}C、热释光（TL）、光释光（OSL）、U 系、裂变径迹（FT）、电子自旋共振（ESR）、宇宙成因核素（cosmogenic nuclide）、K-Ar 和 Ar-Ar 等各种同位素测年方法与磁性地层学（Magnetostratigraphy）方法。古生物化石中仅有高等哺乳动物化石（包括古人类化石）在第四纪地层定年中有一定的断代意义。尽管第四纪测年方法很多，但是不同方法对测年样品的材质和测年的时间范围都有限制，在实践中并不是所有第四纪沉积都可以用以测年。因此，除了测得的第四纪地层年龄外，利用已知地层时代进行区域对比是判断第四纪地层时代的重要途径，也是在同一地质时期、同一成因类型下进一步划分不同期次的重要依据。进行区域地层时代对比必须综合考虑包括重大气候－环境变化的区域沉积响应、地质－地貌体的形态与相对高度、地层的叠覆顺序等因素。

（2）精细划分第四纪沉积的成因类型。第四纪沉积物绝大部分都是松散未固结的，在一种或几种地质营力作用下，如河流、湖泊、海洋、冰川、风等，形成于不同的气候带和地貌单元中。一般按地质营力进行第四纪沉积物成因类型分析时，以研究某一营力在不同环境所形成沉积物的共同特征为主，并根据这种共同特征来指导某一研究区域的第四纪沉积物成因类型划分。以此为原则，凡单一地质营力作用为主的堆积物被划分为单一堆积物成因类型，如冲积物、洪积物、坡积物等；以两种营力作用为主的堆积物为混合成因类型，如冲洪积物、洪冲积物（二元命名法，次要营力作为前缀，如冲洪积物应以洪积为主）。一般来讲不应划分出两种以上营力的混合类型，以免增加成因类型的模糊性。在开展第四纪沉积成因类型分析时，主要根据沉积学标志（岩性、结构、构造和厚度，基本层序及特殊岩性夹层，生物化石）、地貌形态（如扇体、沟谷、垄岗、阶地等）和环境标志（物理、化学、生物环境标志，一般要根据室内测试获取的环境代用指标进行综合分析）进行成因类型划分（表2-1）。一般每种类型的第四纪沉积在地貌上都可以进一步划分出次一级的单元，如扇体可以细分为扇根、扇中和扇端，河流成因的冲积物可以细分为河床、河漫滩、河流阶地等。只有深入理解不同成因沉积物的地质－地貌标志，才能对第四系地表填图中的地质单元进行细分。具体野外观察和鉴定方法见表2-1。

2. 路线地质调查

路线地质调查的目的在于勾绘第四系填图单位在空间上的展布规律，揭示第四纪不同时代不同成因类型之间的地质结构关系。需要部署一定观测路线对其进行有效控制和约束。

第四系地质结构与现代地貌结构具有一定的关系，不同时代不同成因类型往往体现一定的地貌结构，在遥感影像上具有良好的显示，因此，第四系路线地质调查应充分结合遥感影像特征，以有效控制第四纪不同时代不同成因类型沉积物结构关系为目的，合理部署观测路线。以往第四系地表地质填图多强调按不同填图比例尺的规定，如每隔几百米或1km安排一条路线，每条路线间隔数百米必须定一个地质点，网格状平均分配工作量，而不考虑第四系地质、地貌的特殊性，这往往不能很好地解决第四系地质的实际问题，且造成了人力、物力和时间的浪费。

路线地质观测也不建议均匀布点，而应结合遥感影像特点对地质结构或沉积特点有明显意义的部位进行有效控制和详细描述。对有效地质点应详细收集记录沉积物岩性、物质组分、沉积构造、厚度、接触关系、岩相纵横变化及空间分布等；注意各种地貌形态特征与第四纪沉积类型分布的关系；对第四纪地质体中的特殊夹层（如生物层、古土壤层、地球化学异常层、磁性异常层、风化层、含矿层、砾石层、古文化层、古地震层等）要作详细的调查和充分表达；注意收集第四系中赋存的矿产，如砂矿、表生型（风化－淋漓型、残坡积－冲积型）多金属矿等的成矿条件和成矿信息；注意各种气候环境标志的收集；采集必要的分析测试样品。

表 2-1　主要第四纪堆积物成因类型野外鉴定标志

成因标志		残积物 el	坡积物 dl	洪积物 pl	冲积物 al	湖积物 l	沼泽堆积物 fl	冰碛物 gl	冰水沉积物 fgl	风积物 eol	化学堆积 ch
沉积学标志	粒径	细粒为主,变化较大	细粒为主	砂、砾、黏土为主	砂、砾、黏土为主	细粒为主,可见砾石与粗砂	细粒为主,含砂	差异巨大	细粒为主、含冰筏砾石	细粒、粉砂为主	—
	分选性	分选较好,剖面下粗上细	略有分选,从坡顶向坡麓变细	分选差	分选较好,剖面下粗上细	分选较好,由岸向湖心变细	分选一般、均匀	分选极差,巨砾远扬	分选较好、季节差异明显	分选较好,沿风向变细	均匀
	磨圆度	棱角状为主	棱角,次棱角	次棱、次圆	次圆、圆	次圆、圆	次棱、次圆、圆	棱角状、次棱角状	次棱角为主	次圆、圆	—
	颗粒表面特征	表面粗糙不规则	有时具浅显的擦痕	模糊凌乱的擦痕	表面光滑	表面光滑		多擦痕和磨光古凹坑	部分有擦痕,磨光面	毛玻璃面	—
	岩性成分	同下伏基岩,有次生矿物	同坡积物基岩,不稳定矿物能保存	成分混杂,是整个流域的岩性混合	成分复杂,不稳定矿物少	复杂性取决于入湖河流及湖岸基岩	黏土矿物多,有机质丰富	岩屑为主,大量不稳定矿物	坚硬的碎屑矿物为主	取决于次生条件	
	产状	凌乱	与坡面保持一致	不规则	a轴流向一致,叠瓦状砾石 ab 面指向上游	规则	规则				
	构造	发育完整时分层但无绝对界限	多期堆积可显现分层	多元结构,含交错层和透镜体	二元结构,发育水平层理、斜层理,含透镜体	复杂性水平层理、河口三角洲可见斜层理	水平层理	杂乱不显层构造	发育水平、斜层理,含透镜体	无层理或具有斜层理	有层理
	地层界线	不很清楚,不平整	较清楚	清楚	清晰明确,较平整	清晰明确,平整	清晰明确,平整	清晰明确,平整			
地貌学标志	堆积位置	分水岭或平坦位置	边坡下段	沟口,山口	河谷,冲积平原	湖盆,湖滨	盆地	U形谷,冰碛沉积	冰川外围或冰面湖、冰下河	干旱区、冰川周缘、海滨、河岸	湖泊、洞穴
	堆积地貌	风化壳	坡积裙、倒石锥	洪积扇、洪积裙、洪积平原	阶地、河漫滩、河谷冲积平原	湖岸阶地、湖积平原	沼泽、内涝平原	冰碛草、鼓丘	锅穴、冰砾草丘、冰水冲积扇	沙丘、蛇形丘、土原、操、岛	青盐层、泉华、钟乳石
	分布形状	片状	锥状、环带状	扇形、面状	扇状、长条状、面状	片状、长条状	块状、带状	长条形、弧形状、扇形	长条形	带状、面状	片状、星点状
环境标志	古生物	古土壤、动植物化石、微体化石	动植物化石、微体化石	淡水型动物、植物破碎大化石、碎屑、微体化石	淡水型动物、植物动植物化石、碎屑、微体化石	湖相动植物体化石、保存好	大量泥炭与植物残体	耐寒的动植物化石、孢粉	耐寒的动植物化石、孢粉	孢粉、软体动物、植物残体	微生物
	古气候	各气候带	温湿气候	干旱、半干旱气候	湿润气候	湿润气候	各气候带	寒冷气候	寒冷	干旱、寒冷	多气候带

3. 第四系剖面实测

剖面实测是查明第四纪堆积物种类、物质成分、厚度、成因类型和接触关系的重要手段。重点调查沉积物的成分、形成年代及其所处的地貌部位，划分填图单位，建立堆积层序；调查可能赋存的矿产、古风化壳、古土壤和古文化层；研究与工程有利和不利的第四纪堆积物、地貌、新构造运动和现代动力作用；调查第四纪堆积物中蕴藏的古气候、古环境变迁史。加强第四纪和现代气候敏感带，不同气候－生物组合交界带、地壳活动带、外动力高强度作用带（江、河、湖、海岸带与边坡）、人为活动强烈频繁地带的第四纪堆积区的剖面实测。

每幅图每个填图单位应有 1 ～ 2 条实测剖面控制；多图幅联测时则每个填图单位应有 2 ～ 3 条实测剖面。实测剖面的布设，应充分利用大型人工采坑（如采石场）、天然河道等。一个图幅范围内一般至少应有一条贯穿全区的控制性地质构造剖面，系统全面地反映区域地质构造特征。

在剖面上要详细分层，逐层描述，系统采集各类样品，如测年样、环境分析样、地球化学样等。

剖面的测制精度在厚度较小的细碎屑沉积，比例尺一般为 1 ： 100 ～ 1 ： 500。在厚度巨大的粗碎屑沉积，比例尺一般为 1 ： 1000 ～ 1 ： 5000。

第四纪是地球近 6 亿年来唯一的两极都发育冰盖，冰期—间冰期气候波动显著且与人类发展密切相关的特殊时期，第四纪地质与气候、环境变化密切相关。因此，实测剖面的研究要特别注意沉积物中气候环境信息的提取。

4. 第四纪活动构造调查

第四纪活动构造一般结合路线地貌地质调查开展，需要充分运用高分辨率遥感影像资料，必要情况下，应对活动断层进行探槽工程揭露。调研主要活动断裂分布、性质和活动性，并收集古地震、地震监测、地面变形监测等资料，分析其对地质环境的影响，以及对地热等矿产的控制作用，阐明活动构造运动特征与地貌形成和演化的关系。

（三）地表基岩地质填图

本指南涉及的覆盖区的基岩出露很少，多呈零星露头、人工采石场或残积层的方式出现，这些基岩出露区尽管出露非常有限，但往往是区内基础地质问题研究的重要载体，也是区内地质、构造格架建立、覆盖层下基岩构造、岩性填图的重要依据，因此基岩地质填图的意义非常重大。主要存在基岩露头寻找、基岩剖面测量、沉积岩地层序列建立、侵入岩填图单位厘定、构造框架的厘定及地质体成因与构造属性研究等问题。

1. 基岩填图

1）路线布置

戈壁荒漠覆盖区地质填图工作，重中之重是要充分利用人工露头或天然露头信息，基岩露头的寻找可从两个方面入手：沿公路和大型线状工程搜索人工露头。

通过最新的高空间分辨率遥感图像（如 GF-1、GF-2、QuickBird 等）解译，详细解译识别全区及邻区的基岩自然露头和人工露头，并初步解译其填图单位。

基岩调查路线的布置要在充分的遥感解译、地质踏勘的基础上进行，路线布置要采取以目标地质要素为目的，不平均分布路线。路线采用穿越与追索自然、人工露头相结合，做到凡基岩出露点就有路线经过。

2）路线调查

（1）地层。采用岩石地层单位填图，进行多重地层，尤其是岩石地层、年代地层及生物地层的划分、对比，建立区域地层格架。地质填图的正式岩石单位全部划分到组、段；加强非正式地层单位的运用。尤其是将与沉积作用或沉积成矿作用相关的特殊地质体、含矿层，特殊的化学沉积层、透镜体、岩楔、滑塌沉积、礁滩沉积等，作为非正式单位填绘在图上。

详细观察记录各个岩石地层单位，特别是与沉积作用相关的岩性特征、岩石结构、岩石组合、沉积构造、化石组合、接触关系、基本层序、叠覆特征及空间变化、产状、厚度等资料。加强对接触关系的观察描述，描述其性质及依据。通过对各单层岩性组合、结构构造、生物组成等特征的规律性变化，采用图示法描述地层基本层序。

系统采集各岩石地层单位的古生物化石，确定地层时代。部分层段进行生物地层研究，划分生物带及生物组合。对没有大化石的层位，加强微体化石的采集。在部分基本没有化石的层位，可采集碎屑锆石样品进行同位素测年，以限定该地层的年龄。

收集沉积相标志，包括沉积构造、生物标志和地球化学标志，确定海相和陆相沉积区与剥蚀区（古陆）的分布范围、总体地貌特征及分布规律。进而确定研究区沉积区物源供给方向、古流方向。划分沉积相、沉积体系，研究盆地类型和盆地充填序列及形成演化规律。

（2）火山岩。主要是在详细踏勘和剖面研究的基础上，建立其纵向火山岩地层序列，结合地层学研究、沉积岩夹层中的化石，做出合理的火山旋回、韵律划分，在合理地进行地层填图单位厘定的基础上，进一步划分以喷发旋回为特征的次级非正式填图单位。

在填图中要特别注意火山岩的岩性及岩相在横向上的分布特点，采用地层–岩性的双重填图方法，并结合火山相分析进行填图，路线穿越以填图为主，配合适量追索路线，以便对火山构造进行识别和圈定，结合遥感图像对火山构造进行分析。

进行系统的岩矿测试分析，查明火山岩岩石类型、矿物成分、结构构造（原生和次生构造）、矿化蚀变特征，在系统的岩石化学及地球化学研究的基础上，确定火山岩的成因、成分变化特性、物源区的物质组分、构造属性，为研究造山带的结构和演化过程提供可靠依据。编图中加入火山岩相和构造属性的信息，丰富图面内容，加强造山带结构的图面表达。

（3）侵入岩。采取路线地质调查、实测剖面研究和重点解剖区相结合的原则进行系统分析对比，充分收集岩体野外相互接触关系、岩石类型、所含包体等基础资料，建立合理的侵入体的填图单位及演化序列。

通过路线地质调查和实测剖面研究，查清各岩石单元的空间分布规律、岩体组构特征、岩石结构、矿物组成、变形特征、包体特征、各单元的接触关系及其与围岩的接触关系和接触带的构造及蚀变特征。

综合考虑岩体地质特征、岩相学及岩石地球化学特征、岩浆岩的成因及演化规律，对测区的侵入岩进行成因系列或组合的归纳，在此基础上通过年代学研究对不同系列组合的侵入岩进行定年。

对不同时代＋演化系列的侵入岩进行系统的物质成分研究，确定其成因和构造属性，以期为查清所在造山带的结构、演化过程提供重要依据。

在填图中要注意内外接触带的变质和矿化蚀变现象的填图表达及晚期岩脉的填图，增强找矿意识。

（4）构造。对中、大型断裂在遥感解译的基础上，在区域地质调查过程中，实行重点解剖区、贯穿断裂带的主干剖面、系列短剖面和重要观察解剖点相结合，进行多尺度构造解析，研究不同岩石组合的构造接触关系、断片结构、断层特征及其相关的构造，对各岩石地层单位及岩性组合之间的断层及其劈理、剪切带、褶皱、节理等进行剖面观测和关键点构造解析，系统收集断裂的各种几何学和运动学要素。如详细观察记录断裂面产状、断裂带宽度、断裂带的结构、断层岩类型（碎裂系列和糜棱岩系列）及其特征、断裂两盘的地层序列及其产状变化、断裂带中各种面理和线理类型及其产状，统计测量各种面状构造要素（如主断层面、次断层面、剪切带、变形面、褶皱轴面、劈理、构造片理、糜棱面理、S面理、C面理、节理、岩脉等）和线状构造要素（如擦痕、矿物拉伸线理、褶皱枢纽、交面线理等），通过各种运动学标志（如阶步、牵引褶皱、旋转碎斑系、S-C组构等）判断其运动方向，鉴别断层的性质及其变化，分析断层叠加、改造、继承、利用、交切关系；结合室内高精度同位素定年，查清边界断层的变形史。分析断裂的几何结构、组合形式、活动期次和形成的构造层次。查明其区域大地构造背景，研究断层系统与褶皱系统、岩浆系统、沉积系统的关系，建立测区构造变形系列和演化模式。

（5）矿产。在综合分析区域地质资料的基础上，对测区及邻区各成矿带的典型矿床、矿点的成矿背景进行类比分析，同时全面检查测区内化探异常区和矿点，并对其成因和控矿因素进行分析评价。划定工作区内有利的成矿部位，如断层破碎带、岩体与围岩的接触变质、蚀变带、岩脉发育的地区等，对有利的成矿部位及前景较好的矿种进行重点调查，采集必要的分析样品，研究成矿地质背景，为进一步矿产普查提供地质依据。

2. 实测剖面

（1）剖面线布置。选择露头较好的地段测制基岩地质剖面，在条件不能满足的情况下（基岩露头率小于60%），可利用工程揭露增加露头率，如仍不能满足实测剖面条件，可用邻幅的基岩区测制剖面；对重要的地质界线、接触关系，可通过适当的工程进行揭露；剖面线和主干路线的选择应兼顾垂直构造线和露头条件。

（2）实测地层剖面与技术要求。实测地层剖面是区域地质矿产工作的基础，又是区域地质矿产调查工作的主要任务之一。许多重大基础地质问题的认识都是通过地层剖面研究来达到的，因此实测地层剖面研究具有重要的实际意义。

测制沉积岩地层剖面的目的是了解沉积序列的岩石组成和结构，正确建立工作区的岩石地层层序，合理划分正式和非正式岩石地层填图单位。在剖面上要详细分层，逐层进行岩性描述，系统采取岩矿、岩相、岩石地球化学样品，逐层寻找和采集大化石和微体化石样品，必要时采集人工重砂、粒度分析、古地磁等样品，用宏观与微观相结合的方法研究地层中的各种地质特征，视具体情况进行生物地层、年代地层、事件地层、层序地层、化学地层和磁性地层等多重地层划分对比研究，为路线地质调查打下基础。

岩石地层剖面应按岩石地层学方法进行测制，比例尺一般为 1∶2000 或 1∶1000，以层作为基本描述单位。要求对每一层的岩性、物质成分、结构构造、沉积特征、单层厚、基本层序、横向变化等特征进行系统描述，其中特别要重视对标志层的观察和描述，系统采集岩性、岩性标本和岩石薄片标本；重视对基本层序的观察和描述。

注意收集生物地层、事件地层、年代地层、磁性地层等方面的资料。在有大化石的层位应采集多门类化石，注意采集断代型意义较强的化石以确定地层的精细年代。在没有大化石的层位加强微体化石的采集，对部分化石缺乏的层位采集部分碎屑锆石以对该地层年龄进行限定。

注意收集沉积相标志，采集粒度分析和微相分析样品，测量古流向及古坡向的相关数据，识别层序界面，野外进行初步的沉积相分析和层序地层的划分。

三、物探技术方法

地球物理勘探（简称物探）方法是根据不同物理原理，探测（或接收）地下介质的物理响应，基于土壤、岩石及其他地下目标体的物理性质，推断地下介质属性的勘探方法。在覆盖区地质填图工作中，物探方法能提供地下土壤、岩石、地下水等目标体属性及其空间展布的直接或间接信息。因此，物探方法不仅能探测覆盖层内部特征，也能揭示下伏基岩一定深度范围内的地质结构，是覆盖区地质填图工作必要的技术手段。

按照不同的物理原理，物探方法可分为重力法、磁法、电与电磁法、地震法、地热法、放射性法等；按照物探方法实施的空间又可分为地面物探、航空物探、井中物探（地球物理测井）、海上水面（或）物探、海底（或水下）物探等。物探技术已在不同领域得到了广泛应用，随着技术发展和应用，人们又针对不同勘探对象，将相关物探技术加以组合来分类，如金属及非金属矿产物探、石油天然气物探、水文物探、工程物探、环境物探、军事物探等。

各种物探方法都有相应的应用前提或应用条件，客观上应用效果取决于工作区域的地形地貌、地质环境、覆盖层及基岩的物性及探测目标的埋藏深度等因素。因此，在覆盖区地质填图中应结合物探方法的技术特点进行方法遴选、部署和实施，以便有效地解决地质问题。

国内外大量应用实例表明，覆盖区地质填图中常用的物探方法主要有重力法、磁法、电与电磁法、地震法、放射性法、测井法等。以下是这些物探方法的基本原理和技术特点。

（一）重力法

重力法勘探是利用地下物质密度分布不均匀所引起的重力变化，进而探测地质构造与岩性分布，以达到勘探目的。实施重力勘探，通常按照工作任务在指定的区域进行重力测量。根据重力测网疏密程度，重力测量可分预查、普查、详查和细测几种形式，疏密程度可用测网比例尺来衡量。重力仪野外观测数据经过相关整理和校正，可得到观测面上的重力异常（通常是布格重力异常）值。当获得了布格重力异常数据后，一项重要的工作是对异常数据进行处理和分析。由于重力异常的成因来源于地下所有岩石或构造的密度差异，因而需要对不同成因的重力异常进行区分，随后通过数值模拟和反演来建立密度模型，并对其成因作解释和推断。

在覆盖区应用重力法可以有两种方案：①利用已有的重力数据，结合当前的地质任务重新进行数据分析、处理和解释。区域重力数据是国家重要的基础资料之一，通过几十年的努力，我国绝大多数陆地区域都积累有不同比例尺的区域重力数据，因此，在已有重力资料能满足任务需求的情况下，利用已有的资料进行重新处理和解译是可行的。②通过实测获取新的高精度、高分辨率的重力观测数据，根据需要可以采用面积或剖面重力测量形式。面积测量可获得一个区域上的重力数据，有利于解析覆盖区地质结构平面展布信息，而剖面可采用测点密集方式，有助于获得剖面上地质构造细节特征。

野外施工技术条件：实施重力测量需要与地形测量协同进行，重力测量对测点坐标及高程有较高要求。建议配合使用GPS-RTK技术进行测网布设和高程测定，以确保数据精度。重力法对测区地质条件没有特殊的要求，易于实施。

主要探测目标：重力法实施的物理前提是地下介质存在密度差异。在覆盖区地质填图中可用于探测区域构造背景、覆盖层厚度（或基岩面起伏）、隐伏断裂构造展布、基岩岩性及其分界、资源矿产及地下岩溶等。

（二）磁法

在地核磁场磁化下，岩石圈内物质磁性差异将产生不同的磁异常，磁法勘探是利用这种特性，研究地层、构造、岩浆岩等地质目标空间分布，获取反映其成分、来源等特征的证据方法。磁法勘探的实施过程与重力勘探类似，即按照工作任务在指定的区域按照一定比例尺进行地磁测量。从实测地磁场数据提取磁异常需要经过若干项校正，即正常校正（基本磁场IGRF）、基本磁场垂向及水平梯度校正及磁日变校正。显然，磁异常不仅与场源有关，还与当地地磁场方向和强度有关。因此，在对磁异常进行解释之前，对实测磁异常数据进行相关处理是必要的。与重力资料类似，磁异常的解释是对地下磁性体的产状、埋深及空间分布范围进行推断，并对其成因作地质解译。

在覆盖区应用磁法可以有两种方案：①利用已有的磁测（地面磁测或航磁）数据，进行数据分析、处理和解释。目前，航磁测量已基本取代地面磁测，我国绝大多数陆地区域都积累有不同比例尺的航磁数据，因此，在已有磁测资料能满足任务需求的情况下，利用已有的资料进行重新处理和解译是可行的。②采用大比例尺面积或剖面磁法测量形式，通过地面磁测获取局部区段上新的高精度、高分辨率的地磁数据，以便获得测区或剖面上岩性及构造细节特征。

野外施工技术条件：实施磁测要求测量测点、测线坐标及高程，但精度要求不高，可使用手持 GPS 进行测点定位。此外，磁法对测区地质条件没有特殊的要求，易于实施。

主要探测目标：磁法实施的物理前提是地下介质存在磁性差异。在覆盖区地质填图中可用于探测区域构造背景、隐伏岩体分布及成分、岩浆活动痕迹及与其相关的构造和资源矿产等，此外，磁法在地热勘查也能发挥主要作用。

（三）电与电磁法

电与电磁法是地球物理勘探方法中的一类重要方法，是以地下介质的导电性、极化性、介电性和导磁性的差异为物理基础，使用专用的仪器设备，观测电场、电流场、电磁场（电磁波）的传播及变化规律，进而解决地质问题的一组物探方法。

由于原理及测量方式的差异，电与电磁法又可分为许多种，如表 2-2 所列。按激励场的特点划分为传导类电法和感应类电法，前者观测和利用大地中由于传导作用产生的异常电流场，包括电阻率法、充电法、激发极化法和自然电场法等，后者观测和利用大地中由于感应作用产生的涡旋电流场或其异常电磁场，包括频率测深法、甚低频法、电磁波透视法、大地电磁法等；按照场源属性分为人工场法（主动源法）和天然场法（被动源法）。此外，各类方法还可依据观测装置的不同进一步细分。

电与电磁法具有多参数测量、激励场和测量装置多等特点，可探测不同深度范围、不同形态的目标体，应用领域十分广泛。在地质调查中常用方法主要有激发极化中间梯度法、高密度电法、探地雷达法及大地电磁测深法。下面简要介绍几种方法的技术特点。

1. 激发极化中间梯度法（简称"激电中梯法"）

激发极化法是以不同岩、矿石极化率差异为物质基础，通过观测和研究大地激电效应，来探查地下地质情况的方法。中间梯度装置是将两个供电电极 A、B 放置在测区两端，相距很远且固定不动，如此在地下岩石为均匀、各向同性情况下，该地段的电场可近似为均匀电流场，故通常在 A、B 极之间约 1/3 范围内进行电位差测量。供电采用"供电—断电—反向供电—断电"方式进行，通过观测供电时的一次场电位差 ΔU 和断电后的二次场电位差 ΔU_2，获得视极化率参数 $\eta_s = \Delta U_2 / \Delta U$，研究极化率的分布规律，来确定勘探目标及其特征。

激电中梯法可同时得到测点视电阻率和视极化率两组参数，同时还可以通过延时观测二次场电位差 ΔU_2，得到反映不同深度极化率信息。激电中梯法通常采用面积性测量，具有装置简单、易于操作、工作效率高的特点。

表 2-2　电与电磁法分类

类别	场源性质	方法名称			应用
直流电法（稳定场）	天然场	自然电场法			硫化金属矿、石墨矿普查和详查；水文地质、工程地质调查
	人工场	电阻率法	电剖面法	二极剖面	产状陡立的高、低阻体探测；不同岩性的接触带划分；断层及构造破碎带追索
				三极剖面	
				联合剖面	
				对称四极剖面	
				偶极剖面	
				中间梯度	
			电测深法	二极电测深	地质构造、基岩起伏、埋深、风化壳厚度勘测，地层层位小倾角划分，含水层分布及埋深确定，咸、淡水分界面划分
				三极电测深	
				对称四极电测深	
				偶极电测深	
			高密度电阻率法		工程地质调查，工程质量检测，坝基及桥墩选址，采空区及地裂缝探测，岩溶探测
			高分辨电阻率法		地下洞体、脉冲体或孤立地质体探测，考古
		充电法			出露矿体隐伏部分的形状、产状、规模、平面分布位置及深度确定，地下水的流向和流速（单井）测定，滑坡调查及地下金属管线追踪
不稳定场		直流激发极化法（时间域）			硫化金属矿床、地下水、油气田和地热田勘查，采空区探测、煤炭勘探
		交流激发极化法（频率域）			
交流电法（交变场）	天然场	大地电磁法（MT）			地壳和上地幔地质构造研究，沉积盆地油气田勘探，地热资源调查
		音频大地电磁法（AMT）			
		海洋大地电磁法（Marine-MT）			
	人工场	瞬变电磁法（TEM）			松散沉积层勘查，断裂调查，资源调查，地基勘查
		可控源声频大地电磁法（CSAMT）			地质构造、煤田、地热及地下水勘测
		海洋可控源电磁法（Marine-CSEM）			油气勘探，油气圈闭、含油气边界确定
		甚低频法（VLF）			地质填图，寻找金属矿床，圈定构造破碎带，地下水勘查
		频率测深法			地质构造研究，油气田探测
		无线电波透视法			探测坑道工作面内隐伏小构造、陷落区、断层、煤层变化
		航空电磁法（AEM）			矿产资源勘查、基础地质调查，水文、工程、环境勘查

针对在覆盖区隐伏硫化物金属矿床进行调查，可应用激电中梯法，工作比例尺可选择 1：2000 ～ 1：10000，针对潜在的成矿地带，不宜大范围实施。

野外施工技术条件：激电中梯法的实施对场地要求不高，平原、山地、丘陵地区均适合开展，但需要尽可能避开工业供电系统产生的地电干扰。

主要探测目标：可用于探测覆盖层的矿化信息、地下水活动及覆盖层下硫化物矿产等。

2. 高密度电法（也称多通道电阻率剖面法）

高密度电法是以岩土导电性差异为物性基础，研究人工施加稳定电流场的作用下地中传导电流分布规律的方法。它是一种集电剖面和电测深于一体的电阻率法，原理与常规的电阻率法相同。高密度电法仪是一个多电极测量系统（多电极高密度一次性布设），可在电极系统不移动的情况下实现多种装置的电阻率测量（图2-2）。分布式智能化高密度电法仪主要由计算机、高密度主机、主电缆和电极转换器等组成。分布式智能化测量系统可使电极通道转换、测量和数据处理等工作均由计算机完成，实现了工作方式选择、参数设置、数据处理及资料解释等的自动化、智能化。

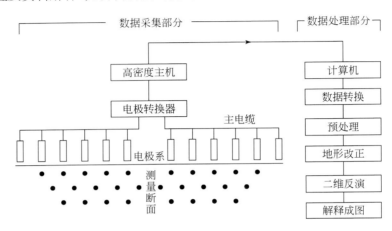

图 2-2　高密度电法勘探系统示意图

针对在覆盖区地下水及埋深小于 100m 的覆盖层内部结构进行调查，可以应用高密度电法。通常选择在具有代表性的地段实施剖面测量，电极距一般不小于 5m。

野外施工技术条件：高密度电法的实施对场地要求不高，平原、山地、丘陵地区均适合开展，勘探深度取决于电极排列长度及供电功率，排列越长、供电功率越大，深部信息越可靠。地下水潜水面较浅（小于 10m）时，深部分辨率会降低。

主要探测目标：高密度电法是覆盖区地质填图最常用的方法之一，可探测覆盖层厚度变化、覆盖层结构、含水层、隔水层，以及地下水分布、岩溶、基岩断裂等。

3. 探地雷达法

探地雷达（ground penetrating radar，GPR）法又称透地雷达法，是利用频率为 $10^6 \sim 10^9$Hz 的电磁波来探测地下介质分布的一种无损探测方法。探地雷达法是通过发射天线向地下发射高频电磁波，电磁波在地下介质中传播时遇到存在电性差异的分界面时发生反射，通过接收天线接收反射回地面的电磁波，进而分析接收信号的波形、振幅强度和时间的变化等特征推断地下介质的空间位置、结构、形态和埋藏深度，如图2-3所示。由于探地雷达法在合适的场地上可得到高分辨率、高精度的探测结果，且设备轻便、工作效率高，可连续测量，是工程地质、工程监测、水文调查、地质灾害和环境评估的主要物探手段。

在覆盖层厚度小于 30m 的区域，可应用探地雷达方法，获取基岩面特征及覆盖层的精细结构。

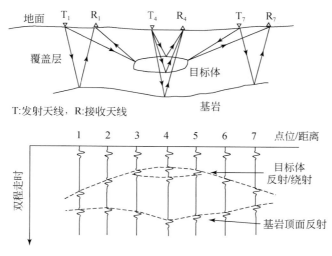

图 2-3　探地雷达工作原理示意图

野外施工技术要求：探地雷达是在对反射波形特性分析的基础上来判断地下目标体的，所以其探测效果主要取决于地下目标体与周围介质的电性差异、电磁波的衰减程度、目标体的埋深及外部干扰的强弱等。目标体与介质间的电性差异越大，二者的界面就越清晰。因此，目标体与周围介质之间的电性差异是探地雷达探测的基本条件。探地雷达方法的应用一般有多种频率选择，工作频率越低探测深度越大。

主要探测目标：探地雷达法在浅覆盖区可探测覆盖层沉积物结构、基岩金属矿化带、蚀变带、断裂构造、地下水分布及岩溶等。

4. 大地电磁测深法

大地电磁测深（magnetotelluric sounding，MT）法是利用天然（或人工）交变电磁场探测地球电性结构的一种物探方法。MT 法是通过接收外场激发下地球内部产生二次电磁场的水平分量 E_x、E_y、B_x、B_y 以及磁场垂直分量 B_z，基于麦克斯韦方程组及其相关理论，对地球介质电性分布进行分析和解释推断探测的方法。MT 法探测深度范围从数十米至数百千米，且工作方便，不受高阻层的屏蔽，对低阻层分辨率高，因而在许多领域都得到了成功的应用，并引起了广泛的重视。

野外施工技术条件：MT 法的实施对场地要求不高，平原、山地、丘陵地区均适合开展，但需要尽可能避开工业供电系统产生的地电干扰。

根据工作频率段和激励场类型，MT 法又可组成不同的技术和应用系统，如连续电导率成像系统（EH4）、可控源音频大地电磁测深（controllable audio-frequency magnetotelluric sounding，CSAMT）等。

以下是几种在地质调查中常用方法的技术特点。音频大地电磁测深（audio-frequency magnetotelluric sounding，AMT）利用天然电磁场，采用 TE、TM 两种模式观测，可测量标量、矢量和张量信号，接收信号的频率范围为 0.1 ～ 100kHz，探测深度为 n ～ 2000m，仪器轻便，适合于各种地形条件。CSAMT 与 AMT 的不同之处是利用人工场源进行激励，功率从几千瓦到几十千瓦，通过对激励场源进行控制，可有效降低噪声的影响，提高勘探的可信度。EH4 是由美国 Geometrics 公司和 EMI 公司于 20 世纪 90 年代联合研发的一种混合源频率域电磁测深系统，也采用 TE、TM 两种模式观测，分别接收 X、Y 两个方向的磁场和电场，但仅观测方向上的分量，并舍去了矢量观测，其工作频率为 0.01 ～ 100kHz。EH4 结合了 CSAMT 和 MT 的部分优点，利用人工发射信号补偿天然信号某些频段的不足，以获得高分辨率的电阻率成像，但其核心仍是被动源电磁法，主动发射的人工信号源勘探深度很浅，可用来探测浅部构造。EH4 在高阻覆盖区具有独到的优越性，可以穿透高阻盖层；而当基底为高阻，且基底与上覆砂岩有明显电性差异时，EH4 能准确而清晰地探测出基底的埋深和起伏，对断层位置和埋深有准确的反映。

（四）地震法

地震勘探是利用地下介质弹性和密度的差异，通过观测和分析大地对天然地震或人工激发地震波的响应，研究地下介质的纵波、横波波阻抗的差异和地震波传播特性，推断地下岩层的性质和形态的物探方法。地震勘探广泛应用于地质调查、能源勘探、工程地质调查、水文地质调查等诸多领域。

地震法按震源类型可分为主动源方法和被动源方法；按地震波类型可分为体波法（也可分纵波法和横波法）和面波法（也可分瑞利波法和拉夫波法）；按地震波的传播形式可分为反射波法、折射波法、透射波法；按数据采集形式可分为二维地震、三维地震和垂直地震剖面法（VSP）等。由于地震波可穿透整个固体地球，而人们习惯按地震勘探探测目标深度进行归类，如将探测地下 1000m 以前地震方法的称为浅层地震方法。因此，覆盖区地质填图中应用的地震方法应属于这个范畴。

地震反射法和折射波是通过接收地下波速不同地质界面反射或折射上来的地震体波信号，通过相关数据处理，得到地下地质界面、地质构造、断层及岩性等信息。面波法则是通过观测地震面波信号并分析其频散特征来求解地下介质结构及其成分，尤其对地下松散介质的探测十分有效。

在覆盖区地质填图中，浅层地震法可以在揭示隐伏断层、追踪隐伏地层、发现覆盖层内部结构构造等方面发挥重要作用。地震反射波法和折射波法常用于探测隐伏断层和地层追踪，面波法常用于探测松散层和地下水。浅层地震法取得良好效果的一个重要条件是激励震源。在炸药爆破受限的情况下，建议选用较大动能的人工震源（如 300kg 以上的落锤）或震源车。在应用面波法进行探测时可充分利用环境噪声，并将其作为"震源"。

野外技术要求：原理上地震法能适应各种地形环境，但要求有适当的地震地质条件如良好的激发条件以保证激发能量有效传入地下，良好的接收条件应满足地下地震波能传至地面传感器，地下为层状介质时应用效果最佳。此外，地震法在相对平缓的地形上易于实施，高差较大的陡坎会影响测线的连续性并影响勘探效果。

探测主要目标：对浅层地震而言，反射波法主要用于探测地质结构，应用于资源勘探、能源勘探、浅层勘查等；折射波法主要用于探测地质界面，应用于资源勘探、能源勘探、浅层勘查等；面波法主要用于探测覆盖层及基岩岩性，应用于浅层勘查、地震灾害评价等。

（五）放射性法

放射性法勘探又称放射性测量。借助于地壳内天然放射性元素衰变放出的 α、β 和 γ 射线，穿过物质时，将产生游离、荧光等特殊的物理现象，根据放射性射线的物理性质，利用专门仪器（如辐射仪、射气仪等），通过测量放射性元素的射线强度或射气浓度来寻找放射性矿床以及解决有关地质问题的一种物探方法，也是寻找与放射性元素共生的稀有元素、稀土元素及多金属元素矿床的辅助手段。放射性物探方法有 γ 测量、辐射取样、γ 测井、射气测量、α 径迹测量和物理分析等。放射性方法广泛应用于地质填图、油气勘探、地下水勘查、活动构造调查及对环境污染的监测等。

γ 测量辐射仪或闪烁辐射仪在地面步行作放射性总量测量，是铀矿普查工作中最有成效、最广泛采用的方法。它是以测量岩矿石的 γ（或 β+γ）射线总强度来发现放射性异常的。该法的优点是几乎能在任何地区、任何地质条件下进行最详细的测量。缺点是不能区分放射源的性质（铀、钍、钾），探测深度有限。为了提高 γ 测量的效率，目前多将 γ 能谱仪装在飞机上或越野性能良好的汽车上进行测量，寻找放射性异常，也可以做成特殊的 γ 能谱仪，进行湖底或海底放射性测量。航空放射性测量，主要用于地质填图，推断铀、钍成矿区的位置，寻找与放射性元素分布有关的某些非放射性矿产资源。车载放射性测量，主要用于踏勘性的调查，或作为航空放射性测量的初步检查。γ 测量还可以在钻孔中进行，即用辐射仪在钻孔中测量岩矿石的天然 γ 射线强度，以寻找地下深处放射性矿床。有 γ 测井（总量）和能谱测井两种。

射气仪测量是测量土壤空气中放射性气体的浓度，以推断浮土覆盖下可能存在的放射性矿床，也可用来圈定破碎带等地质构造。射气测量主要是测量氡（部分钍）衰变时放出的 α 射线。该法探测深度较大，一般可以发现 6～10m 厚的浮土覆盖下的铀矿体。在岩石裂隙和构造破碎带有利于射气迁移的条件下，还可发现埋藏更深的矿体，因而广泛应用于浮土覆盖地区。土壤空气中的射气浓度受气候条件变化等许多因素的影响，使得射气异常的解释十分困难和复杂。

野外技术要求：放射性勘探适应于各种地质、地形条件。

主要探测目标：探测放射性元素矿床和与放射性元素共生的其他非放射性矿床，如磷块岩矿、铝土矿、稀土和稀有元素矿床，以及地热资源和活动构造等。

（六）测井法

测井法是以不同岩石的物理特性差异为基础，如电性差异、电化学差异、核物理差异、声或弹性波差异等，基于不同的地球物理方法，通过相应的仪器沿着钻孔连续地测量反映地下地层岩石的某种物性参数随井的变化规律，从而与勘探任务相关的钻井地质剖面，确定地层属性和特征。随着仪器技术的发展，重力、磁法、电与电磁法、地震法、放射性法都可在钻孔中实施。测井又称为地下原位探测或地下物探，是钻探方法的延伸，不仅可通过测井得到地下物理场的分布，也可结合地面数据进行井地联合反演和解释。

常用的测井方法包括：声波测井、电测井、磁测井和放射性测井。具体应用时还可选择不同方法组合测井，以获取多种参数。

技术要求：适合测井的钻孔。

（七）常用的物探方法技术特点对比

几乎所有的物探方法都能在覆盖区进行探测，但不同方法的应用效果及工作成本差异很大。为了便于方法选择，表 2-3 中列出了常用物探方法的技术特点。

表 2-3　地质调查常用的物探方法特点对比

方法名称	测量形式	调查方式	技术特点	实施成本*
重力法	地面、航空、水面	面积、剖面	单参数测量，无场地要求	较低
磁法	地面、航空、水面	面积、剖面	单、多参数测量，无场地要求	较低
电与电磁法	地面、航空、水面	面积、剖面	多方法、多参数，多种选择，要求地电干扰低	中等
地震法	地面、水面	剖面	多方法、多参数，多种选择，要求适当的地震地质条件	较高
放射性法	地面、航空、水面	面积、剖面	单参数测量，无场地要求	较低
测井法	钻孔	钻井中	多方法、多参数，对钻孔施工有特殊技术要求	较高

＊实施成本是以单位面积探测成果的产出量估计

四、化探技术方法

化探方法技术应用于覆盖区地质填图主要是基于土壤化学成分与覆盖层下的基岩成分的继承性关系和空间关系，推断覆盖层下的基岩地质信息，从而解决区域地质填图问题。使用该方法的基本条件是：①土壤成分与基岩岩石化学成分有明显继承性；②土壤空间位移小；③采样密度与填图比例尺相当。

戈壁荒漠覆盖区以物理风化为主，原地的土壤层很少，而且戈壁荒漠区以异地堆积的冲洪积、湖积、风积为主，堆积层与源区存在较大的空间位移，因此，传统的常规化探方法的应用受到很大限制，对深部地质结构的指示意义不大。但是，一些针对覆盖层下重大构造带、含矿体系可以采用一些非常规的深穿透性地球化学测量方法，如微量地气体(汞、硫化氢)测量、活动态金属元素地球化学和活动态元素选择性偏提取技术等方法手段，以达到对深部重要构造或地质体特别是含矿地质体（带）的揭示。另外，戈壁荒漠浅覆盖区地质调查钻达基岩的浅钻较多，可以结合钻孔进行系统取样，开展钻孔蚀变矿物和常规地球化学测量。

（一）深穿透地球化学测量

1. 覆盖层土壤热释汞、硫化氢测量

土壤热释汞、硫化氢测量应在 1：50000 地球物理测量获得的综合异常及地质解释的基础上，样品点距 100m，矿化蚀变发育地段适当加密至 50m。一般在测点周边 3～5m

距离采集 5 个样品，采样深度为土壤 B 层（40 ～ 50cm），过 80 目筛，再将 5 个样品混合为 1 个样品，装入锡皮纸袋中密封。

　　覆盖层土壤热释汞、硫化氢测量热释汞测量必须建立在确定了大比例尺物探异常的基础上，对有可能为矿致异常区，采用 1 ∶ 10000 土壤热释汞剖面测量。测量剖面应该尽量垂直于异常的长轴方向或基岩控矿构造 - 建造的展布方向。采样点间距平均 100m。样品尽量在风成砂之下的砂砾层或钙质层内采集，每件样品的重量不少于 500g，粒度小于 80 目。每个采样点采取梅花式采样法，在 2 ～ 3m 范围内采集 5 个样品合为 1 个测量样品。

2. 活动态元素选择性偏提取地球化学测量

　　活动态元素选择性偏提取地球化学测量也是应该在 1 ∶ 50000 地球物理测量获得的综合异常及地质解释的基础上进行布设，其测量剖面位置与土壤热释汞测量剖面布设原则基本一致，剖面比例尺一般按 1 ∶ 10000 比例尺测量，样品间距一般采用 100m。采样层位应该在钙质层之下，每件样品粒度小于 80 目。在采样点 2 ～ 3m 范围内采取 3 个样品合为 1 个测试样品。

　　不同的活动态元素在介质中的富集特征存在一定差异。干旱荒漠区，土壤中存在一个或多个钙积层，钙积层的存在会阻挡部分元素（如 Cu、Au、Ba）的迁移，但对大部分元素，钙积层不会对元素的迁移产生影响，元素的活动态部分会穿透钙积层到达地表，在地表孔泡结皮层或弱胶结层中富集。综合元素的富集规律及采样成本等因素，金属活动态采样基本可以将采样层位控制在弱胶结层。因此，样品采集地表松散层的弱胶结层（20 ～ 40cm 深度）土壤样品，样品粒度在 40 ～ 80 目。

　　金属活动态的提取采用两个阶段提取方案：第一阶段是使用顺序提取的方法将载体由弱到强依次溶解，并使金属释放出来；第二阶段是对提取液的处理过程，将第一阶段释放出来的金属溶解于溶液中。设计的金属活动态提取形式主要包括：①水提取态金属（包括金属离子、可溶性化合物、可溶性胶体和可溶性盐类中的金属元素）；②吸附和可交换金属；③有机质结合金属；④氧化物膜吸附或包裹金属。分析方法以电感耦合等离子体质谱法（ICP-MS）为主，并配合石墨炉原子吸收光谱法（GF-AAS）、原子发射光谱法（AES）和原子荧光光谱法（AFS）的分析测试系统，可分析 30 余种元素。可根据需要选择分析其中的一种或几种元素。一般来说，对金矿而言主要分析 Au、Ag、As、Sb、Hg 等元素，对多金属矿而言主要分析 Cu、Pb、Zn、Ag、Au 等，对铜镍硫化物矿床而言主要分析 Cu、Cr、Ni、Co、Pb、Zn、Fe、Mn，对铂族矿床而言主要分析 Pt、Pd、Ir、Cu、Ni、Au 等。

　　近几年来，勘查地球化学元素迁移机理取得了显著进展，使得深穿透地球化学的应用具有更多的发展空间。例如，土壤中纳米金属微粒的发现为穿透性地球化学异常的形成提供了直接微观证据，通过从矿体上方地气和土壤中同时观测到纳米金属颗粒，并被室内迁移柱观测证实，而且颗粒大小、形貌特征、成分基本相似，说明它们之间具有成因联系，其来自于矿体；再比如，澳大利亚学者的最新研究证明干旱 - 半干旱地区植物在元素向地表迁移过程中起到了重要作用，通过对植物叶子的元素分析发现覆盖层之下的金矿；王学求等（2012）对天山戈壁覆盖区金窝子隐伏金矿中成矿元素在覆盖层中的三维分布规律进行了探索研究，发现矿体上方覆盖层中成矿元素具有顶底层高、中间层低的特点。经过样品粒度对比，发现 160 目的微粒中成矿元素的异常最明显，与 20 目及 20～160 目微粒中成矿元素的异常差异达一个数量级。植物细胞内微观观测提供了植物迁移化学元素的分子水平证据（王学求等，2012）。

（二）钻孔蚀变矿物和常规地球化学测量

一般针对戈壁荒漠浅覆盖区地质调查实施。这类区域一般需要布设较多的钻达基岩的浅钻，以对基岩地质结构进行有效约束。因此，应该结合钻孔进行系统取样，开展钻孔蚀变矿物和常规地球化学测量。

样品在基岩岩心中采集，每个钻孔岩心采集 3～5 个样品，样品可以等间距采集，也可以根据岩性变化情况来采集，每个样品量不少于 500g。

（1）蚀变矿物物相分析，从所采岩心样品中称取 50g 样，粉碎至 200 目，用粉晶 X 射线衍射分析仪定量测定矿物项，并对照同岩心样品中岩矿鉴定结果，来确定热液蚀变矿物组合，用于判断热液性质和矿化蚀变类型；

（2）成矿元素分析，从所采岩心样品中称取 50g 样，粉碎至 200 目，采用常规光谱分析法，测试 15 种成矿元素（Cu、Pb、Zn、Au、Ag、As、Sb、Bi、W、Mo、Sn、Ba、Co、Ni、Cr），并结合蚀变矿物组合，确定矿化类型，推测矿化中心位置。

五、钻探与槽探方法

（一）钻探

1. 钻探目的

钻探方法在覆盖区填图中的应用目的有三个：一是通过钻井编录，查清覆盖层结构，对地球物理数据进行标定，进行覆盖层的三维地质填图；二是获得覆盖层的岩心样，为第四系覆盖层垂向年代学、生态环境演化提供样品；三是获取覆盖层下的基岩岩心，对物探方法确定的基岩面深度、基岩填图单位进行验证和标定，并为基岩地质研究提供各类必要的样品。

2. 钻探方法的选取

戈壁荒漠区第四系一般以洪、冲积为主，这类地层往往与荒漠区季节性降水和冰雪融水有关，相变快，叠覆关系复杂，不能以老地层的地表构造和产状要素推测地下三维结构。在路线剖面调查和地球物理信息揭示的地下不同深度重要界面工作的基础上，钻孔是验证这些重要界面性质的唯一手段。但是由于经费的制约，在实施钻孔揭示前，应充分利用已有的各种钻孔和地球物理资料，查明区域第四系的岩性、空间展布形态等，保证合理、有效地设置钻孔的位置。

在钻孔揭示的过程中主要包含三个方面：一是钻孔设计深度与所需达到的目的层；二

是钻孔描述与样品采集；三是钻孔之间联井剖面的横向对比。钻孔进行全孔取心，基于岩性特征、沉积旋回、古地磁、光释光及孢粉测试数据，结合区域第四纪地层资料，对钻孔第四纪地层界线做出了详细划分，并建立工作区覆盖层的地层年代序列，为区域第四纪地层划分与对比、古气候环境重建及区域地下水的深入研究奠定了翔实基础。

钻探方法具体的工作内容包括：①钻探设计深度与所达到的目的层，在充分收集和分析前人钻孔和物探资料、测区项目已经实施的物探工作的基础上，合理设置钻孔位置和钻探深度，明确每个钻孔存在几个重要界面和每个界面的大概位置。②钻孔描述与样品采集，钻孔的目的包括两个方面，一是建立三维地质结构；二是研究关键地质科学问题。钻孔描述是在建立三维地质结构和针对地质科学问题研究过程中进行标志层横向对比的基础。因此，野外应实时安排专业人员对钻孔岩心进行详细分层和编录，并进行样品的采集。采集的样品包括测年、古环境分析、地球化学分析等。条件允许的情况下同时安排物探测井，获取主要岩性的电阻率、自然电位等物理参数，为解释物探数据提供依据。③联井剖面，是建立三维地质结构的最重要部分，应充分利用钻孔的岩性、年代、气候变化曲线、测井、物探等资料，结合沉积环境、相变、构造等因素进行综合分析对比。

戈壁荒漠覆盖区利用钻孔对基岩面地质结构及埋深进行标定是最直接也是最有效的手段。覆盖区的钻孔要以抵达基岩为目的，可以获取包括覆盖层成分结构、覆盖层厚度和基岩面岩性等综合信息，因此，针对基岩面地质结构调查的钻孔实施一定也是有关覆盖层结构、基岩面埋深和基岩面结构探测的综合利用。考虑到钻探工作的投入成本较高，因此钻孔的布设应充分考量和利用地球物理探测信息，做到钻孔实施有的放矢。另外，基于钻孔探测的经济性考虑，可以采用机械岩心钻探与汽车钻（空气反旋回）相结合的方式。前者可进行岩心系统取样，获取较准确的覆盖层岩性特征、沉积旋回、基岩岩性信息，还可以获取有关古地磁、光释光及孢粉测试等样品，结合区域第四纪地层资料，对钻孔第四纪地层界线做出了详细划分，并建立工作区覆盖层的地层年代序列，为区域第四纪地层划分与对比、古气候环境重建及区域地下水的深入研究奠定了翔实基础。后者主要通过钻孔冲击打出岩屑，其虽然不能形成完整的岩样，但是根据岩屑能够对岩性做出基本判断，特别是其快速且价格低廉，因此对大面积的戈壁荒漠浅覆盖区地质填图能够起到较好的标定作用，其与机械岩心钻探相结合，能够有效快速解决所需获取的有关基岩地质结构、覆盖层深度和覆盖层地质结构信息。

3. 钻井编录，取样

钻探手段价格昂贵，钻探要坚持一孔多用，信息收集详尽的原则，因此要进行详细的编录，取样。

编录：要求详细地记录岩心碎屑的颜色、粒度、分选、磨圆、成分、固结程度、胶结类型和胶结物成分、碎屑粒度和组成的垂向变化，突变和递变界面的位置，比例尺可选择 1：100～1：500。

取样：系统采集粒度分析、差热分析、常量元素化学分析、微量元素光谱分析、电镜、重矿物组合、磁化率、孢粉、微体古生物、古地磁、热释光测年、光释光测年、^{14}C 测年、电子顺磁共振法（ESR）等分析测试样品。对不同分布区域、不同填图单位、不同成因类型、不同粒级的松散沉积物均有相应的样品控制。

4. 钻孔设计与布置

钻孔设计与布置要遵循以下原则：

（1）钻孔设计，钻探手段价格昂贵，设计时要考虑投入与收益的性价比，设计工作量要在对区内前人的地质、物探、化探资料进行全面收集和整理的基础上进行。

（2）钻孔布置应遵循由已知到未知，由浅到深，由疏到密的原则，并根据进展随时调整钻孔位置和网密度。若已有可利用钻孔能满足精度要求，则只需布置适当的基准孔；若只有部分钻孔可利用，则按精度要求补全新施工钻孔；若没有可利用钻孔，则按精度要求布置新施工钻孔。

（3）钻孔实施时间的安排要相对滞后，要在地球物理扫面工作完成后，在对基岩地质、构造有一定认识的基础上进行，选择不同的地球物理单元布置，用有限的钻孔工作量尽可能多地验证地球物理的解译结果。

（二）槽探

槽探是通过去掉表层覆盖，揭露基岩的一种手段，对基岩出露区被风化层或残积层覆盖的重要部位（矿化带、重要接触关系）的揭露较为实用。槽探揭露的覆盖层较浅，且对环境的破坏较大，在覆盖区填图中受到的局限性较大，因此一般不建议使用该手段。但在人烟稀少的戈壁荒漠覆盖区，在对植被和环境没有明显影响的情况下，可根据需要适度安排槽探工作。槽探工作应重点围绕不连续出露的基岩实测剖面、重要的接触关系、重要的地表矿化线索等。探槽应尽量平行于剖面走向，或垂直接触界面的方向和垂直矿化带方向。要有完整的槽探编录。

六、年代学方法

针对戈壁荒漠覆盖区，年代学方法重点针对覆盖层，因此涉及各种新年代学方法的应用，包括 ^{14}C、热释光、光释光、U 系、裂变径迹、电子自旋共振、宇宙成因核素、K-Ar 和 Ar-Ar 等各种同位素测年方法及古地磁磁性地层学方法。古生物化石中仅有高等哺乳动物化石（包括古人类化石）在第四纪地层定年中有一定的断代意义。

覆盖区地质调查的另一重要目标是盆山关系以及活动断裂构造活动历史的调研，盆山关系涉及对山体抬升剥露过程及盆地沉积充填的响应，抬升剥露过程需要用到低温热年代学方法，包括裂变径迹和 U-Th/He 测年等，盆地沉积充填则涉及各种新生代—第四纪测年方法；活动断裂活动历史主要涉及系列与第四纪测年相关的年代学方法，包括 ^{14}C、热释光、光释光、电子自旋共振和宇宙成因核素测年等。

K-Ar 法基于放射性同位素 ^{40}K 衰变转变成稳定子体 ^{40}Ar 测定年龄。其适用条件如下：

（1）矿物岩石在形成后的 K-Ar 体系是封闭的，即矿物岩石在形成后没有发生过 K 或 Ar 的带入或带出。但是，后期风化或再加热事件往往会破坏这种封闭体系，导致 Ar 的丢失。

（2）矿物和岩石中所有的 ^{40}Ar 都来自于 ^{40}K 的衰变。大气中的部分 ^{40}Ar 和 ^{39}Ar 会污染样品，需要进行校正。岩石矿物形成时所携带的 Ar 的丰度比，尤其是 $^{40}Ar/^{39}Ar$ 值应与现代大气中 Ar 的丰度比相同，也就是说可以用现代大气 Ar 的丰度比来校正样品形成时非年龄意义的 ^{40}Ar，或者说，样品在形成时的放射成因 ^{40}Ar 应为零，如果样品形成时存在 ^{40}Ar 的过剩或亏损，那么所得到的年龄就会偏老或偏新。

Ar-Ar 同位素定年是在 K-Ar 法基础上改进的一种测年方法，也是基于 ^{40}K 衰变转变成稳定子体 ^{40}Ar 测定年龄（邱华宁和彭良，1997；Harrison and Zeitler，2005）。与 K-Ar 法不同的是，它是通过在核反应堆中用快中子照射矿物或岩石样品，使其中的 ^{39}K 转化为 ^{39}Ar，然后利用质谱方法测量从样品中萃取出的 ^{40}Ar 和 ^{39}Ar 来计算样品的年龄。在元素 K 中，^{39}K 和 ^{40}K 同位素丰度有固定比例，测定样品中 ^{39}K 的含量就可以推知样品中 ^{40}K 的含量。

Ar-Ar 同位素定年的应用条件与 K-Ar 法相同。相对于 K-Ar 法，$^{40}Ar/^{39}Ar$ 法具有以下优点：

（1）在 $^{40}Ar/^{39}Ar$ 法中，K 和 Ar 的含量及同位素比值是测定同一份样品同时获取的，而 K-Ar 法测年中，K 和 Ar 含量是分别测试的，因此，$^{40}Ar/^{39}Ar$ 法测年避免了 K-Ar 法中由于 K 和 Ar 分别测定时可能存在的样品不均匀性问题所导致的对年龄结果的影响。

（2）直接用质谱计测定 Ar 同位素比值计算年龄大大提高了年龄的测定精度。

（3）$^{40}Ar/^{39}Ar$ 法最大的优点在于，对分析样品进行阶段升温分析，可以确定样品的热历史，并可以判定样品是否有 ^{40}Ar 的过剩或亏损。

（4）$^{40}Ar/^{39}Ar$ 法利用激光探针的 $^{40}Ar/^{39}Ar$ 测年技术可以获得样品颗粒年龄或微区年龄。

U 系法（铀系不平衡定年）是利用 ^{238}U、^{235}U 和 ^{232}Th 三个放射性系列不平衡的中间产物的积累及衰变的原理来计时的方法。具体的测年方法很多，见表 2-4。放射性系列中母体与子体的不平衡是铀系各种测年方法的基本前提条件，最佳适用范围是几千年至 350ka 左右。主要应用于海洋沉积物、第四纪大陆沉积物和年轻火山岩的时代确定。

表 2-4　铀系不平衡法中的主要测年手段和适用范围（据陈文寄和彭贵，1991；Walker，2005）

测年方法	前提条件	半衰期 /a	测年范围 /a	主要应用范围
$^{234}U/^{238}U$ 法（不平衡铀法）	$^{234}U_{过剩}/^{238}U$	2.48×10^5	$\leqslant 1.25 \times 10^5$	珊瑚礁和水
^{230}Th 法（镤法）	$^{230}Th_{亏损}/^{234}U$	7.52×10^4	$\leqslant 3.5 \times 10^5$	海洋和大陆碳酸盐(珊瑚礁、贝壳、洞穴沉积、骨化石、钙华)，火山岩
	$^{230}Th_{亏损}/^{232}Th$	7.52×10^4	$\leqslant 3.0 \times 10^5$	深海沉积速率
	$^{230}Th_{亏损}$	7.52×10^4	$\leqslant 3.0 \times 10^5$	深海沉积速率，Mn 结核生长速率

测年方法	前提条件	半衰期 /a	测年范围 /a	主要应用范围
^{231}Pa 法 （镁法）	$^{231}Pa_{亏损}/^{235}U$	3.43×10^4	$\leq 1.5\times10^5$	海洋和大陆碳酸盐（珊瑚礁、贝壳、洞穴沉积、骨化石、钙华），火山岩
	$^{231}Pa_{亏损}$	3.43×10^4	$\leq 1.5\times10^5$	深海沉积速率，Mn 结核生长速率
$^{231}Pa/^{230}Th$ 法 （镁铒法）	$^{231}Pa_{亏损}/^{230}Th_{亏损}$		$\leq 2.0\times10^5$	海洋和大陆碳酸盐（珊瑚礁、贝壳、洞穴沉积、骨化石、钙华），火山岩
	$^{231}Pa_{过剩}/^{230}Th_{过剩}$	6.2×10^4	$\leq 1.5\times10^5$	深海沉积速率
^{210}Pb 法 （铅 210 法）	$^{210}Pb_{过剩}$	22.3	100	湖泊、河口和近海环境的沉积速率、地球化学示踪、沉降速率
^{234}Th 法	$^{234}Th_{过剩}$	24.1	100	浅水中的快速沉积速率，颗粒的再生作用和成岩作用研究
$^{228}Th/^{232}Th$ 法	$^{228}Th_{过剩}/^{232}Th$	1.913	10	湖泊、河口和近海环境的沉积速率、地球化学示踪、沉降速率
He/U 法	He 的保存		1.0×10^6	珊瑚礁，地下水

^{14}C 测年法是一种广泛应用于第四纪地层测年的方法（仇士华，1990；杨巍然和王国灿，2000）。^{14}C 的产生是在 12 ～ 18km 高空的氮（^{14}N）受宇宙射线的热中子流（n）轰击，从 ^{14}N 中打出一个质子（P），使 ^{14}N 变成 ^{14}C。^{14}C 在高空形成后便与氧结合成 $^{14}CO_2$，大气环流运动使其均匀混合在大气中，通过降水方式 ^{14}C 进入江河湖海水域，并被水中碳酸盐建壳生物吸收，通过光合作用进入植物体，动物食用植物使 ^{14}C 进入动物骨骼。活的有机体中的 ^{14}C 与大气中的 ^{14}C 保持平衡，但当生物死亡后被立即埋藏，生物遗体中的 ^{14}C 与大气中 ^{14}C 停止交换，在封闭系统中 ^{14}C 就要按指数规律自行衰减，因此，通过检测出物质中 ^{14}C 减少的程度，根据衰变规律就能推算出沉积年龄。^{14}C 半衰期为 5730a，大约 50ka BP 后化石中的 ^{14}C 含量甚微（仅有 1/1000），仪器难于测量。因此，测年一般限于 50ka BP（晚更新世晚期—全新世）以来的沉积、活动断层、环境和考古研究。

宇宙成因核素测年主要指原地生成宇宙核素定年，可分为暴露法和埋藏法。由于稳定连续暴露在宇宙射线中的地表岩石所积累的宇宙成因核素的含量是时间的函数，因此通过测定地表岩石中的宇宙成因核素含量，就可以推算出样品在地表的暴露时间，这就是暴露法定年的基本原理。该方法既可以使用单一核素，也可以使用核素对比进行测年。与暴露法不同，埋藏法测年是基于同一岩石或矿物中具有不同半衰期的成对宇宙核素的浓度及比值会随时间而发生变化，具体而言，地表岩石在暴露期间受到宇宙射线轰击形成宇宙核素，当岩石被覆盖后，宇宙核素的生成会随埋深的增加呈指数衰减直至停止，通过测定核素对的含量和比值就可以计算出岩石的沉积时间。相对于暴露法而言，埋藏法机理简单明确，不受地表侵蚀、海拔和经纬度等因素的影响，被应用于测定上新世—第四纪以来地层的时代（Granger et al.，1997）和古人类学研究（Pappu et al.，2011），其中，^{10}Be-^{26}Al 是研究最为成熟和应用最为广泛的一种宇宙核素埋藏测年法（Granger，2006；Dunai，2010）。始自 20 世纪 80 年代中期，主要用于研究地表暴露时间、剥蚀速率、古土壤和有关风化壳的时代等方面，在第四纪及近代地质作用研究方面显示了良好的应用前景（王国灿和杨巍然，1998）。^{10}Be 和 ^{26}Al 是宇宙成因核素测年上的一对黄金搭档，它们具有相似的地球化学行为，而且具有相似的生成机制和相似的半衰期（前者为 1.5Ma，后者为 0.705Ma），便于对比分析，能在石英中稳定产生。

磁性地层学方法的基础是全球性地磁场极性的周期性倒转及以此为依据建立起来的地磁极性年表。通过测定地层剖面中系统定向样品的天然剩余磁性的极性正反方向变化，然后与标准极性年表进行对比，从而确定地层系统的年龄。磁性地层学方法需要系统采集沉积剖面的定向样品，因此，野外剖面定向样品的可采性成为决定该方法是否采用的因素。一般要求剖面中有系列中细粒沉积层，采集样品最好为细粒碎屑沉积物，且要求地层连续无间断，未遭受构造扰动。

释光测年包括热释光测年和光释光测年两种方法。地表的结晶固体接受来自周围环境和宇宙中的放射性核辐射，固体晶格受到辐射影响或损伤后，以内部电子的转移来储存核辐射带给晶体的能量，这种能量遇到外来热刺激后，又能通过储能电子的复原运动而以光子发射方式再度把能量释放出来，称为热释光。如果储能电子的复原运动是通过光的激发而以光子发射方式进行能量释放，则称为光释光。释光测年就是利用矿物的释光强度与接受的总辐射剂量，即与累积释光能量的时间成正比这一规律进行年龄计算。只要测得矿物的累积释光量和各种辐射每年在晶体中产生的释光量，就能计算出晶体在体系封闭以来的年龄。释光测年常用于小于 1Ma BP 的黄土、沙丘、海滨沙、冲积沙和考古材料的年龄，以及晚更新世以来断层的活动时间，测年的主要对象为破碎石英、钾长石、锆石、磷灰石、古陶片、古砖瓦和断层泥。不同类型样品的释光年龄的计时起点不同，人为烧制的古陶片、砖瓦、烧土等的释光年龄起点是从最后一次加热后埋藏至今所经历的时间。地层中石英等释光计时是从最后一次被阳光照射后作起点，所测年龄是从最后一次阳光照射后埋藏至测量之日所经历的时间。一般在黄土、风成砂或冲积砂中取样时要开挖一新鲜露头，用铁罐或钢管取一块即可，取样时应避免阳光照射，并密封包好（晒几十个小时后热发光强度衰减达 90%）。

电子自旋共振法是根据含有铝、铁、锰等杂质的有缺陷的石英晶体在放射线作用下发生电离损伤形成不配对电子顺磁中心的密度与其吸收的放射性剂量成正比的关系进行年龄计算。含有不配对电子顺磁中心的样品，可用顺磁共振波谱仪测出其在某一特定磁场下储能电子从高频磁场吸收能量后从低能级向高能级跃迁时产生的共振吸收效应，即所检测的样品的电子自旋共振信号累积强度的大小与样品所吸收的放射剂量成正比。从样品所测电子自旋共振信号强度可求得样品的总吸收剂量（TD）。通过在采样地点埋藏剂量片或分析采样地点周围沉积物放射性元素（U、Th、K 等）含量，可算出样品的年剂量（AD）。采用模拟初始条件的方法确定样品的初始剂量（ID）。根据公式 $t=$（TD-ID）/AD 可计算出样品的年龄。其应用条件与释光法相同。

裂变径迹法是基于放射性同位素 ^{238}U 发生自发裂变在晶格中产生线状辐射损伤，即在晶格中产生损伤径迹——裂变径迹，这些自发裂变径迹的数目与裂变径迹积累的时间有关，并和矿物中的铀含量成正比，因此，只要获得径迹密度和 U 含量，就能计算出年龄值。裂变径迹可以用化学蚀刻的方法显露出来，并可在高倍光学显微镜下进行观测统计，而 U 含量可以通过慢热中子辐照激发 ^{235}U 产生裂变形成诱发裂变径迹，然后通过白云母外探测器进行检测，或通过质谱仪进行测量。若已知矿物中 U 含量和 ^{238}U 的自发裂变速度，或统计出矿物的自发裂变径迹和诱发裂变径迹密度，就可计算出它的地质年龄。裂变径迹法的主要测年矿物为磷灰石、锆石、方解石、榍石和玻璃等。

不同年代学方法对测年样品的材质要求和测年的时间范围详见表 2-5。

表 2-5　第四纪常用测年方法

测年方法	测试对象及采样要求	测年范围
K-Ar 法或 Ar/Ar 法	测试对象常为云母类、角闪石、辉石、斜长石、海绿石、伊利石、霞石、火山玻璃，以及含钾的沉积岩、火成岩全岩。要求云母中不含放射性元素的副矿物；角闪石中未发生蚀变；钾长石没有条纹长石化、高岭土化、绢云母化；海绿石不能铁化，应呈深绿色。选单矿物一般重 1 ～ 10g，全样 500 ～ 1000g	>10ka
铀系法（$^{230}Th/^{234}U$、$^{231}Pa/^{234}U$、$^{234}U/^{238}U$）	测试对象常为火山岩、碳酸盐（钙华、钟乳石、珊瑚、贝壳等）、湖积物、海洋沉积物等。样品"新鲜"，封存后没有发生放射性元素的迁移。样品重 10 ～ 100g	α 计数： 2 ～ 200ka；TIMS： 2 ～ 400ka
^{14}C 法	对象为木头、木炭、树根、古植物种子等采 25 ～ 30g；泥炭、珊瑚、贝壳、淤泥 200 ～ 1000g；土壤 500 ～ 2000g；动物骨骼 1000 ～ 1500g；水 500 ～ 1000g；样不需破碎，剔除非测试杂质；样品装入锡箔纸（不直接装入布袋）；水样应在野外进行处理后，将沉凝物装入玻璃瓶中送化验室，通常 100L 左右的水才能分离出足够数量的沉积物供测试	B 闪烁法： 0.2 ～ 40ka；AMS： 0.2 ～ 65ka
古地磁磁性地层学方法	采样时必须测量并标明上、下和正北方位。上、下方向的样品绝对不能倒置。用罗盘定向。取样量一般用 2cm×2cm×2cm 为宜，如果用圆柱体采样器来采集，则要求直径为 2.25cm×2cm（高度）	$n×Ma$
热释光（TL）	测试受热受光样品，如古陶瓷、断层泥和黄土、沙丘等(测石英、长石)。深度为 30 ～ 40cm，采样避光进行，不透光包装。样重 1000g 左右	100a ～ 1Ma
光释光（OSL）	测试河流相、洪积相、湖相、海相、冰水相、风积物、火山喷发物等最后一次曝光或受热以来所经历的年龄。与 TL 采样要求相同	20 ～ 500ka
电子自旋共振（ESR）	测年采集对象为碳酸盐类钙结核、贝壳、珊瑚，磷酸岩类牙齿、骨头、硫酸盐石膏、硅酸盐、火山物质、断层物质、经阳光照射的样品等；采样深度为 30 ～ 50m；避光处理和保存；样品一般重 50 ～ 100g，含石英颗粒松散沉积物一般需 1000 ～ 2000g	$n×100a$ ～ 1Ma

测年方法	测试对象及采样要求	测年范围
裂变径迹（FT）	测试对象主要为磷灰石、锆石、云母、火山玻璃等。样品要新鲜，矿物充分结晶；测抬升速率应沿不同高度系统取样，样品量足以保证选出几十个可测矿物颗粒，一般要保证单矿物 100～500 颗	$n \times 100a \sim 1Ma$
宇宙成因核素（^{10}Be、^{36}Cl、^{26}Al、^{32}Si）	^{10}Be、^{26}Al 适用于深海红黏土、湖相淤泥、黄土、石英等；^{36}Cl 适用于盐湖沉积物、火山岩风化壳、石英等；^{32}Si 适用于海、湖相淤泥等。要求暴露面不应有强的侵蚀，地面向下 50cm 以内	^{10}Be：$n \times 100a \sim 1Ma$ ^{36}Cl：n ka $\sim$ 10Ma； ^{26}Al：n a $\sim$ 10Ma；
年计法	（1）树木年轮法：通过对古树和现代树的年轮数目和宽窄变化来推断年龄。利用不同树木相同时期的年轮重叠逐段连接，可以得到长时期年轮纪录。生长在人类活动较少地区的白皮松、马尾松、扁柏、桧树和杏树等靠近基部的圆盘标本最理想 （2）湖泊纹层：在沉积速率较小且稳定的湖泊中，每一年层中包含着较粗的春夏沉积层和较细的秋冬沉积两个纹层。通常采得湖泊岩心之后，整修出光滑的剖面，用肉眼或在读数显微镜下统计出纹泥层数，就可以建立沉积物的年代序列 （3）珊瑚年层：在热带海洋里，大多数珊瑚体具有清晰的生长年层，成为精确的时标。通常一个年层厚数毫米到数厘米，在磨光的剖面上显示出由一个暗色和一个淡色层组成。有些生长层较厚的珊瑚体剖面，甚至可以辨别出日生长层。通过多个珊瑚体剖面的微量元素分析、放射性同位素分析、荧光分析都可以获得各种断代参数，从而交叉断代以提高断代精度	树轮：n a $\sim$ 12ka 湖泊纹层：n a $\sim$ 18ka 珊瑚年层：n a $\sim$ 50ka

第三章　预研究与设计

第一节　资料收集整理

前人工作是开展新项目工作的重要基础。覆盖区地质填图不仅关注地表地质，更关注覆盖层及基岩地质结构，因此，涉及的学科领域面广，方法手段复杂多样，因此，更需要对前人资料进行广泛的收集和整理。资料收集应避免简单的前期项目工作的罗列，应该通过对前人资料的系统整理，努力搜寻可资利用或借鉴的原始或成果资料。前人资料的收集主要应包括遥感资料及数字高程数据、不同比例尺区域地质调查和区域矿产调查资料、地球物理勘探资料、区域地球化学和环境地球化学勘探资料、钻探资料及各种专项地质研究与综合研究成果等。

一、遥感资料及数字高程数据

遥感地质解译是现代地质填图的基本且十分重要的手段之一。覆盖区地势一般平缓开阔，实地路线地质调查时，不同第四纪沉积体或成因类型的准确界线往往较难分辨，但遥感影像具有视域宽广、可辨识度强的特点，特别是第四系覆盖区地质记录新，不同第四系地质体或构造地貌在遥感影像上的标志清晰，因此，地表第四系地质调查应充分利用遥感影像资料。应根据调查区地质地貌特征收集遥感数据。收集资料前应系统了解各类遥感数据的波谱区间、空间分辨率、光谱分辨率、时间分辨率等技术参数，合理选择数据时相，以便最大限度地利用遥感数据提取地质要素信息。

1∶50000覆盖区地质调查应以收集空间分辨率优于 5m 的多光谱遥感数据为主，需要提取异常信息时还应收集合适的谱段数据。光谱区间一般在可见光至短波红外波段。植被茂密地段可补充雷达数据。人类活动密集区应收集近代不同时期的遥感影像或数据。

用于融合处理的多平台遥感数据时相尽可能一致。数据收集前应检查数据的质量，云、雾分布面积一般应小于图面的 5%，图像的斑点、噪声、坏带等应尽量少。

选取地质信息丰富的波段遥感数据，经过预处理、几何纠正、图像增强、数字镶嵌等过程，制作遥感影像图，作为野外数据采集的背景图层。制作方法按照《遥感影像地图制作规范》（DD 2011—01）执行。

地表地貌信息蕴含着丰富的第四纪结构构造信息，是浅覆盖区地表地质调查的重要内容之一，因此，应该充分收集数字高程数据进行数字高程模型分析，以三维形式反映地表地貌宏观形态格局和宏观地貌结构变化，分析地貌形态所蕴含的地质结构构造信息。

二、不同比例尺区域地质调查和区域矿产调查资料

前期不同比例尺区域地质调查和区域矿产调查资料是测区最系统最全面的基础地质资料，是更大比例尺区域地质调查的重要基础，也是设计地质图编制的基础，需要加以系统收集。前期区域地质调查资料的收集除成果资料外，也应注意收集其原始资料。重点突出前人对测区地层、岩石、构造和矿产的基本认识和地质事实依据，特别注意对一些重要的基础素材的收集和整理，如化石、矿点等。在此基础上，需要对前期区域地质填图质量、资料可利用性和存在的主要问题进行客观评估，为项目进一步工作奠定基础。

三、地球物理勘探资料

揭示地下一定深度地质结构是覆盖区地质填图的最重要目的，而深部地质信息的重要来源之一是地球物理勘探资料。然而，地球物理勘探投入成本相对较大，因此，对前期已有的地球物理勘探资料应加以充分的收集和整理，以便结合覆盖区区域地质调查新的勘探目标重新进行数据处理和反演。在搜集数据时尽可能获取原始数据，如区域重力数据、区域航磁数据，重、磁、电剖面数据等。除此之外，可以利用图形矢量化技术将一些物探平面或剖面成果图件转化成数据。

对前期地球物理勘探资料的收集除了针对测区的资料以外，外围的地球物理勘探信息，尤其是岩石物性资料，对研究区往往也具有重要借鉴意义，也应加以重视。

按照 1 : 50000 填图要求，收集填图区域及附近地形测量控制点（三角点、水准点）数据，以便为地球物理测网测点布设及成果成图提供基础坐标信息。

四、区域地球化学及环境地球化学勘探资料

区域地质调查的重要目的之一是为地质找矿服务。区域化探资料主要针对地质找矿，因此也是区域地质调查的重要信息源。覆盖区覆盖层物质据其物源性质可分原地－半原地残积型和异地堆积型。对于原地－半原地残积型覆盖区，区域地球化学异常显然也具有近原位性质，能够提供重要的地质找矿信息。

覆盖区区域地质调查除了为地质找矿提供地质背景资料以外，也要为生态文明建设和经济社会发展服务。尽管戈壁荒漠覆盖区人烟稀少，但随着诸如矿山开采、农田耕作等人类活动的拓展，环境地质问题也逐渐凸显，因此，环境地球化学工作也在不同区域有不同程度开展，建立环境地球化学异常与地质背景之间的联系也是覆盖区地质调查应关注的内容之一，因此，前期的环境地球化学资料也应该重新收集和分析。

五、钻探资料

钻探是对深部地质结构的直接揭示，能为覆盖区的基岩填图和覆盖层地质结构提供直接的准确信息，同时也可为地球物理勘探取得的解释结果和推测进行验证和标定，是深部地质研究的重要信息源。

钻探投入成本高，因此，从覆盖区地质填图角度，过多的钻探工作量投入显然不现实。因此，为了更多地获得覆盖区基岩和覆盖层地质结构信息，就需要尽可能多地对调研区已有钻孔资料加以充分收集和整理。

西部戈壁荒漠区多为盆地覆盖区，是我国重要的油气勘探区，有些地区也是重要的煤炭基地，对这些区域多进行过油气或煤层勘探，应注意收集相关的钻探资料。另外，西部戈壁荒漠区盆地区多为缺水区域，围绕地下水的寻找和开发积累了不少水井勘探资料，应注意收集。

六、各种专项地质研究与综合研究

区域地质调查是一项系统的基础地质调查工作，测区的基础地质结构和演化离不开更大背景的基础地质背景信息，因此，与测区地层、岩石、构造和矿产等基础地质问题相关的各种专项地质研究成果也应加以充分地收集和研究，特别是与测区相关的一些重大基础地质问题的梳理和凝练往往需要建立在前人有关专项的深入地质研究的基础之上。

第二节　调研现状分析与工作程度图

对收集整理的资料进行综合分析，总结已有工作成果基础，了解调查区调查研究现状。明确工作需求和存在的主要地质与方法技术问题。在分析已有资料可利用程度和存在问题的基础上，确定需要补充的工作内容和工作重点。根据需要编制基础图件和专题图件，为设计编写和工作部署提供依据。

在前人资料分析的基础上，应制作测区的工作程度图，全面反映测区已有的调研工作程度。工作程度图可以集中反映测区已有的基础地质调查、物探、化探和钻探等工作程度；也可在对以往各种地质调查工作和各种收集资料可利用程度评估的基础上，结合获取资料的途径等具体情况，分别编制区域地质调查、物探、化探、钻探等工作程度图，细化资料的可利用程度分析等内容，以指导进一步的项目设计和工作部署。

第三节　野外踏勘及设计地质图

一、野外踏勘的目的

野外踏勘是项目实施的重要环节，是项目总体设计的重要基础。野外踏勘的目的是初步验证已有资料的认识和存在的主要地质问题，从整体上了解调查区地质概况和工作条件，明确野外调查、物探、化探、工程揭露的工作重点和工作内容，以使后续工作部署能够有的放矢，目标明确。

二、野外踏勘内容和要求

（1）每个图幅应有 2 条以上贯穿全图幅的野外踏勘路线。踏勘路线应穿越代表性的出露地质体和地貌单元，观察自然露头、人工揭露露头，了解不同成因类型覆盖层及基岩区地层的发育特征、相互关系、划分特征和存在问题，初步建立填图单位，确定工作方法，完成设计地质图。

（2）对代表性地段地质剖面进行重点踏勘，采集古生物和必要的年龄样品，进行鉴定和测试。

（3）对已知矿层露头、采矿点进行全面踏勘，了解覆盖层和隐伏基岩成矿地质背景，采集必要的岩（砂）矿分析测试样品。

（4）踏勘了解地裂缝、地面沉降、岩溶塌陷、矿坑塌陷等环境地质问题及其对城市和重大工程建设的影响。

（5）应全面踏勘了解调查区人文、地理、气候、交通等野外调查环境条件、揭露工程与物探施工技术条件（人为干扰、实测通行条件等）和物资供应、安全保障条件等。

（6）根据填图区域地质、地貌、交通及人文条件，拟定地球物理方法和地球化学等野外部署实施方案。

（7）覆盖区地质调查有关基岩地质一般都要借鉴外围露头区基岩地质综合信息，因此，应该针对与测区基岩相关的外围露头区基岩地质体安排适当的野外踏勘路线。

三、设计地质图的编制

在野外踏勘的基础上，基于已有的各种地质调查资料，初步梳理测区的地质填图单元。

结合遥感影像信息和前人地质调查资料，编制设计地质图。

覆盖区地质调查设计阶段要求对前人资料，包括遥感资料及数字高程数据、不同比例尺区域地质调查和区域矿产调查资料、地球物理勘探资料、区域地球化学和环境地球化学勘探资料、钻探资料及各种专项地质研究与综合研究资料进行充分收集和分析消化，并对测区及相关外围区域进行了野外踏勘和试填图，因此编制的设计地质图应该充分反映所收集的前人工作和野外踏勘及试填图的工作成果。由于有大量前人资料与野外踏勘和试填图为基础，设计地质图应力求要素完善，在一定程度上，应该按照成果地质图的要求进行编制。使设计阶段的阶段性成果尽量接近最终成果地质图。

第四节　填图工作部署和工作部署图

覆盖区地质填图部署要在优先考虑国家重大战略、生态文明建设、经济社会发展需求的基础上，对重要成矿区带、重要经济区、重要盆地等第四纪松散层覆盖地区，按照地质地貌单元完整性和地质条件的相似性划分片区，分析存在的地质问题，进行总体规划、联片部署。可采用国际分幅的多幅（一般 2～6 幅）填制，项目工作周期一般为 3 年；也可以根据特定区域需求部署项目。

填图工作的具体部署是设计与预研究阶段的最后落脚点，是进一步开展地质填图的行动纲领。决定了工作投入的方向，是实物工作量的具体体现，也包括各种工作的具体实施计划和安排。

一、部署原则

根据戈壁荒漠覆盖区地质填图的目标任务，其工作部署主要体现在地表地质填图、物探工作、化探工作和钻（槽）探工作四个方面。

（一）地表地质填图工作部署

戈壁荒漠浅覆盖区地质填图中地表第四系地质结构是重要工作内容之一，需要合理部署地表第四系地貌地质调查路线和剖面工作。满足地表地质填图的基本要求，不平均使用工作量，地表地质填图以路线地质调查结合实测剖面为主。

1）路线部署

第四纪地质－地貌调查是地表填图不可分割的两个方面。戈壁荒漠浅覆盖区由于植被覆盖稀少，为第四系地质、地貌的精细调查提供了难得的实验场所。戈壁荒漠覆盖区的第四系沉积物绝大多数都是相变很快且松散的沉积物，分布在一定的地质单元和地貌部位，形成一定的地貌形态。因此，地表填图将地层时代－成因类型－地貌特征综合进行调查。

戈壁荒漠区地表第四系分布广阔，在小的面积和短的距离上岩性和成因基本没有改变或变化很小，等间距的线路和点位安排不仅增加了不必要的工作量，而且易使调查人员对重复单调的工作感到厌烦。因此，戈壁荒漠浅覆盖区地表第四系地表路线调查部署需要紧密结合遥感解析，宏观认识填图区地质－地貌的关系和分布规律，然后安排横穿盆地或谷地的路线，搞清填图区大体有多少个填图单位及其形成的大致顺序，再做进一步的核查和补充，重点、有针对性地对遥感影像所揭示的不同影像界线、地貌影像进行检查和验证，最后选择不同填图单位的代表性剖面进行测量和采样分析。这样，在遥感技术解译获得的宏观填图区特征的基础上，通过野外核查，快速、高质量地完成测区地表第四系地质填图。

2）剖面部署

剖面实测是查明第四纪堆积物种类、物质成分、厚度、成因类型和接触关系的重要手段。重点调查沉积物的成分、形成年代及其所处的地貌部位，划分填图单位，建立堆积层序；调查可能赋存的矿产、古风化壳、古土壤和古文化层；研究与工程有利和不利的第四纪堆积物、地貌、新构造运动和现代动力作用；调查第四纪堆积物中蕴藏的古气候、古环境变迁史。加强第四纪和现代气候敏感带，不同气候－生物组合交界带、地壳活动带、外动力高强度作用带（江、河、湖、海岸带与边坡）、人为活动强烈频繁地带的第四纪堆积区的剖面实测。

戈壁荒漠浅覆区地势较平坦，第四系剖面出露较少，一般沿河谷冲沟边缘陡坎揭露，对出露较好的第四系剖面应进行了系统测制，比例尺采用 1 ： 100 ～ 1 ： 500。

（二）物探工作部署

物探工作部署要紧密结合所需要解决的戈壁荒漠覆盖区深部地质问题，具体的方法组合选择详见第四章，这里主要介绍一般的物探工作部署原则。

（1）区域磁法、区域重力和深地震反射剖面或大地电磁剖面主要用来约束较深覆盖的基岩面地质结构和基岩面起伏。

（2）高密度电法或高分辨率电磁法、浅层地震反射法、折射法或面波法、探地雷达等主要用于约束近地表覆盖层结构和浅覆盖基岩面的起伏情况。

（3）马辐射能谱测量主要针对原地－半原地与放射性物质相关的超浅覆盖物成分界定。

（4）地质调查任务要求揭示第四系覆盖层较精细结构时，应安排横贯全区主干剖面的浅层反射波法或折射波法、高密度电法剖面，以达到对测区第四系主体沉积－构造格架的精细控制。

（5）1 ： 50000 覆盖区地质调查应该具备 1 ： 50000 或更大比例尺的区域重力和区域磁测资料，以了解调研区宏观地质结构，其他的地球物理工作应结合具体工作目标合理有效部署。

（6）一个图幅一般应部署 2 ～ 3 条、联测图幅应测制 3 ～ 5 条贯穿于全区的物探控制性剖面，并进行揭露工程验证，进行孔间标志层连接、识别钻孔未控制地质体（岩体、地层、断裂等）并作为面积性物探解释推断的约束。

（7）物探控制性剖面应尽量垂直主要基岩地质体或主构造线的走向布置，剖面应垂直于主要目标地质体的走向方向。物探控制性剖面位置应与地质－钻探控制性剖面重合。尽可能多地穿越不同岩石类型的基岩填图单位和通过物探异常中心、基岩埋藏浅或残留露头的地段。除在地表采集物性标本外，应着重测井、岩心测定。

（8）优选物探方法组合需结合调查区的地质－地貌－气候条件，在物探方法试验和岩石物性研究的基础上进行综合决策。

（9）需要特别注意多种不同物探方法乃至与地质和钻探等手段的相互配合。

（三）化探工作部署

服务于覆盖区地质找矿的化探工作应通过技术实验确定合理的方法手段，以能获取与成矿作用有关的不同地质体的地球化学分布特征为原则。面积型化探工作应先行进行风化残积土与基岩地球化学成分的关联性试验，建立基岩与残积层的关联，并优选高指示性元素、元素组合、元素比值、氧化物开展。基于戈壁荒漠覆盖区覆盖层主要为异位的特点，常规的面积型化探扫面工作受到限制，因此，戈壁荒漠覆盖区化探工作重点是针对覆盖层下重大构造带、含矿体系开展非常规的深穿透性地球化学测量和钻孔蚀变矿物和常规地球化学测量。

深穿透性地球化学测量如微量地气体（热释汞／硫化氢）测量，活动态金属元素地球化学测量（活动态元素选择性偏提取技术）等方法手段一般采用剖面系统测量。部署原则如下：

（1）剖面部署应在充分的前期地球物理测量获得的综合异常及地质解释基础上进行，具有明确的找矿预期。

（2）剖面比例尺一般为 1 ： 10000，采样点间距平均 100m。对地球物理异常典型、成矿预期好的地段，测量比例尺（采样密度）可以加大到 1 ： 5000。

（3）测量剖面应该尽量垂直于异常的长轴方向或基岩控矿构造－建造的展布方向。

（4）热释汞／硫化氢测量样品尽量在表层风成砂之下的砂砾层或钙质层内采集，每件样品的重量不少于 500g，样品粒度小于 80 目。每个采样点采取梅花式采样法，在 2～3m 范围内采集 5 个样品合为 1 个测量样品。活动态元素选择性偏提取地球化学测量采样层位应该在钙质层之下，样品粒度小于 80 目。在采样点 2～3m 范围内采取 3 个样品合为 1 个测试样品。

（四）钻（槽）探工作部署

（1）遵循质量与经济效益统一的原则，充分利用已有工程资料。在充分利用已有资料的基础上，根据浅覆盖区不同的填图目标，合理布置钻（槽）探工程。揭露工程资料丰富且通过资料编录精度可达到 1 ： 50000 区域地质调查工作指南（试行）要求的地区（段），减少相关工作量的布设。

（2）每个图幅应布置 1～3 条地质 - 物探 - 钻探综合剖面。

（3）视覆盖层及下伏基岩地质结构的复杂程度和覆盖层厚度合理布设。数量与覆盖层厚度呈反比，与地质结构的复杂性成正比。

（4）钻孔一般以抵达基岩面为目标。

（5）钻孔勘探方案应充分利用各种相关信息，特别是地球物理资料信息，有针对性地瞄准关键问题或目标层合理部署，以使钻探信息意义最大化。

（6）针对地质界线产状和性质、断层及活动断层产状、性质，专门部署追索钻进行调查。

（7）钻（槽）探工作工程应尽量安排在覆盖层薄，容易达到基岩的地段，尽量布置在可能的岩性界线、构造点、矿化蚀变带或物探异常突变点及其他主要地质界线部位。

（8）覆盖层厚度小于 20m 的地区，浅层取样钻等揭露工程应以解决基岩地质问题为重点，合理布置，避免等距离施工。

（9）覆盖层厚度大于 20m 的地区，钻探应兼顾解决覆盖层地质结构问题和基岩地质构造问题。钻孔一般沿剖面线布置在物探差异大的地段，或布置在可能的地质界线附近，控制主要地质填图单位。

二、分区部署及重点解剖

打破点线密度、不平均使用工作量是现代地质填图的基本要求，应在充分分析测区覆盖类型、覆盖特点和基岩结构等的基础上，基于重点工作目标和工作内容进行重点工作部署。

分区部署即将测区依据前人工作程度、基本地质结构、工作内容等划分成若干区块，对不同区块分别进行工作量投入的部署。一般来说，地质结构复杂的区域，点线密度适当加大。

重点解剖即根据需要解决的重点工作目标和工作内容进行放大比例尺的填图剖析，可根据具体情况适当部署重点解剖区、重点解剖廊带、重点解剖主干路线及重点剖析地质点等。地球物理、地球化学及钻探等高投入工作的部署应紧密围绕重点工作内容进行重点部署。

三、分年度推进计划

基于填图总目标，合理部署年度工作计划，有序推进年度工作。一般的区域地质调查项目工作周期为 3 年。

第一年：为项目的开启之年。重点开展前期资料收集和综合分析，梳理关键地质问题；开展野外踏勘和试填图；开展地球物理和地球化学方法试验，形成优选地球物理 - 地球化学 - 钻探方法组合；根据年度任务适度开展控制格架的地球物理勘探工作，以及控制性的钻探工作。完成项目总体设计。

第二年：为项目实物工作量完成的主体年份。应完成主体面积的区域地质调查；系统开展地球物理勘探和地球化学勘探；对基于地质 - 地球物理 - 地球化学所揭示的重要地质要素部署适量的钻探工程。

第三年：为项目的收官年份。完成全部面积的区域地质填图工作；针对重点查余补漏进一步开展相关的地球物理、地球化学和钻探工作；基于前期工作基础，开展专题性调研工作；开展资料的系统整理，并完成野外验收；开展综合分析研究，编写成果报告、编制系列地质图件，完成成果终审。

四、工作部署图

设计阶段应绘制测区工作部署图，全面反映对测区的实物工作安排和年度计划。工作部署图应反映如下基本内容：

（1）分年度地质填图面积安排，实测剖面布设。

（2）重点解剖区、重点解剖廊带、主干路线等的布设。

（3）地球物理实施工作布设及年度安排，包括不同方法不同比例尺面积型地球物理探测、不同方法不同比例尺剖面地球物理测量。

（4）地球化学探测工作布设和年度安排。

（5）钻探、槽探及其他揭露工程的工作布设及年度安排。

（6）其他工作安排。

工作部署图的底图一般采用设计初编地质图。

第五节　设计编写

项目设计是项目工作的重要环节，经批准的设计书是进行 1 ： 50000 区域地质调查、质量监控及其成果评审验收的主要依据，是项目后续全面工作开展的纲领。

项目设计书应按照项目主管部门下达的任务书和有关技术规范，在前人资料收集、预研究、野外踏勘、技术方法试验的基础上，针对调查区的地质情况和自然地理条件精心编制。

设计书要求明确项目的目标任务，对前期工作基础和调研现状进行分析，对关键问题进行梳理，明确实现目标的工作技术路线和技术方法体系，确定投入的实物工作量，并进行合理的工作部署和工作计划安排，对阶段性成果以及最终成果做出预期等，同时对拟投入的经费做出预算。

设计书编写应简明扼要，目标任务明确，采用的技术方法先进，工作部署合理，质量和安全保障措施有力，经费预算合理。要从实际出发、客观可行，具有针对性和可操作性。

工作过程中，因情况有较大变化时，应及时编写补充修改设计，报请原审批单位批准。

设计书内容主要包括：目的任务；地质和地理概况；工作程度和研究现状；存在的主要地质、矿产和环境问题；填图单位的初步划分；调查内容和实物工作量；精度要求；填图方法；技术路线；队伍组织；实施步骤；年度计划；质量管理；预期成果和经费预算；

等等。并附调查区设计地质图、物化遥解释（译）草图、工作程度图和工作部署图等图件。

戈壁荒漠覆盖区区域地质调查（1：50000）设计书编写提纲如下，实际编写时并可根据调查目的和工作重点等具体情况增删相关内容。

第一章　绪言

1. 项目概况，简述项目名称、项目归属、任务书要求，调查区范围及面积，项目工作起止时间等。

2. 简述测区自然经济地理概况和交通情况（含交通位置图）。

第二章　工作程度、资料利用和前期工作进展

1. 简述已有地质调查、区域物化探调查、钻探和其他专题研究的工作情况，编制地质调查历史简表。对以往地质调查工作进行评估，分析资料可利用程度、获取资料的途径。编制区域物探、化探、地质、矿产等工作程度图。

2. 筛选分析各种地质勘查钻孔资料，可利用的钻孔分布反映在工作程度图上。

3. 评述各类已测试样品的测试项目、精度与质量和可利用情况。

4. 简述收集资料数据库情况。

5. 简述预研究、野外踏勘、技术方法有效性试验结果，分析地质认识。对前期已经开展工作的项目总结工作进展和取得的初步成果。

第三章　地质概况

1. 简述大地构造位置、覆盖层类型及发育程度、隐伏基岩地质构造特征与顶面埋藏情况，以及岩石物性参数、地球物理场特征等。

2. 简述环境地质、地质灾害及矿产资源概况。

3. 分析存在的主要地质问题。

第四章　技术路线、调查方法及精度要求

1. 叙述覆盖层与基岩调查重点、主要内容和调查程度，提出填（编）图地质单位划分初步方案。

2. 简述覆盖层和基岩调查技术路线及调查方法。

3. 简述覆盖层和基岩调查工作布置和控制程度，包括地质路线、实测剖面、物（化）探、揭露工程等，各种样品采集测试鉴定数量与项目，以及第四纪地质单位、基岩地质单位建立方法。

4. 简述环境地质、地质灾害和地质矿产等工作内容、工作方法和工作程度。

5. 物（化）探、工程揭露等工作方法具体要求和精度。

6. 简述收集整理资料数据库、野外调查原始数据库和地质图及其他专题图件的空间数据库建设的初步方案。

第五章　工作部署

1. 工作部署总体思路和工作部署原则。

2. 地面调查、物探、化探、揭露工程和矿产地质调查、环境地质调查等具体工作方案，工作阶段划分、总体工作部署、具体工作部署等。

3. 设计实物工作量（含实物工作量一览表）。

第六章　预期地质成果及图面的表达方式

1. 简要叙述预期成果。

2. 简要叙述成果图件的表达方式。

第七章　人员组织和质量安全保障措施

1. 组织机构及人员安排。

2. 简述质量管理措施和安全保障措施。

第八章　经费预算

按照国家有关预算与财务制度等规定编制项目总经费预算和年度预算，以及预算说明。

设计附图

包括 1∶50000 设计地质图（地质草图），1∶50000 基岩地质草图，1∶50000 遥感解译地质图，1∶50000 物探、化探基础图件和推断解释成果草图，工作程度图，工作部署图等。

第四章 野外填图施工

覆盖区地质填图涉及多种调研手段的联合使用，需要分阶段有序推进，总的原则是：遥感地质解译贯穿填图工作始终，地表地质调查先行，地球物理勘探遵照方法试验先行，钻探工作做到以地球物理勘探为基础。一般应遵循四个优先一个滞后的原则，即优先安排地表地质调查工作；优先安排地球物理方法试验工作；优先安排岩石物性测量；优先安排控制格架的地球物理勘探工作；滞后安排钻探工作。

第一节 野外填图施工常规措施

一、遥感地质地貌解译成果野外验证

遥感影像的利用贯穿路线设计、野外调研、室内连图的全过程。设计及预研究阶段对测区进行了初步遥感解译，基于踏勘和试填图工作初步建立了遥感解译标志，编制了初步的遥感解译图。但是，这些初步的遥感解译成果是否真实客观反映实际情况，尚需要在野外填图施工阶段进行全面验证，重新建立更为系统全面的遥感解译标志，根据地质填图过程中对填图目标的具体实际需求，还需要对遥感影像数据进行新的信息处理，获得新的遥感影像信息标志，使之实时服务于地质界线、断裂构造等的勾绘和特征地貌的填绘。

覆盖区地势一般平缓开阔，实地路线地质调查时，不同第四纪沉积体或成因类型的准确界线往往较难分辨，但遥感影像的宽视域和可辨识性，特别是第四系覆盖区地质记录新，不同第四系地质体或构造地貌在遥感影像上标志清晰，因此，遥感地质地貌解译验证是野外填图施工阶段的重要手段和工具。

二、地表路线地质调查

（一）地貌调查

一般来说，第四系地貌与气候环境、新构造活动和距海岸线的远近密切相关，我国西部地区，气候干燥，温差大，空气对流强，新构造活跃，由物理风化形成戈壁、风成地貌发育，新构造活动形成的第四系内的构造地貌也较常见，东北地区气候寒冷，较常见冻融

地貌，南方常见河流地貌，而东部沿海地区则常见潮汐地貌，因此地貌调查内容有明显的分区性，对不同区域的地貌类型也要有预见性。在进行地貌调查前，应先结合调查区的地形图、航空照片、卫星照片等资料综合研究，以对全区地质、地貌有一个总的概念，了解测区各种地貌类型的分布及变化，为确定考察计划和路线提供依据。

地貌调查的内容包括：地貌的几何形态的观察测量、地貌物质组成的调查、地貌的现代作用过程（包括古地貌的改造过造和新地貌的形成进程、阶段和趋势判断）调查、地貌的成因调查等。

地貌调查与第四系填图同时进行，采用地质－地貌双重填图法。

（二）第四系路线调查

戈壁荒漠覆盖区覆盖层主要为不同成因类型的异地沉积物，调查措施与常规第四系调查方法没有差别，主要是在设计的基础上，进行路线填图。路线布置以检查修正遥感解译的第四系地质图为目的，做到每个面状地质体界线至少有 2 个地质点控制，通过沉积物的颜色、组成、结构、构造、交切关系的详细观察，核实或改正地质体遥感解译的成因类型；路线调查中被植被和腐殖层覆盖的部位，可用槽型钻或便携式钻机对下部的沉积物和基岩进行识别，必要时可取样进行鉴定。路线调查中要留意不同填图单位的地表实测剖面的有利位置。

（三）基岩地质调查

在覆盖区开展地质填图工作，重中之重是要充分利用人工露头或天然露头信息，基岩露头可沿公路和大型线状工程搜索人工露头，同时通过最新的高空间分辨率遥感图像（如 GF-1、GF-2、QuickBird 等）解译，详细解译识别全区及邻区的基岩自然露头和人工露头。基岩调查路线的布置要在充分的遥感解译、地质踏勘的基础上进行，路线布置要采取以目标地质要素为目的，不平均分布路线。路线采用穿越与追索自然、人工露头相结合，做到凡基岩出露点就有路线经过。基岩露头调查时，要进行系统的取样，如地层中的大化石、微体古生物、粒度分析样、地球化学样，岩浆岩要注意取薄片样、锆石年龄样、地球化学样等。

三、地表地质剖面实测

第四系实测剖面：第四系实测剖面和测年、粒度分析或地球化学分析样品，主要应来自于钻井编录和岩心取样，但钻井中的第四系岩心可能存在交切关系不清、时代和成因类型难判断的问题，因此最好每个填图单位都有地表剖面的控制，剖面测制中要进行系统的取样。第四系剖面则量一般放在填图的中－后阶段进行。

基岩剖面测量：选择露头较好的地段测制基岩地质剖面，在条件不能满足的情况下（基岩露头率小于 60%），可利工程揭露增加露头率，如仍不能满足实测剖面条件，可用邻幅的基岩区测制剖面；对重要的地质界线、接触关系，可通过适当的工程进行揭露；剖面线和主干路线的选择应兼顾垂直构造线和露头条件。

四、地球物理勘探

基于戈壁荒漠覆盖区地质调查的基本内容和目标，依照设计计划分阶段实施地球物理勘探工作，以查清基岩顶面的形态，识别基岩面的岩性或地层和岩体单元的归属，识别主要断裂构造，揭示覆盖层地质结构。

结合填图工作任务的部署，地球物理工作的实施要在方法试验的基础上，遴选经济有效的方法组合，按计划有序地开展。在施工过程中，还需要对各种方法实施效果和存在问题进行分析，做好过程监控，必要时要做任务调整，以保障方法运用的有效性和填图任务的完成。地球物理工作方法实施需要注意三个方面的问题，一是测区地理、气候环境，以及区域地质、地球物理背景，这些因素会影响到物探工作部署和实施；二是物探方法的应用效果；三是过程监控和质量保障措施。

（一）结合填图任务，统筹物探工作的部署

戈壁荒漠覆盖区物探工作的主要任务是揭示覆盖层内部及基岩地质结构及其赋存的资源矿产。各种物探方法在不同地区的应用条件存在差异，但所面临的问题是类似的，测区地质、地形地貌及气候情况等因素都会影响物探方法野外数据采集和资料解释。

在我国西部戈壁荒漠覆盖区，地表盐碱层十分发育，如准噶尔盆地、塔里木盆地、吐哈盆地等区域的低洼地带。在干旱条件下，盐碱层会形成一个厚度不等、质地坚硬的盐碱壳，盐碱壳具有电阻率高、波速高的特征，对在地表实施传导类电法和浅层地震反射法会造成干扰，需要将电极、震源及检波器深埋。在潜水面较浅的区域，尤其水饱和状态下，盐碱层表现为低阻而对电及电磁信号的发送与接收形成屏蔽，影响勘探效果。近地表如果存在大量砾石层，会因地震信号或高频电磁信号穿过砾石层时产生散射，以致入射和反射信号能量减弱，难以获得深层反射波，会影响到浅层地震反射法和探地雷达方法的应用效果。当然，若采用高能震源（如炸药爆破或井中激发）可以有效提高勘探效果，但会增加工作成本和施工难度。总之，沉积物松散程度、成分、结构、构造、厚度、水饱和度及环境物理场干扰程度等都是影响物探方法应用效果的重要因素，在工作设置和部署时需要加以充分考虑。

另外，在填图工作开展之前，需要充分利用收集到的资料和前人工作成果，结合地质任务来确定地球物理方法部署。此外，施工过程中采取必要的措施，具体如下：

（1）解读区域地质地球物理背景。充分研读测区及其周边区域的前人工作成果，尤其要关注区域重、磁异常特征和综合地球物理深大剖面等成果，必要时可收集区域重、磁数据进行重新处理与研判，分析区域地球物理背景与区域构造的关联、区域断裂构造展布、岩浆岩分布和岩浆活动情况等，以便物探方法的遴选和实施方案的制定。

（2）根据戈壁荒漠覆盖区特点部署地球物理工作。结合地质目标任务，参考区域地质地球物理资料，确定物探工作方式，即剖面测量、区域测量或是两种相结合。如果第四纪沉积层厚度变化趋势简单、基岩地层及构造走向变化不大，可采用剖面测量进行控制，剖面布设尽可能垂直构造走向，并配合少量联络性剖面工作。如果第四纪沉积层结构、基岩构造尤其发育有多组交错断裂的区域，建议采用面积测量与剖面测量相结合的方式，控制深部地质结构。在收集的资料中若已有地球物理剖面成果资料，可只采用面积性测量。

（3）统筹考虑地形、地貌和人文环境等因素对地球物理工作影响。地形、地貌和人文环境是影响物探工作野外施工周期、施工成本、数据采集效果的重要因素。因此，在保证取得良好效果的前提下，部署地球物理工作需要权衡施工周期、施工成本。

（4）加强实测资料数据处理、反演和解释工作。地球物理数据处理、反演与解释是一项繁琐而复杂的工作，技术要求较高。任务承担单位需加强相关人员的技术培训，必要时可聘请其他单位专业人士作技术指导或参与工作，以使解释成果可信、可靠、可用。

（二）物探方法技术选择与应用

1. 方法选择

所有的物探方法都是以物性为基础的，物探方法的有效运用需要探测目标与周边介质存在物性差异。例如，电与电磁法以地下介质存在电性差异为应用前提，地震方法以地下介质存在波速差异为应用前提，而重力法、磁法则要求地下介质存在横向密度差异、横向磁性差异。选择物探方法必须在掌握测区岩石物性资料的基础上进行。

2. 方法试验

方法试验是物探方法选择的基础，通过试验可了解不同方法在填图区域适应性和可行性。另外，物探方法的野外实施是应用专门数据采集系统或仪器设备，通过选择数据采集方式和相关参数设置进行观测。因此，只有通过方法试验才能选择正确的工作方式方法，保证数据质量和应用效果。不同物探方法有不同试验要求，具体参照国家或行业相关技术规范。

3. 方法应用

在地质调查中，许多物探方法都可在不同层面发挥作用。采用多种物探方法组合探测往往会得到更好的效果。每种物探方法都有其优势和劣势。在应用物探方法时，既要考虑时效性和经济性，也要顾及对社会和环境的影响。例如，尽可能使用非侵害或"微"侵害的物探方法，避免使用炸药爆破作为震源的方式开展地震数据采集。

（三）物探工作施工质量及应用效果监控

1. 规范化施工

物探工作的野外施工、室内资料整理、数据处理和解释都要严格按照技术规范和项目技术设计要求执行，这是保障物探工作质量的关键。实际工作中若遇到不可抗拒的困难时，需要有书面说明，并制定补救措施。

2. 质量保障措施

野外工作的部署合理性、数据采集的可靠性是保障物探方法有效应用的基础。物探工作方法因原理不同对数据采集、数据处理等方面的要求存在差异，在联合使用时，应注意一些技术规范未涉及的问题，需要技术人员主动制定质量保证措施并遵守执行。

3. 过程监控

在复杂地质地区进行填图时，即使开展了方法试验，但因试验工作量有限，试验结果难免存在局限性。因此，在物探工作实施的过程中，需随时关注方法的应用效果。遇到问题时可及时变更工作方案或另选方法，以确保物探工作的成效。

五、地质钻探

基于地球物理勘探资料及其他各种相关信息，瞄准关键问题或目标层合理设置并实施钻探工作，为覆盖区的基岩填图和覆盖层地质结构提供直接的准确信息，同时也可为地球物理勘探结果进行标定和验证。

第二节　填图技术方法有效组合选择

一、填图技术方法有效组合选择的基本原则

依靠单一方法（如遥感、地面地质调查、物探或化探）进行覆盖区地质填图显然难以奏效，需要应用不同技术方法进行组合。要保证这些技术方法能在不同地区、不同地形、地貌、地质条件有效地实施，需要预先进行方法试验，有效性组合需参照方法试验结果。

调查技术方法组合必须有明确的针对性。另外，一些方法手段还会受人文条件干扰，尽管目标和内容一致，但受人文干扰程度的不同，方法的适用性也各不相同。因此，填图技术方法组合必须首先进行方法试验，综合地质、地貌、环境、人文、经济等各种条件综合决策优选。

填图方法技术组合选择的基本原则如下：

（1）目标任务优先原则，即首先考虑围绕填图目标任务选择基本的方法组合。

（2）方法组合的选择应建立在方法试验的基础之上。通过方法试验，选择和确定能够有效识别覆盖层及其以下地质体或地质要素的技术方法、方法组合及其主要参数。覆盖区地形地貌、地质条件和服务对象不同，需重点识别的地质体或地质要素应有所侧重和区别。方法有效性试验应在设计编制之前完成。

（3）技术方法或技术方法组合选择既要考虑有效性，又要考虑经济性，同时要考虑区域地质调查的工作周期和效率。

（4）优选前人工作实践中成熟的技术方法。

（5）遥感技术方法的选择应针对不同地质地貌特征，试验选取不同空间分辨率、波谱分辨率和时间分辨率的遥感数据，确定合适的遥感技术方法组合。裸露基岩区要尽可能考虑岩石类型、地层厚度、地层产状、矿化等不同情况遥感影像差别；覆盖区要注意解译地貌标志的几何特征、不同成因类型覆盖层的分布特征及各种断层、活动断层特征。

（6）物探技术方法的应用是高成本投入的方法体系，必须在先行的物探方法实验基础上慎重选择。

（7）物探方法试验应在调查区地质、物探、化探等已知条件较好的地段开展，并尽可能避开人为干扰因素。物探方法实验应先从物性研究开始，若已有可靠物性资料，应进行数值模拟；若有效性仍然存疑，应通过实测剖面试验；物性测定参数包括密度、磁性、电阻率、极化率、波速等。方法试验主要检测物探方法对探测目标地质要素的辨识能力（即分辨力）、方法技术参数选择（含测网参数、观测参数）及方法的可行性（含布置规则网可能性、经济合理性等）。试验剖面长度应使目标地质体完整并进入背景场；点距密度应适应进行点距选择的需要。

（8）方法有效性试验的标准：①目标地质体与围岩具有明显物性差异；②方法软硬件的抗干扰能力足以保证观测数据质量满足行业或技术标准的要求；③对最小目标地质体在规定最大探测深度上可观测到其可靠异常；④有依据地选择方法的观测技术参数；⑤方法的反演能力能满足调查精度要求；⑥明确物探目标体与地质填图单位之间的关系。

（9）方法可行性试验的标准：①可按规定方式布置测网并实施测量；②经济上可行，实施方式不违反国家和地方法规。

（10）目标地质体物性特点不同，应分别针对各待调查地质体选择物探方法，并组合为项目方法组合（多参数组合）；方法组合选择时，应注意面积性测量方法与剖面测量方法的有机组合。

（11）原地－半原地覆盖区化探方法的选择主要围绕确定基岩岩（矿）石体分布进行。应在方法实验的基础上优选高指示性元素、元素组合、元素比值、氧化物开展面积型化探工作。

（12）覆盖区活动断层调查可选用气体地球化学方法帮助对活断层的识别，但应先行开展气体地球化学有效性试验。

（13）不同堆积类型覆盖区钻探揭露方式和方法需根据不同类型松散沉积层的特点、钻探目的和取样要求合理选用。

（14）不同深度不同覆盖类型推荐的方法组合见表4-1。

表 4-1　戈壁荒漠覆盖区不同深度覆盖层推荐的方法组合

覆盖厚度 /m	地表路线长度 /km	槽探 / 静力触探	浅钻	推荐使用的地球物理方法					
				1：50000 重磁面积测量	1：5000～1：50000 重磁剖面测量	电磁法（AMT/CSAMT/TEM）（视需要合理组合）	探地雷达	浅层地震反射波法（视需求可结合多道面波法）	高密度电法
0～3	>400	适量	3 个 /1km²	○	○	○	○	○	○
3～20	>400		1 个 /4km²	●	●		●	●	●
20～50	>400		1 个 /8km²	●	●	●		●	●
50～100	>400		1 个 /16km²	●	●	●		●	●
>100	>400		1 个 /32km²	●	●	●		●	●

注：实心圆点表示推荐使用，空心圆圈表示可根据填图内容选用，空缺表示不推荐使用。线距、点距等测网密度参数需要根据填图地区的地表和地质地球物理条件及填图内容确定，如水文地质填图，需要根据地形、地下水位面、地下水来源及流向、断裂等导水通道分布、含水层及顶底板起伏等因素综合确定；对于基岩地质填图，一般以能控制主要岩石单元和断裂分布为依据合理布设地球物理测网

二、地表地质地貌调查

（1）遥感解译：使用 TM/ETM 或 SPOT 数据的解译获取区域构造框架、地质结构、地质体类型和空间分布方面的信息；使用高分辨率卫星遥感数据，如 QuickBird 数据或 GF-1、GF-2 数据等进行精细解译，细化地质填图单元和地貌类型分布。

（2）路线地质调查：在详细遥感解译的基础上进行路线地质调查，合理部署路线工作量，以目标地质要素为导向进行填图，以解决地质问题，检查修正遥感解译结果为目的，避免平均分布路线的网格式路线部署。

（3）实测剖面：尽可能控制不同的第四系成因类型，选择切割较深的沟谷岩壁测量，比例尺以 1：100～1：500 为主，避免在坡度平缓地区部署长度大、填图单元控制少的剖面。

在有基岩出露的地区，要尽可能地测制基岩剖面，剖面部署位置需精心选择，如公路线、大型管、线工程经过处、遥感解译发现的基岩出露区等。

（4）适量部署槽探：主要用于重要覆盖层、基岩面、活断层及各种地质关系的揭露。

（5）样品采集和测试分析：剖面测量时，对于第四系剖面需系统采集年龄样、粒度分析样等，有特殊要求的还要取黏土分析样和地球化学样；基岩剖面上，要系统采集锆石年龄、大化石、微古化石、薄片、地球化学、同位素样等；测试样品的目的要与设计要求一致。

（6）地貌调查：要特别重视地貌调查，包括地貌类型、形态及其地貌蕴含的地质信息。地貌调查应与路线调查和剖面测量相结合。

三、覆盖层三维地质结构调查

（一）覆盖层重要目标地质要素的选择

戈壁荒漠覆盖区覆盖层三维地质结构调查主要包括两方面的目标，一是覆盖层主要地质体的三维结构；二是覆盖层下部的基岩面的三维形态。调查的基本方法组合主要包括地表信息的延伸推断、浅层地球物理勘探和浅层钻探。

戈壁荒漠覆盖区为经济欠发达地区，除了针对油气资源勘探开发形成一批地球物理和钻探资料外，一般的针对覆盖区的深部资料十分有限，因此，要像东部地区那样建立较精细完善的覆盖层三维地质结构模型一不现实，二无必要。因此，对戈壁荒漠覆盖区不同形式覆盖层三维地质结构的揭示应该结合不同区域的实际地质情况，选择重要目标地质要素的三维地质结构进行有针对性的揭示，如与地下水含水层或隔水层、煤层、盐岩层等相关的重要目标层位三维结构、重要断裂构造三维组合形式等。例如，对于巴里坤山间断陷盆地具有双覆盖层的覆盖区，根据测区地质实际，本着有所为有所不为的原则，拟定的有关覆盖层三维地质结构的主要目的层或目标地质要素选择如下：

（1）结合钻孔资料和水井资料所反映的潜水面分布；

（2）沿近地表地球物理勘探线剖面廊带的第四系砾石层分布及主要含水层分布；

（3）基于水井和钻探资料所反映的隔水层分布；

（4）结合地球物理、钻探、水井和地表第四系结构等资料所反映的第四系三维结构及第四系底面形态；

（5）结合地球物理、钻探和露头外推等资料所反映的新生界桃树园子组的三维结构和新生界底面形态；

（6）盆地中的主要活动断裂的三维形态。

需要说明的是，由于资料有限，上述目的层或目标地质要素的揭示难以做到对覆盖区范围的全覆盖，因此主要可根据有限资料对有限区域做出有限的刻画。尽管如此，这些有限信息的刻画对整个覆盖区的相关情况也具有重要指示意义。

不同形式覆盖层下伏基岩面的三维形态是基岩面地质填图的基准面，也是覆盖层地质结构的重要方面，因此是覆盖层三维地质填图调查的重要内容之一，应对其进行系统刻画。通过系列物探资料、钻孔和水井标定资料及地表第四系结构等信息能够对覆盖层沉积厚度的三维分布予以揭示。

（二）方法组合选择

1. 地球物理勘探

戈壁荒漠覆盖区地质填图面临的勘探对象较为复杂。覆盖层具有组合形式多样、厚度变化大且结构复杂等特点，结构上砂土层、砂层、砾石层交互，表层常见盐碱壳。如前所述，戈壁荒漠覆盖区地球物理勘探方法应用效果的好坏存在诸多影响因素，如沉积物松散程度、成分、结构、构造、厚度、水饱和度及环境物理场干扰程度等，因此，应用于戈壁荒漠覆盖区覆盖层探测的物探方法需慎重选择。应用于这种地区的物探方法通常是地震法和电磁法，在地表接地条件较好的情况下也可选用电阻率法（如高密度电法）。探地雷达法和地震反射波法有时会因砾石层影响反射信号的接收。重力法能在戈壁荒漠覆盖区取得效果的原因是覆盖层具有显著的纵横向密度差异，结合其他探测方法易于识别覆盖层内部分层结构及其展布。

建议有效技术方法组合配置：

（1）近地表（0～20m）特征详细刻画。数据采集条件较好时选用高密度电法、探地雷达、地震反射波法，配以多道地震面波法（视需求而定），可为地下水和近地表地质结构提供有效约束。

（2）浅部（20～100m）特征刻画。地震反射法、高密度电法或可控源音频大地电磁法或瞬变电磁法，配以大比例尺区域重力和磁法测量（视需求而定），可为地下水和浅部覆盖层地质结构提供有效约束。

（3）深部（>100m）特征刻画。区域重力和磁法、音频大地电磁法和可控源音频大地电磁法、地震反射法等，可为覆盖层结构和基岩面三维形态的揭示提供有效约束。

2. 钻孔岩心揭示

在地球物理信息揭示的地下不同深度重要界面的基础上，钻孔是验证这些重要界面性质的唯一手段。但是由于经费的制约，在实施钻孔揭示前，应充分利用已有的各种钻孔和地球物理资料，查明区域覆盖层的岩性、空间展布形态等，保证合理、有效的设置钻孔的位置。在钻孔揭示的过程中主要包含三个方面：一是钻孔设计深度与所需达到的目的层；二是钻孔描述与样品采集；三是钻孔之间联井剖面的横向对比。

（1）钻探设计深度与所达到的目的层。在充分收集和分析前人钻孔和物探资料、测区项目已经实施的物探工作的基础上，合理设置钻孔位置和钻探深度，明确每个钻孔存在几个重要界面和每个界面的大概位置。

（2）钻孔描述与样品采集。钻孔的目的包括两个方面，一是对主要目标地质要素进行标定，建立三维地质结构；二是为探索重要地质矿产问题获取分析样品。因此，钻孔资料十分珍贵，野外应实时安排专业人员对钻孔岩心进行详细分层和编录，并进行样品的采集。采集的样品包括测年、古环境分析、地球化学分析等。条件允许的情况下同时安排物探测井，获取主要岩性的电阻率、密度、磁性、自然电位等物理参数，为解释物探数据提供依据。

（3）联井剖面。联井剖面是建立三维地质结构的最重要部分，应充分利用钻孔的岩性、年代、气候变化曲线、测井、物探等资料，结合沉积环境、相变、构造等因素进行综合分析对比。

四、戈壁荒漠覆盖区基岩地质结构调查

覆盖区基岩地质调查对地球物理方法的基本要求是需要能穿透覆盖层，达到预定的勘

探深度。由于不同地区、不同地质景观覆盖层下基岩属性及构造展布千差万别且未知，有效物探方法组合选择难以依据覆盖区地质景观类别或覆盖层厚度来厘定。前面列举的物探方法中多数具有穿透浅覆盖层（200m）并分辨基岩属性的能力，因此，适合探测基岩物探方法可依据上述探测覆盖层的物探方法组合，针对地质目标任务进行筛选。

戈壁荒漠覆盖区基岩面地质结构调查均需要穿透上覆一定厚度的覆盖层揭示下伏基岩面结构，调查的基本方法组合包括地表信息的延伸推断、地球物理勘探和浅层钻探，但具体方法组合的选择仍会因具体地质结构和目标任务的差异而不同。

我国北部戈壁荒漠覆盖区存在多种不同覆盖层组合，因此基岩面的含义将随不同的覆盖层组合而发生变化。如对双层覆盖形式来说，就存在第四系下伏基岩面和整个新生界下伏基岩面两个基岩面。不同覆盖层的下伏基岩面地质结构不同，从地质填图角度，基岩面地质填图就是将基岩面作为地形面，在其上填绘下部的不同地质体及断裂构造的分布。双覆盖层就需要分别对两个基岩面进行填图刻画。

对于具有一定深度的覆盖区基岩面地质填图，由于资料有限，难以达到地表露头区地质填图的精度要求，因此，我们强调对主要具有物性差异的地质体单元和主干断裂构造的控制。

基岩地质结构调查方法组合概括如下。

1. 地表地质信息外延推断

充分利用覆盖层沉积边缘基岩露头的各种地质信息，合理外延和推断覆盖层下伏基岩的物质组成和地质结构。

断陷盆地区基岩露头与覆盖层主要存在两种地质结构关系，一是断裂构造控制的盆山边界；二是未受断裂制约的基岩向盆地的自然延展。前者需要基于露头区的详细构造解剖，分析盆山边界的构造性质及其对两侧地质体的几何学和运动学的控制方式，并利用露头信息顺构造走向外延到覆盖区。后者则应充分利用露头区的地质信息，配合基岩与覆盖层接触关系研究，合理推断覆盖层下伏基岩的物质和构造属性。

2. 物探方法

基于覆盖区地质调查的基本内容和目标，地球物理勘探要求：①查清基岩顶面的形态；②识别基岩面的岩性或地层和岩体单元的归属；③识别主要断裂构造；④揭示覆盖层地质结构。涉及的地球物理勘探方法包括磁法、重力、大地电磁剖面、高密度电阻率法、浅层地震、探地雷达和伽马辐射能谱测量等。一般来说，区域磁法、区域重力和剖面大地电磁主要用来约束较深覆盖的基岩面地质结构和基岩面起伏；高密度电法、浅层地震、探地雷达等主要用于约束近地表覆盖层结构和浅覆盖基岩面的起伏情况；伽马辐射能谱测量主要针对原地－半原地与放射性物质相关的超浅覆盖物成分界定。

物探工作也是一项较高成本投入的工作，因此首先应该充分收集前人已有的各种地球物理勘探资料（包括岩石物性资料），在此基础上，根据覆盖区地质填图目标合理选择地球物理勘探方法组合。对于一般的 1 ： 50000 覆盖区区域地质调查，应该具备 1 ： 50000 区域重力和区域磁测资料，以了解调研区宏观地质结构，其他的地球物理工作应结合具体的调研工作目标合理有效部署。优选物探方法组合需结合调查区的地质－地貌－气候条件，在物探方法试验和岩石物性研究的基础上进行综合决策；需要特别注意多种不同物探方法乃至与地质和钻探等手段的相互配合；物探方法必须以研究岩石物性为前提和基础。物性资料的获得是物探勘探资料反演和进行地质解释的前提条件。

戈壁荒漠浅覆盖区覆盖层结构成分相对复杂，一些可探测深部的方法受到限制，考虑到方法的可行性，列出以下方法供选择：

（1）高能量地震反射波法（若采用炸药震源需要许可），适用于探测基岩结构和构造；

（2）电磁法（AMT、CSAMT、EH4、TEM），适用于探测基岩结构、成分和构造及基岩地下水（包括地热资源）；

（3）重力法（面积/剖面测量），适用于探测基岩结构、成分及构造；

（4）磁法（面积/剖面测量），适用于探测基岩成分；

（5）放射性法，适用于调查放射性矿床和环境评估。

3. 钻孔岩心揭示

针对基岩面地质填图的钻探应该以抵达基岩面为目标。在钻孔实施中应该紧密结合地球物理勘探资料有目的地部署，尽量避免对厚覆盖区的施钻，使有限钻探工作量获得的深部信息量达到最大化。

五、隐伏断裂构造

隐伏断裂调查是覆盖区重要的任务之一。影响物探方法探测断裂构造的主要因素是断裂两侧物性差异和断层规模及埋深。多数物探方法都能对断层实现有效探测，但由于方法机制不同，物探方法确定断层属性的程度不同。例如，地震反射波法可确定断层位置、断距及断裂带的规模，而重力法通常只能确定断裂的位置，但当数据精度足够且盖层地质情况简单时，通过数值模拟也可推断断裂的倾向、断距等参数。

戈壁荒漠覆盖区表层介质与基岩物性差异显著，尽管表层结构特征各异，但对探测隐伏断裂影响有限，适合于覆盖层探测的物探方法基本都适用于探测隐伏断裂，具体如下。

（1）地震反射波法：确定断层位置、埋深、断距、破碎带范围等；

（2）电与电磁法：确定断层位置、破碎带范围及含水性等；

（3）高密度电法：确定断层位置、破碎带范围及含水性等；

（4）重力法：确定断层位置、埋深、断距，应用平面重力资料可追踪断裂平面展布；

（5）磁法：确定隐伏岩体内断层位置，应用平面磁测资料可追踪断裂平面展布。

六、构造层及重要构造层界面

（一）覆盖层底界面

一般来说，第四纪覆盖层与基岩的物性都存在明显差异，适用于探测覆盖层的物探方法多数可探测到基岩面，物探方法组合可针对地质目标任务在其中筛选，具体方法如下。

（1）覆盖层厚度（0 ～ 20m）：探地雷达、高密度电法；

（2）覆盖层厚度（20 ～ 200m）：地震反射波法、高密度电法、可控源音频大地电磁法、连续电阻率剖面法、剖面探测、重力法；

（3）覆盖层厚度（>200m）：重力法、磁法、地震反射波法、可控源音频大地电磁法、连续电阻率剖面法。

（二）覆盖层内部重要界面

（1）覆盖层厚度（0 ～ 20m）：探地雷达、高密度电法剖面探测；

（2）覆盖层厚度（20 ～ 200m）：地震反射波法、高密度电法、可控源音频大地电磁法、连续电阻率剖面法、剖面探测；

（3）覆盖层厚度（>200m）：重力法、磁法、地震反射波法、可控源音频大地电磁法、连续电阻率剖面法。

利用其他物探方法剖面信息和钻孔信息控制，结合平面重力数据进行联合反演，可获得覆盖层界面的三维展布。

七、其他特定地质体

（一）隐伏矿床

隐伏金属矿：激发极化中间梯度法进行面积测量，激发极化测深、可控源音频大地电磁法、瞬变电磁法等进行剖面测量。

隐伏非金属矿：地震反射波法进行剖面测量，重力法进行区域性探测。

（二）地下水

常用有效的方法包括：探地雷达、地震反射波法、高密度电法、可控源音频大地电磁法、瞬变电磁法、重力法等。

第三节　野外验收及野外验收总结

野外填图工作结束后，所有野外原始资料和野外调研成果要提交给相关主管部门进行野外成果验收。

一、野外验收基本要求

野外验收过程包括原始资料的室内检查和野外实地抽查，检查和抽查内容应覆盖主要的工作手段。原始资料的室内检查比例不应少于 5%。物探、化探、揭露工程资料抽查不应少于实物工作量的 20%；地质调查路线或地质剖面抽查每个图幅不应少于 10%。

二、野外验收应提供的资料

（1）任务书、设计书及其相应的图件、评审意见、审批意见等。

（2）野外地质路线调查、野外手图、实际材料图、地质剖面等数据库，野外调查记录本、野外剖面记录表等、岩心编录记录表、探槽剖面素描图等原始记录，以及相应的地质照片。

（3）钻孔施工记录班报表、简易水文观测成果表、测斜记录表、孔深误差丈量记录表、岩心地质鉴定分层表及照片、测井曲线及其地质解译表，以及钻孔综合柱状图和钻孔终孔质量检查验收报告书。

（4）收集整理揭露工程资料登记记录表和数据库。

（5）物探施工记录表、施工原始数据与收集原始数据、处理数据及其图件和地质解释图件，以及物探工作质量验收报告书。

（6）化探工作记录表、测试原始数据和收集原始数据、主要元素等值线图和评价图。

（7）工程测量数据与成果表。

（8）各类样品测试鉴定采（送）样单，以及主要测年样品的测试分析结果和其他 70% 以上的测试鉴定数据和图表。

（9）野外调查手图、地质剖面图、实际材料图、第四纪地质草图和基岩地质草图等。

（10）典型的钻孔岩心、化石等标本。

（11）针对矿产、环境地质问题、地质灾害等专项调查数据与基础图件。

（12）野外区域地质调查简报、阶段性总结报告及半年报、年报等技术报告和任务书（合同书）要求的专项调查总结简报，以及各级质量检查记录资料。

（13）对数据处理中使用的统计、分析、成图、反演等的软件、参数选择纳入检查范围。

三、野外验收重点检查内容

（1）设计任务完成情况。

（2）工作方法与质量，以及项目质量管理情况。

（3）原始资料及文图吻合程度。

（4）覆盖层、基岩、环境地质、地质灾害等调查程度。

（5）野外地质图的正确性和图面结构合理性等。

四、野外验收意见的形成

经资料检查和野外实地检查后，由专家组形成野外验收意见书。意见书要对主要实物工作量完成情况、工作方法和精度、原始资料质量及其控制情况、取得的成果、存在的问题及项目质量监控运行情况做出全面客观的评价，提出需补充调查工作的内容和意见等。

野外验收意见书提出的意见是最终成果验收的重要依据之一。

第五章　综合研究与成果出版

综合研究与成果出版包括资料综合整理、测试数据的综合分析、各种地质图件编制、数据库建设、三维地质建模以及报告编写和成果出版发表等阶段。

第一节　资料综合整理及图件编制

按照相关技术规范要求，对野外获取的各种原始资料进行系统整理。

一、原始资料综合整理

对所采集的各种地质、地球物理、地球化学和钻探等原始资料（文字记录数据、照片、图件和实物等）进行系统综合整理，完善各种数据库，核实野外调查、揭露工程、物探、化探等记录和素描图、照片、录像、各类样品采集、测试分析等资料的吻合程度以及各种原始资料与实际材料图和各种成果性图件（地质图、三维模型）的吻合程度。对部分原始资料与最终成果性图件和认识的不吻合现象需要做出批注和说明。

处理物探、化探数据，进行地质解释，编制物探、化探基础图件、成果图件和工作总结。

整理分析揭露工程原始地质编录资料、各种样品测试鉴定资料和测井资料，编制钻孔柱状对比图，确定覆盖层对比综合标志，编制地质剖面图。

二、实际材料图的编绘

实际材料图是反映野外地质调查工作中所获实际资料的图件。覆盖区地质调查的实际资料来自于地表路线地质调查、剖面实测、地球物理勘探、地球化学勘探和钻探等系列工作。

一般的地表区域地质调查工作的实际材料图，主要以二维平面图形式表达地质观察点（线、面）、各种岩石和矿石样品的采集点、化石采集点、探矿工程及实测剖面等的位置和编号，以及主要地质界线和其他地质现象等。对于覆盖区的地质调查，实际材料图除了表达传统的地表区域地质调查的各种野外实际资料，还应表达为深部地质探测投入的地球物理勘探和钻探工作，包括物探工作的测网、测线和精度；钻探工作的分布、井深及其他相关参数，并尽可能以剖面柱形式反映钻井的基本结构。

覆盖区地质调查对深部结构揭示的投入成本较高,需要广泛收集和利用前人已有资料,因此实际材料图也应对已利用的各种前人实际资料予以表达,以全面反映调查区成果总结和编图的所有实际素材来源。

三、测试数据综合分析

样品分析测试工作贯穿填图全过程,对获取的数据进行综合研究和分析,充分挖掘和利用测试数据所揭示的地质信息。

四、各种地质图件编制

综合地质、地球物理、地球化学和钻探等野外调查和室内分析资料,基于 MapGIS 平台,完善各种地质图件编制。包括地表地质图、基岩面地质图、基岩面等深线图及其他各种专项图件等。

特别注意分析隐伏基岩物探、揭露工程资料,确定地层综合对比标志和编图地质单位,编制基岩地质图、基岩面等深线图、综合地层柱状图及其他必要的辅助图件。

第二节　三维地质结构建模与空间数据库完善

一、三维地质结构建模

覆盖区地质调查的成果表达应根据实际应用需要、拟解决的地质问题和资料可利用程度,有选择地建立以反映地下一定深度地质体及地质界面三维空间形态和属性为主要内容的区域三维地质结构模型,为资源、环境、工程建设、灾害等应用提供地表及地下地质构造背景信息。戈壁荒漠浅覆盖区地质调查目标包含覆盖层重要目标地质要素结构和基岩面形态等,有必要进行三维数字表达,即三维地质结构建模。

在开展三维地质建模工作中,应遵循以地质认识和深部验证为基础、由地表地质至地下地质、地质与物探和钻探等揭露工程相结合、地质概念模型向三维地质模型逐步完善的原则。

建立的覆盖区三维地质结构模型,应从建模的地质复杂程度、数据质量、地质认识程度、软件表达能力和地质验证情况等方面描述模型的不确定性,确定模型的可靠性。

覆盖区三维地质结构模型包括以地质体及地质界面为结构的面模型和体模型,应根据资料详细程度和应用需求尽量从面模型的构建向体模型的构建过渡。

三维地质建模软件繁多,包括 GOCAD、GeoModeller、3DMine、Micromine、MapGIS

K9 及 ItasCAD 等，需要结合数据源以及工作程式合理选用三维地质建模方法和既简便又能准确表达覆盖区三维地质结构的建模软件工具。建模深度取决于调研深度。

二、空间数据库完善

按中国地质调查局《地质图空间数据库建设工作指南》《数字地质图空间数据库标准（2006）》的要求，完善原始数据资料数据库（含实际材料图数据库）和成果图件空间数据库。

第三节　覆盖区地质填图成果的表达方式

一、主要预期成果

与覆盖区地质填图有关的预期成果包括如下：

（1）文字总结报告。

（2）相关成果图件：①地表第四系地质图；②基岩面地质图；③覆盖层重要目标地质要素的三维地质模型；④主要地球物理勘探剖面反演图及地质解析剖面图；⑤1∶50000 区域重、磁异常图；⑥其他。

二、主要成果图件的表达

创新填图成果图件的表达是覆盖区地质调查的重要任务之一。和传统地质填图不同，覆盖区地质填图涉及深部地质结构的表达，需要采取一维、二维、三维多种不同形式的成果表达方式。

1. 地表第四系地质图

采用传统二维地质图件形式表达地表第四纪成因类型分布及活断层分布等。

2. 基岩面地质图

在综合地球物理、钻探、遥感及地表露头资料推断的基础上，以二维平面图形式展示覆盖层沉积厚度变化及覆盖层下伏基岩面地质结构。主要表达内容如下：

（1）覆盖层等厚线；

（2）基岩面主干构造，特别是主干断裂构造；

（3）基岩面主体地层及岩性单元体。

3. 覆盖层重要目标地质要素的三维地质模型

根据系统的钻孔资料、水井揭露资料、自然边坡陡坎野外第四纪地质调查资料以及地球物理调查所揭示的覆盖层地质结构信息，选择适当软件系统（GOCAD 或 MapGIS

K9），对可辨识的覆盖层主要目标地质要素进行三维地质结构建模。三维模型表达的主要内容如下：

（1）地形面数字高程模型；

（2）有资料控制的地下潜水面分布；

（3）有资料控制的主要区带的主要含水层、隔水层三维延展；

（4）切穿覆盖层的主要断层面的三维延展；

（5）覆盖层下伏基岩面的三维形态，通过覆盖层沉积等厚线与地形面数字高程之间进行转换，进而表达约束覆盖层的三维分布。

4. 主要地球物理勘探剖面反演图及地质解析剖面图

以常规一维剖面图形式展示，或导入三维模型中进行展示。

5.1 ∶ 50000 区域重、磁异常图

以常规二维平面图形式展示。

第四节　填图总结报告及成果出版发表

对填图工作及成果进行系统总结，形成最终成果报告，或形成专题性成果认识总结成文公开发表。

填图总结报告参考提纲如下。

第一章　绪论

1. 简述上级下达任务书文号及目的任务、项目编号、调查区范围、面积、工作起始时间等。

2. 简述交通位置（含交通位置图）、自然地理及社会经济概况。

3. 简述地质调查历史及工作程度，编制地质调查历史表和工作程度图，对以往地质工作简要评估。

4. 简述任务完成情况及其工作量，阐明报告编写及主要图件编制的分工，答谢对工作给予支持的单位和个人。

第二章　填图目标、工作方法及应用效果评述

1. 分析说明覆盖调研区填图工作的基本填图目标。

2. 系统阐述围绕填图工作目标所采用的填图方法及方法组合的选择。包括遥感资料的收集与处理、解译标志、路线调查与控制程度；物探资料的收集与利用、区域地球物理基本特征、物探工作方法与质量及工作成果；化探资料的收集与利用、第四系元素地球化学分布与分配特征、化探工作方法与质量及工作成果；揭露工程资料的收集与利用、工程揭露方法与质量及控制程度等。

3. 评述主要工程手段应用的效果。

第三章　覆盖区地质背景简述

结合与测区相关的区域地质面貌对测区覆盖区的区域地质背景进行概述。

1. 简述区域地层分区、区域地层发育及基本序列、主要岩石地层单元简要特点。

2. 简述区域岩浆分布、侵入岩及火山岩岩石特点及序列、岩浆演化及构造环境。

3. 简述区域变质岩石分布、变质作用特点、变质环境及变质演化。

3. 简述区域构造单元划分、区域构造格架、构造发育及区域构造发展演化。

4. 简述区域矿产分布、成矿类型、成矿序列及成矿规律。

第四章　覆盖区地表第四系地质结构

1. 系统说明地表第四系成因类型及分布。

2. 阐明不同成因类型松散沉积物的地层层序、物质成分、岩性特征、接触关系和分布范围。叙述覆盖层的时代、结构构造、矿物成分、沉积厚度、分选性。

3. 叙述地貌类型、分区特征及其第四纪沉积物与地貌条件的关系。

4. 叙述第四纪沉积物沉积环境的演化规律。

5. 阐述第四纪活动构造情况。

第五章　覆盖层重要目标地质要素的三维结构

1. 阐述重要目标地质体的三维结构特征，如第四系含水层、隔水层的三维分布特点。

2. 描述地球物理勘探或钻探识别的一些主要地质层带的三维分布特点。

3. 对覆盖层的厚度变化以及覆盖层底面的三维形态特征等进行系统说明。

第六章　覆盖区基岩面地质结构

基于地表地质信息推断、地球物理勘探的反演及地质解释、钻探标定和验证等综合信息对基岩面有关地层、岩浆、构造和矿产等地质结构信息做出综合阐述。

一、地层

（1）按时代由老至新（新近系），阐述基岩地层系统，阐明各岩石地层单位的岩性、岩石组合、基本层序、分布特征，简述沉积作用特征。

（2）对火山岩地层除按地层学进行叙述外，简要介绍火山岩岩石特征、岩石地球化学基本组成、火山喷发旋回、火山构造和古火山机构。

二、岩浆岩

（1）对侵入岩而言，要概述各类侵入岩岩石类型、位置、形成时期及其分布特征。以侵入单元（或岩性侵入体）为基础，叙述各单元侵入体的接触关系，各单元的矿物成分，岩石化学基本组成及同位素年龄测定结果，分析区域侵入岩浆活动特点，侵入岩浆活动的大地构造环境。

（2）对火山岩而言，要概述火山岩岩石类型、空间分布、产出层位和时代归属及其依据。以岩石地层单位（填图单位）为基础，叙述岩石－地层层序特点、接触关系、火山喷发旋回和韵律特点，岩石化学基本组成及同位素年龄测定结果。在有充分资料的情况下，尽可能对隐伏的典型火山机构特征做出阐述，分析区域火山岩浆喷发活动特点，火山作用的大地构造环境。

（3）对揭示的隐伏脉岩，应阐述脉岩空间分布特征、岩石学特征、产出时代、脉岩岩石化学和地球化学特征，分析脉岩形成构造背景。

三、变质岩

阐述基岩面变质岩石类型，变质岩石分布，对获取的基岩面变质岩样品分析测试所反映的变质温压条件、变质－变形关系、变质作用时代等进行系统总结。

四、地质构造

（1）概述区域构造背景及调查区构造基本特征。

（2）叙述各种构造形迹的形态、产状、性质及展布范围，讨论其序次关系及级别，可能的情况下说明运动学指向及动力学背景。

（3）阐明新构造运动特征、与地貌形成和演化的关系及其影响。

（4）简述地质发展阶段、区域地质事件和地质发展史。

第七章　专项调查

根据任务要求，视具体情况编写。针对调查区存在的重大基础地质问题，或针对重大科学发现进行的专项调研，或面向国民经济可持续发展进行的矿产地质、环境地质、灾害地质、工程地质、农业地质等方面的专项地质调查工作，应在区域地质调查报告中增加此章进行叙述。

第八章　地质图和专项调查图件空间数据库

地质图和专项调查图件空间数据库图层和相关数据项的简要描述。

结束语

总结本次调查工作的主要成果、重要进展及存在的主要问题，提出下一步工作建议。

第六章　填图精度要求与填图人员组成

覆盖区地质填图精度包括三个方面：①地表地质调查；②覆盖层三维地质调查；③基岩面地质调查。地表地质调查的基本精度总体遵循传统 1 ：50000 地质填图精度要求，但是，基于地表地质结构与覆盖层三维结构和基岩面地质结构存在关联，因此对具有深部地质结构指示意义的地表地质结构要素的调查应加大投入力度，另外，还需要适当部署配合覆盖层和基岩面地质调查的特殊的地表地质调查工作。

第一节　填图精度要求

一、覆盖区地表地质填图

地表地质调查主要采用常规地质调查手段，在遥感解译的基础上，部署路线调查和实测剖面。填图精度与工作量的基本要求如下。

（一）遥感解译

（1）1 ：50000 地质格架解译：利用 TM/ETM 或 SPOT 等空间分辨率相对较低的卫星遥感数据进行地质构造格架的解译。TM/ETM 数据幅宽大（185km×185km），波段多（7～8 个波段），时相跨度大（1984 年以来），对轮廓格架的显示直观，数据网上免费，极易获取，并可进行年代跨度较大的不同时相影像对比分析，含红外波段，对含水、碳酸根的风化矿物、蚀变矿物有较好的识别能力，基本能够满足 1 ：50000 地质格架的遥感解译要求。SPOT 数据多光谱波段空间分辨率达 10m，全色波段空间分辨率达 2.5m，分辨率较高，对地貌及地质体的识别能力较强，能够满足 1 ：25000 解译要求，也可用于 1 ：50000 区域地质框架的解译工作。总的来说，这两种遥感数据均满足 1 ：50000 解译精度的要求，可根据实际情况选取，如在植被覆盖较严重、潜水面浅的地区，红外光谱易受植被和地表水的干扰，建议选取 SPOT 数据。

（2）1 ：50000 精细的地质体解译：利用 QuickBird、WorldView 或国产高分数据等空间分辨率较高的卫星遥感数据进行地质体精细解译。美国的 QuickBird 数据是由美国公司于 2001 年发射的能提供亚米级分辨率（0.61m）的商业卫星，具有极高的地理定位精度，多光谱分辨率为 2.4m，全色波段空间分辨率为 0.61m。高分一号和高分二号分辨率分别为全色 2m、多光谱 8m 和全色 1m、多光谱 4m，对应幅宽分别为 60km 和 800km，重复周期为 4 天，实现了高空分辨率和高时间分辨率的完美结合。这两个数据的分辨率完全满足 1 ： 50000，甚至更大比例尺遥感解译要求。对比之下，美国的 QuickBird 数据的分辨率较高，但使用成本也较高，可用数据在国内的覆盖程度较差，而国产高分数据可免费运用于国内基础地质调查，分辨率也完全能满足 1 ： 50000 基础地质调查的需要，建议使用国产高分数据。

（二）路线调查

遥感影像对地表的第四纪堆积物的成因类型和交切关系及微地貌具有很好的识别能力，因此，覆盖区的地表地质填图应以详细的遥感解译为主，地质调查路线的部署应以解决地质问题为目的，即地质调查路线的部署不应表现在网格的形式上，应重点放在解决问题、地质界线控制的目标上。简单区段放稀路线，复杂区段区加密路线。

单幅图有效地质调查路线总长度一般控制在 400km（按覆盖面积折算长度）以上；覆盖层岩性岩相相对复杂的冲积扇体叠置复杂、河流河道变化频繁及活动构造发育区域等，单幅图有效地质调查路线总长度一般控制在 500km（按覆盖面积折算长度）以上。

路线地质调查的重点工作应集中在地质点的观测和记录上。地质观测点密度应结合地质地貌特点、地质复杂程度和服务对象需求确定，平均每 4km 不少于 1 个有效观测点。在地貌变化、岩性岩相变化、特殊层位、重要接触关系、重要地质构造、含矿层位、土壤变化和河湖岸带、陡坎等和基岩残留或侵蚀局部露头，以及遥感地质解译标志明显变化的地段，均应布置地质观测点；遇有地质遗迹、环境地质问题和地质灾害现象等也应布置观察点，提倡布置综合性观察点。

地质点观测和记录是路线地质调查中原始资料数据来源的重点。覆盖区地质填图除要求按传统地质填图对建造组合、层序地层、沉积构造、界线性质、产状等进行详细的观察、测量、记录和素描外，还要有地貌、第四系成因类型等相关的记录，需要有信手剖面和相关的样品采集信息。覆盖区地质调查地质点的密度不应作为工作量衡量的标准，而主要应体现在地质点对各种地质界线和基本地质地貌的控制程度上，体现在对解决主要地质问题的认识程度上，突破传统地质点评价的条条框框，允许在非地质界线上但对重要地质现象进行详细观察记录的甲级点。

（三）实测剖面

对基岩地质填图来说，每个填图单元需要 1 ～ 2 个剖面控制，基岩地层实测剖面比例尺一般采用 1 ： 1000 ～ 1 ： 2000，侵入岩单元一般采用 1 ： 2000 ～ 1 ： 5000。

对覆盖区覆盖层而言，每幅图每个岩石地层单位有 1 ～ 2 条实测剖面；多图幅联测时每个岩石地层单位应有 2 ～ 3 条实测剖面。岩石地层单元的实测剖面控制应强调其典型性，实测剖面应尽可能控制不同的第四系成因类型，选择切割较深的沟谷岩壁测量，覆盖层垂直比例尺以 1 ： 100 ～ 1 ： 500 为主，对岩性单调、厚度巨大的成因类型可用 1 ： 1000

的比例尺。

缺乏天然剖面的地区，应充分利用前人钻孔资料建立标准孔，必要时实施新标准孔，每幅图每个填图单位有 1～2 个标准孔控制，多图幅联测时每个填图单位应有 2 个标准孔控制，标准孔必须全取心且应系统采样进行测试分析。

第四系研究样品主要应在实测剖面上取样，不同测试内容的样品，要严格按取样要求取样，对用于气候环境研究的样品，要逐层等间距取样。

二、覆盖层三维地质结构及基岩面地质结构调查

覆盖层三维结构及基岩面地质结构的揭示需要借助地球物理勘探和钻探等揭露工程手段，其调查精度的高低与这些工作量投入的多少直接相关。作为基础地质调查，如何将有限的工作量投入获取最大的地下地质结构信息，从而有效提高覆盖层三维地质结构及基岩地质结构的精度是覆盖区地质调查面临的最基本问题。本指南并不试图严格限定相关工作量的具体要求，主要从控制覆盖层三维地质结构及基岩面地质结构基本要求出发，并本着有所为有所不为的原则，强调以下基本要求：

（1）戈壁荒漠覆盖区为经济欠发达地区，建立精细完善的覆盖层三维地质结构模型一不现实，二无必要。因此，对戈壁荒漠覆盖区覆盖层三维地质结构的揭示应该结合不同区域的实际地质情况，在有限的经费投入下，应主要选择重要目标地质要素的三维地质结构进行有针对性的揭示，如与地下水含水层或隔水层、煤层、盐岩层等相关的重要目标层位三维结构、重要断裂构造三维组合形式等。这种针对重要目标地质要素三维地质结构的揭示主要是根据有限资料对有限区域作出有限的刻画。虽然难以做到对覆盖区范围的全覆盖，但这些有限信息的刻画对整个覆盖区的相关情况也具有重要的指示或代表意义。

（2）不同形式覆盖层下伏基岩面的三维形态是基岩面地质填图的基准面，也是覆盖层地质结构的重要方面，因此是覆盖层三维地质填图调查的重要内容之一，应对其进行系统刻画。通过系列物探资料、钻孔和水井标定资料及地表第四系结构等信息能够对覆盖层沉积厚度的三维分布予以揭示。

（3）基岩面地质结构填图是覆盖区地质填图内容拓展的重要方面。但是，要达到 1：50000 基岩露头区的地质填图精度要求显然不太现实，其基本精度要求应该是能实现对基岩面的基本物质组成和基本构造格架的刻画，从而能有效为深部找矿和其他社会服务提供基础地质背景资料。

（4）图区应该有面积性的 1：50000 或更大比例尺的区域重力和区域磁力资料，以实现对地质构造格架和基岩面三维形态的宏观控制。如果前人已开展有 1：50000 或更大比例尺的区域重力和区域磁力测量应对原始数据进行系统收集并根据测区地质实际进行数据的重新处理和反演分析；如果缺乏前期区域重力和区域磁力资料，则应该部署安排实测。

（5）一个图幅或联测图幅范围内，一般应有 1～2 条贯穿全区的控制性地质－物探－钻探综合剖面，系统全面地反映区域地质构造特征，剖面应尽可能垂直地质构造线方向。

控制性地质－物探－钻探综合剖面的物探要求：①控制性地质－物探－钻探综合剖面的物探工作应基于剖面的基本地质结构预计有针对性部署有效的地球物理方法手段，一般以揭示地质结构格架的重、磁测量和大地电磁剖面测量为主。有必要的情况下也可部署浅层地震反射剖面，或多种方法的综合剖面。②重磁剖面测量和大地电磁剖面测量精度以 1 ： 10000 ～ 1 ： 25000 为宜。

控制性地质－物探－钻探综合剖面的钻探要求：①在覆盖层厚度小于 3m 的地段，重要的基岩填图单位和特殊地层界线采用探槽或追索钻控制。每组追索钻由 3 个单孔组合而成，单孔钻进深度 5m，每个基岩填图单位和特殊地层界线至少有 2 组追索钻控制其性质和产状，复杂区域应根据需要增加地质边界的追索钻部署。浅钻控制地质界线采取逐步逼近法，界线控制在 25m 范围内。②在覆盖层厚度为 3 ～ 20m 的地段，钻孔间距应不小于 500m。重要基岩填图单位和覆盖层埋藏地质单位界线控制误差一般应不小于 200m。③在覆盖层厚度为 20 ～ 100m 的地段，钻孔间距应不小于 2000m。在物性变化界线附近钻孔应当加密，重要基岩填图单位和覆盖层埋藏地质单位界线控制误差一般应不小于 500m。④在覆盖层厚度为 100 ～ 200m 的地段，侧向延伸相对稳定的地段，揭露覆盖层深度达到 100m 的钻孔间距应不小于 4000m，较复杂地段钻孔适当加密部署。重要基岩填图单位和覆盖层埋藏地质单位界线控制误差一般应不小于 1000m。⑤覆盖层厚度为 200 ～ 500m 的地段，每条剖面至少应有 1 个钻孔揭穿覆盖层到基岩，验证物探解译结果。⑥钻探工作应在地球物理勘探工作基础上合理部署，地球物理勘探方法的选取需要兼顾控制格架和控制浅层结构。钻探工作应该尽可能揭穿覆盖层抵达基岩。

（6）可适度安排一些一般钻探地质剖面，重点控制 100m 以浅的覆盖层区域，钻孔控制程度可采用地质－物探－钻探综合剖面的二分之一。100m 以浅的钻探工作可采用获取岩心的机械岩心钻和廉价的不取心的汽车钻（空气反旋回）相结合，以节约钻探成本或增加钻探密度提高控制精度。

（7）图幅钻探总体工作量的控制程度一般与覆盖层的深度成反比，覆盖层越薄，钻孔密度越密，反之越稀。钻孔深度一般应以抵达基岩为目标，一般应钻进基岩 2 ～ 5m。钻孔密度要求见表 4-1。0 ～ 3m 的覆盖层，钻孔密度每平方千米不少于 3 个钻孔；3 ～ 20m 覆盖层，钻孔密度每 4km^2 至少布设 1 个钻孔；20 ～ 50m 覆盖层，钻孔密度每 8km^2 至少布设 1 个钻孔；50 ～ 100m 覆盖层，钻孔密度每 16km^2 至少布设 1 个钻孔；100 ～ 200m 覆盖层，钻孔密度每 32km^2 至少布设 1 个钻孔；大于 200m 的覆盖层，钻孔密度每 64km^2 至少布设 1 个钻孔。对于大于 20m 的覆盖层，其钻孔应建立在充分的地球物理勘探资料基础上进行合理有针对性的布设。

（8）地球物理数据的反演和解释是建立在充分的岩石物性资料基础上，因此对测区可能涉及的岩石地层单元要有充分的物性资料支撑。测区缺少基岩露头的，其物性资料的获取可结合测区外围进行系统样品采集测试。每种代表性岩性至少有 20 个岩石物性数据。

三、地质体的标定

（1）地表第四纪地质体标定直径大于200m的闭合体；宽度大于100m、长度大于500m的线状地质体；或长度大于500m的线状断裂构造。出露狭窄或面积较小具有重大地质意义的特殊地质体、矿层、微地貌等均应夸大到2mm标定。基岩残留露头不论大小都应标出，小露头夸大到2mm表示。

（2）地表以下覆盖层三维结构的地质体的表达以地质、地球物理或钻探识别出的具有一定空间延展的地质实体。重点表达具有一定沉积层厚度的沉积体和面状延展的断裂构造。特殊地质体，如特殊沉积层、文化层、矿化层、含水层、隔水层、特定工程层等应适当夸大表示。三维地质结构的表达尽量实现体模型的构建，资料不足以构建体模型结构时也可以通过面模型实现。

（3）基岩面地质图地质体的标定参照1∶50000区域地质调查工作指南（试行）执行。重点表达基岩面的地质构造格架。基岩面地质结构的信息来源重点是基于岩石物性的物探和钻探标定资料，因此基岩面地质图的地质体的标定可以突出具有一定岩石物性的岩性体的表达。有依据的情况下也可归属到合适的组级或段级岩石地层单元体。

第二节　填图人员组成建议

覆盖区地质填图工作是一项探索性强、学科跨度大的复合地质调查工作，填图人员需要具备一专多能的综合技术素质，既要有较强的专业技能，也要有知识面广的综合素质。从覆盖区地质调查的基本职能来说，地质调查人员除了传统的地质学和矿产普查专业技术人员外，还需要涉及地貌第四系、地球物理、地球化学等专业人员。基于戈壁荒漠区地质填图目的及采用的方法体系，地质填图人员配备建议如下。

一、专业构成

戈壁荒漠浅覆盖区地质填图基本任务包括常规地表第四系地质填图、覆盖层重要目标地质要素三维地质填图和覆盖层下伏基岩面地质填图。其中覆盖层及下伏地质结构的调查是十分重要的内容，因此需要加强深部地质调查的技术力量。专业技术构成应包含地貌第四系地质学、构造地质学、岩石学、地层学、遥感地质学、地球物理学等。

二、人员组成

以四幅联测图幅工作量为例，基本技术人员组成建议见表6-1。

表 6-1 戈壁荒漠浅覆盖区地质填图基本技术人员组成建议表

序号	岗位	人数	专业	职责
1	项目负责	1	地质学	负责全面地质工作，协调各方面关系
2	技术负责	1	地球物理学	负责全面地球物理技术工作，各项成果汇总分析
3	地质填图	4	地质学	应包含地层学、岩石学、构造学、矿产学、地貌第四系地质学方面的专业人员，负责基础地质调查、物化探地质解释、钻探编录及解释等
4	地球物理	6	地球物理学	开展地球物理勘探、数据处理、反演、地质解释等工作
5	遥感地质	2	遥感地质学	负责遥感数据处理与解译
6	数据库建设	1	地质学	负责数据库建设及三维建模

第二部分　新疆巴里坤口门子－奎苏一带戈壁荒漠覆盖区填图实践

第七章　口门子－奎苏一带填图项目概况

第一节　位置及自然地理

调研区位于巴里坤盆地东部的口门子－奎苏一带，覆盖区主要涉及两个 1 ∶ 50000 图幅，分别为 K46E003015（小柳沟）幅，东经 93°30′～93°45′，北纬 43°30′～43°40′ 和 K46E004015（伊吾军马场）幅，东经 93°30′～93°45′，北纬 43°20′～43°30′。

巴里坤盆地位于新疆维吾尔自治区东部的东天山造山带内，夹持于北部的莫钦乌拉山和南部的哈尔里克山之间。调研区南北两侧山系地形条件复杂，中部巴里坤盆地为山间谷地第四系覆盖区，呈北西走向，宽 20～30km，其间有石城子河流过（图 7-1）。覆盖区覆盖层堆积类型包括莫钦乌拉山裙、哈尔里克山裙的洪积扇堆积物、坡积物和石门子河流域的洪冲积、冲积及湖沼沉积，是发育于古生代不同阶段不同性质构造背景基础上的新生代断陷盆地覆盖区。

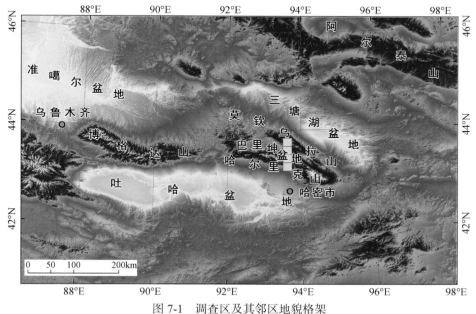

图 7-1　调查区及其邻区地貌格架

调研区水源相对较丰富，居民点较多，人口以哈萨克族、汉族为主，蒙古族次之，以农、牧业生产为主。畜牧业以草原放养为主，牲畜有羊、牛、马、骆驼等。农产品有小麦、青稞、大麦、豌豆、油菜、马铃薯等。工业以皮革和粮油加工为主。

区内属温带亚干旱气候区。年平均气温 1.0℃，极端最高气温 33.5℃，极端最低气温 -43.6℃。年平均日照时数 3213.1 小时，无霜期 102 天。年平均降水量 203.0mm，年平均蒸发量 1621.7mm。

调研区南部位于哈密－巴里坤－伊吾的三地交通枢纽位置，有省道 203、302、303 经过。此外，盆地内有众多乡间公路沟通各村落，并连接到北部庙儿沟沟口、小柳沟沟口和大柳沟沟口等，以及南部葫芦沟沟口、西山林场、白石头乡等。

第二节　覆盖区填图目标及调查内容的拟定

调查区位于巴里坤盆地的东部。盆地区存在第四系、古近系—新近系双层覆盖。因此，对测区覆盖区地质填图我们梳理出针对该类型地质填图的基本工作目标和内容，即主要包括以下几个方面：

（1）地表第四系地质结构。

（2）第四系和新生界覆盖层厚度及其空间变化，即第四系、古近系—新近系下伏基岩面三维形态。

（3）第四系、古近系—新近系下伏基岩面地质结构。

（4）重要区带地下重要目标地质要素，调研区农业灌溉以抽取地下水为主，水资源仍是制约当地农牧业发展的重要因素。因此，根据测区实际，我们重点关注覆盖层主要含水层、隔水层、卤水层的结构特点。另外，盆地为新生代断陷盆地，断裂构造特别是活动断层发育，因此，我们对盆地断裂构造也进行了重点调研。

（5）盆地构造格架及盆山构造关系。

第三节　工　作　流　程

地质填图一般可划分为设计准备阶段、填图调研阶段和综合整理总结阶段。基岩区地质填图和覆盖区地质填图各阶段工作特点和流程显然存在明显差异，不同类型覆盖区地质填图各阶段工作特点和流程也会有所不同。对于戈壁荒漠覆盖区地质调查来说，必须贯彻有所为有所不为的原则，首先梳理出需要调研的基本目标和基本内容，确定需要解决的关键地质问题，然后，根据基本目标和调研内容的要求，贯彻地表地质调查—地球物理探测—钻孔验证相结合的工作思路开展系统工作。即在地表地质结构调查和分析的基础上，适度部署物探和钻探工作，以对覆盖层和基岩面地质结构进行有效控制和约束。地球物理勘探工作首先需要开展物探方法实验，优选对覆盖层地质结构、基岩岩性、构造等具有强的识别能力且经济实用的方法组合；钻探工作以钻达基岩为目标，重点以标定、验证和约束地球物理信息所揭示的关键部位的地质结构为目的。工作流程遵循戈壁荒漠区一般的技术路线或基本工作流程（图 2-1）。

第四节　主要实物工作量投入

工作量投入涉及覆盖区调研的目标任务和调研面积，本项目涉及的覆盖区填图试点面积约 570km²，相当于 1.5 个 1：50000 标准图幅的面积。为了达到上述调研目标，本着有所为有所不为的原则，我们主要安排了以下实物工作量。

1. 地表 1：50000 第四系地质填图及相关的剖面实测

参照正常地表地质填图进行实测，充分利用遥感影像，合理安排野外调查路线和实测剖面。

2. 地球物理勘探

基于调研区所具有的第四系、古近系—新近系双层覆盖特点所梳理出的上述基本工作目标和内容，在近地表地球物理勘探方法试验结果的基础上，综合考虑成本因素，形成针对调研区覆盖区的经济有效的物探方法组合，即通过区域磁法、区域重力和剖面大地电磁测量约束双层覆盖的基岩面地质结构和基岩面起伏；通过高密度电法和浅层地震面波频散分析（结合背景噪声观测）约束第四系覆盖层结构和第四系基岩面起伏。

投入的主要实物工作量包括：①覆盖整个覆盖区的 1：50000 区域磁法测量 537km²；②覆盖整个覆盖区的 1：50000 区域重力测量 570km²；③横、纵贯覆盖区的 4 条剖面大地电磁测量共 157 测点；④横贯覆盖区的两条高密度电法剖面测量约 42.2km；⑤横贯覆盖区的一条主动源和被动源联合多道面波分析剖面 20km。

3. 钻探

基于地球物理勘探信息，综合考虑成本因素，累计实施了 6 个钻孔，实际总进尺 1250m。

第五节　具体工作部署

一、地表第四纪地质调查工作部署

1. 路线部署

在详细遥感解译的基础上，结合遥感影像特征，对不同第四纪成因类型进行路线控制，特别是加强不同成因类型影像界线的观测和调查。路线部署不要求按网度进行部署，而是结合影像的实际特点进行有目的性的追索或穿越。特别是加强第四纪侵蚀暴露陡坎的观察与调查。

针对地球物理揭示的异常带部署专门路线或专题调查研究点加强对该区域的地表地质-地貌观察，强化对盆地内部线性构造的分析和研究。

2. 实测剖面部署

对第四纪出露较好的剖面进行 1 ： 100 ～ 1 ： 500 的大比例尺实测剖面控制。通过剖面约束第四纪沉积时代、沉积特点、沉积环境、物源、古气候环境指标等。

二、覆盖层地质结构和基岩面地质结构调查工作部署

采用地球物理勘探结合浅钻标定进行基岩面岩性、基岩面形态、第四纪结构及构造识别和控制。

1. 地球物理工作部署

本子项目对覆盖区地质调查基本目标任务除了常规地表的第四系填图外，还需填绘第四系覆盖层下的基岩面地质图以及关键区带第四系重要目标地质要素（如含水层、隔水层等）三维结构的揭示，后两者均涉及深部探测和分析，需要借助地球物理手段。

前人对测区的地球物理工作程度较低，主要可资利用的是 1 ： 100 万的航空重力和磁力。其分辨率低，难以满足本子项目目标任务的要求，因此，从区域控制角度，需要部署 1 ： 50000 区域重力和磁力测量，并通过重、磁联合解释方法，进行基岩结构及成分调查，以刻画盆地基底起伏、基岩主要岩石体分布和断裂构造分布，服务于基岩面地质图的填绘。适度部署大地电磁测深剖面，旨在揭示覆盖区深部构造与岩性分布，其与区域重磁探测的配合可提高基岩面地质结构约束的准确性和可靠性。第四系重要目标地质要素的约束主要采用近地表地球物理方法，根据 2014 年近地表地球物理方法实验结果，较为经济有效的近地表地球物理方法为高密度电法和浅层地震（主动源和噪声源相结合）面波频散分析。高密度电法的重要探测目标是近地表沉积物的构造及含水情况、浅层（面波）地震方法的探测目标为近地表沉积物的主要结构特征，如松散结构的沉积物，固结较好的沉积物及弱风化地层岩石等。这些物探方法的运用，可为解剖覆盖区内部结构和沉积物特征提供重要证据。但是，对全区第四纪地质结构进行全面约束显然工作量投入过大，本着有所为有所不为的原则，本子项目选择重点区段，特别是主要农作物经济区部署两条高密度电法剖面和一条浅层地震（主动源和噪声源相结合）面波频散分析剖面探索主要目标地质要素如含水层、隔水层、（含水）活动断层等的分布情况，以为当地经济建设和发展提供近地表一定深度范围内（200m 以浅）的地质背景资料。另外，为了对测区地球物理资料进行良好的反演和解释，对研究区的基岩区和覆盖区钻孔部署适度的岩石物性样品的采集和分析工作。

基于上述，本着有所为有所不为的原则，在方法试验的基础上，我们选择经济有效的地球物理方法组合进行合理的地球物理工作部署（图 7-2）。地球物理工作部署主要包括

覆盖区 1 ： 50000 区域磁法测量 537km²，1 ： 50000 区域重力测量 570km²，4 条大地电磁剖面测量共计 157 测点（C、E、F、G 线）；2 条高密度电法剖面约 42.2km（B 线和 D 线）和 1 条主动源与噪声源联合面波多道分析剖面共计 20km（C 线）（图 7-2），其中 C 线部署为高密度电法和浅层地震联合探测，以进行相互印证和联合反演。

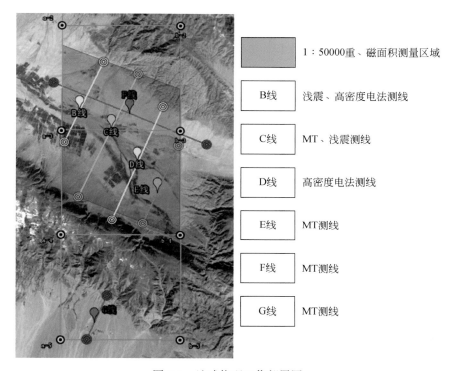

	1：50000重、磁面积测量区域
B线	浅震、高密度电法测线
C线	MT、浅震测线
D线	高密度电法测线
E线	MT测线
F线	MT测线
G线	MT测线

图 7-2　地球物理工作部署图

2014 年完成区域磁法和 C、E、F、G 线剖面大地电磁测量；2015 年完成区域重力测量、C 线浅层地震测量和 D 线高密度电法测量；2016 年完成 C 线高密度电法测量

2. 钻探工作部署

　　布置浅钻的主要目的是为覆盖区的基岩填图和覆盖层第四纪地质结构提供准确信息，同时用物探方法对覆盖层及下部基岩的识别进行验证标定。钻孔一般以抵达基岩面为目标。

　　针对本测区覆盖层特点，本着有所为有所不为的原则，本子项目布设总进尺约 1250m 共 6 个钻孔的钻探工作（表 7-1，图 7-3），用于标定第四纪结构、基岩面深度、基岩岩性及物探信息。钻探工作部署总体遵循以下原则：

　　（1）以抵达盆地基岩面为目标，以覆盖层结构揭示和基岩岩石构造标定为目的；

　　（2）重点围绕地球物理勘探剖面进行，尽可能沿地球物理勘探剖面部署，结合地球物理勘探信息进行钻井位置调整，以最小成本获取最大信息；

　　（3）适度规避已有水井钻孔位置。

表 7-1 测区钻探工作布设

钻孔号	地球物理异常特点	钻探目的
ZK1	重力异常高	揭示第四系、古近系—新近系的厚度、基岩面顶面深度和基岩岩性
ZK2	重力异常高	揭示第四系、古近系—新近系的厚度、基岩面顶面深度和基岩岩性
ZK3	磁力高异常	揭示第四系、古近系—新近系的厚度、基岩面顶面深度和基岩岩性；磁异常成因
ZK4	重力异常中等	探索孔，探索拗陷带第四系、古近系—新近系沉积结构和厚度
ZK5	C 线大地电磁低阻层隆起区	揭示第四系、古近系—新近系的厚度、基岩面顶面深度和基岩岩性；验证标定低阻层隆起区
ZK6	重力异常低	探索孔，探索第四系覆盖层厚度

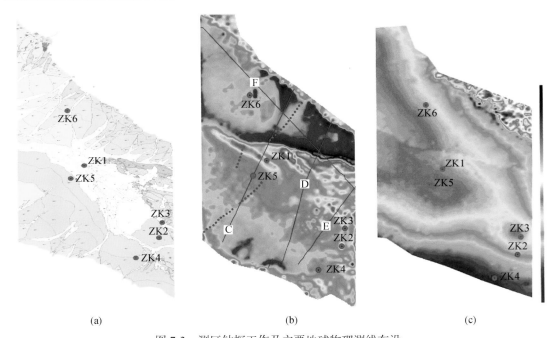

(a)   (b)   (c)

图 7-3 测区钻探工作及主要地球物理测线布设

（a）地质图；（b）垂向导数重力异常图；（c）磁异常图。（b）图垂向导数重力异常图展示了主要地球物理勘探测线，其中 C 线、D 线为剖面大地电磁和高密度电法剖面测线；E、F 为剖面大地电磁测线；虚线为主动源和噪声源联合面波多道分析剖面测线

三、分阶段推进计划

覆盖区地质填图涉及多种调研手段的联合使用，需要分阶段有序推进，总的原则是：地表地质调查先行，地球物理勘探遵照方法试验先行，钻探工作做到以地球物理勘探为基础。基于此，本项目在进行设计时，贯彻四个优先一个滞后的原则，即优先安排地表地质调查工作；优先安排地球物理方法试验工作；优先安排岩石物性测量；优先安排控制格架

的地球物理勘探工作；滞后安排钻探工作。主要不同类型工作安排顺序见表7-2。

表 7-2　测区覆盖区地质填图主要工作年度安排

年份	年度工作安排	说明
2014	1. 地表地质调查	第一年度优先开展地表填图
	2. 物探方法实验	先行进行物探方法实验，为后阶段优选地球物理方法组合奠定基础
	3. 1：50000 区域磁法测量	第一年度优先开展控制格架的地球物理勘探
	4. 剖面大地电磁测量	
	5. 岩石物性测量	优先开展物性测量，为后期地球物理数据反演奠定基础
2015	1. 地表专项调查	基于地球物理异常的地表专项调研
	2. 1：50000 区域重力测量	进一步进行格架约束的地球物理勘探
	3. 剖面高密度电法测量	在先期物探方法实验基础上优选的浅层地球物理勘探
	4. 主动源和噪声源联合面波多道分析剖面测量	
	5. 钻探	基于地球物理勘探成果的钻探验证和标定
2016	1. 地表专项调查	基于地球物理异常的地表专项调研
	2. 剖面高密度电法测量	在前期工作基础上补充浅层地球物理勘探
	3. 钻探	基于地球物理勘探成果的进一步验证和标定

第八章　口门子－奎苏一带戈壁荒漠覆盖区域地质背景

第一节　地层概况

一、地层分区及地层序列

测区属北疆－兴安地层大区的北疆地层区。北疆地层区包括阿尔泰、北准噶尔、南准噶尔－北天山三个地层分区及数十个地层小区。其中，测区北部莫钦乌拉山北坡一带的泥盆系地层属北准噶尔地层分区北塔山地层小区，测区南部哈尔里克山一带属南准噶尔－北天山地层分区博格达地层小区（图8-1）。北部妖魔梁－莫钦乌拉山南坡一带因岩性及沉积相与南准噶尔－北天山地层分区北部的将军庙地层分区相近，但具有一定差异，故新建莫钦乌拉地层小区，区分于博格达地层小区与将军庙地层小区。测区地层序列见表8-1。

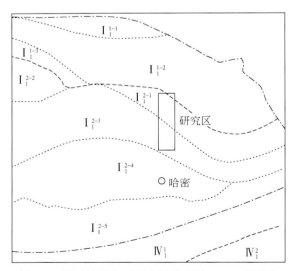

图 8-1　测区地层分区图（据蔡士赐，1999 修改）

I.北疆 - 兴安地层大区；I_1.北疆地层区；I_1^1.北准噶尔地层分区；I_1^{1-1}.二台地层小区；I_1^{1-2}.北塔山地层小区；I_1^{1-3}.卡拉麦里地层小区；I_1^2.南准噶尔 - 北天山地层分区；I_1^{2-1}.莫钦乌拉地层小区；I_1^{2-2}.将军庙地层小区；I_1^{2-3}.博格达地层小区；I_1^{2-4}.吐鲁番地层小区；I_1^{2-5}.觉罗塔格地层小区；IV.塔里木 - 南疆地层大区；IV_1.中南天山 - 北山地层区；IV_1^1.星星峡 - 黑鹰山地层分区；IV_1^2.中天山 - 马鬃山地层分区

表 8-1　测区地层序列表

界	系	统	北准噶尔地层分区	南准噶尔地层分区			
			北塔山地层小区	莫钦乌拉地层小区		博格达地层小区	
新生界	新近系	中新统	桃树园子组（E_3N_1t）				
	古近系	渐新统					
中生界	侏罗系	下统		八道湾组（J_1b）	第三段（J_1b^3）		
					第二段（J_1b^2）		
					第一段（J_1b^1）		
上古生界	石炭系	上统		二道沟组（C_2e）		柳树沟组（C_2l）	第三段（C_2l^3）
							第二段（C_2l^2）
				妖魔梁组（$C_{1-2}ym$）	第三段（$C_{1-2}ym^3$）		第一段（C_2l^1）
					第二段（$C_{1-2}ym^2$）		
					第一段（$C_{1-2}ym^1$）	七角井组（C_1q）	第三段（C_1q^3）
		下统					第二段（C_1q^2）
				塔木岗组（C_1t）			第一段（C_1q^1）
	泥盆系	上统	克安库都克组（D_3ka）				
		中统	乌鲁苏巴斯套组（D_2w）	第三段（D_2w^3）			
				第二段（D_2w^2）			
				第一段（D_2w^1）			
		下统	卓木巴斯套组（D_1z）			大南湖组（D_1d）	
	志留系	顶统		红柳沟组（S_3D_1h）	第二段（$S_3D_1h^2$）		
		上统			第一段（$S_3D_1h^1$）		
		中统					
		下统		大柳沟组（S_1d）		葫芦沟组（S_1h）	
下古生界	奥陶系	上统		庙尔沟组（$O_{2-3}m$）	第六段（$O_{2-3}m^6$）	恰干布拉克组（$O_{2-3}q$）	第二段（$O_{2-3}q^2$）
					第五段（$O_{2-3}m^5$）		第一段（$O_{2-3}q^1$）
		中统			第四段（$O_{2-3}m^4$）		
					第三段（$O_{2-3}m^3$）	塔水组（$O_{1-2}t$）	
					第二段（$O_{2-3}m^2$）		第二段（$O_{1-2}t^2$）
					第一段（$O_{2-3}m^1$）		
		下统					第一段（$O_{1-2}t^1$）

二、古生代地层单元特征简述

（一）博格达地层小区

1. 奥陶系

1）塔水组（$O_{1-2}t$）

塔水组为新疆第一区调队（2006）在测区东塔水村一带建立，主要为一套陆源碎屑岩，普遍遭受到了构造变质。

口门子剖面该组可分为两段，第一段构造变质相对较强。

第一段：下部主要为灰色变质砂岩、千枚岩、变质粉砂岩、灰白色大理岩；上部主要为灰色变质砂岩、糜棱岩、糜棱岩化变砂岩、糜棱岩化变粉砂岩。

第二段：下部为灰色糜棱岩化变质含砾砂岩、砾质砂岩、砾岩、变质砂岩、变质粉砂岩，以砾岩或砾质砂岩、含砾砂岩的出现作为第二段的底界。砾质砂岩及含砾砂岩中砾石含量为 8% ～ 20%，砾石主要为长石、石英及岩屑，粒径为 0.4 ～ 0.8cm，最大个体大小为 8cm×3cm，次圆状 - 次棱角状，分选较差。砾岩、砾质砂岩通常夹在砂岩之中。中部主要为灰色片理化变质砂岩、变质粉砂岩，局部为灰色含砾砂岩。上部主要为灰色中 - 厚层变质细粒长石石英砂岩夹板岩、千枚岩，局部见有巨厚层 - 块状的变质细粒 - 中粒长石石英砂岩。顶部为灰色中 - 厚层变质细粒长石石英砂岩与灰色、灰绿色粉砂质千枚岩互层。

该组多具递变层理和平行层理，整体上为一套半深海 - 深海浊流相沉积。

2）恰干布拉克组（$O_{2-3}q$）

恰干布拉克组可划分为两段。与塔水组相比，该组片理化不明显，地层序列清楚，发育明显的重力流沉积标志，如递变层理、平行层理、鲍马序列等，底部发育厚 - 巨厚层状中细粒长石石英砂岩与塔水组分隔。

第一段：底部为灰色巨厚层中细粒长石石英砂岩，明显有别于塔水组。下部由多个旋回层组成，旋回层下部为灰色薄 - 厚层变质细粒长石石英砂岩、变质粉砂岩夹灰色板岩，上部为灰色、深灰色板岩、粉砂质板岩夹灰色薄层变质细粒砂岩或变质粉砂岩。砂岩中递变层理、小型交错层理、槽模、鲍马序列发育，显现有明显的浊积岩性质。中部岩性和岩石组合与下部类似，也由一系列旋回层组成，旋回层下部主要为灰色薄层 - 厚层变质细粒长石石英砂岩夹灰色、深灰色板岩，旋回层上部为灰色、深灰色板岩、粉砂质板岩夹灰色薄层变质细粒长石石英砂岩，递变层理、鲍马序列发育。需要指出的，剖面上该地层出露区域发育大量的闪长岩及闪长玢岩，岩体及脉周缘的引爆角砾岩发育，引爆角砾岩中角砾主要为闪长质，大小混杂，无定向及分选，与地层中角砾岩极易混淆。

该段整体上为一套斜坡浊流相沉积。

第二段：底部为灰色巨厚层变质复成分砾岩、砾质砂岩夹灰色薄层变质砂岩及板岩，砾岩中砾石含量为 30% ～ 35%，主要为板岩、变质砂岩及花岗岩角砾，粒径一般为

0.5～1.5cm，最大的砾石大小为18cm×12cm，棱角状-次棱角状，无分选，基质为砂及泥，发育递变层理，砾岩层底部起伏不平，具冲刷面。下部为灰色变质细粒角岩化岩屑长石砂岩，变质细砂岩及板岩、粉砂质板岩。中部为灰色中-厚层角岩化砂岩夹灰绿色角岩化变质粉砂岩，灰绿色、深灰色板岩与灰色中层变质粉砂岩互层。口门子剖面本段中下部出露大量的闪长岩、闪长玢岩及大量的引爆角砾岩，直接影响到剖面上该组地层的出露。上部为灰绿色变质粉砂岩夹灰色薄层变质细砂岩，灰色变质砂岩夹灰色薄层变质砾岩，偶见钙质粉砂岩和灰岩，产少量生物碎片化石及痕迹化石，是一个海水变浅的重要标志。

2. 志留系

下志留统葫芦沟组（S_1h）出露在1∶50000呈北西西-南东东向沿哈尔里克山主峰线性展布，由火山熔岩、火山碎屑岩和沉积碎屑岩组成，以火山岩地层为主。剖面上火山岩以火山熔岩为主，夹有少量碎屑岩，以玄武岩、玄武安山岩和流纹岩交替出现为典型特征，由岩石组合、野外产状和遥感影像等资料在葫芦沟山顶及南山口等处识别出火山穹窿构造，角度不整合覆盖在奥陶系地层之上。其具体年代为441.0±2.2Ma，即早志留世鲁丹阶。

3. 泥盆系

测区内泥盆系仅出露下泥盆统大南湖组（D_1d）。南山口小白杨沟剖面的大南湖组下部为灰白色-灰绿色结晶大理岩，底部被花岗岩体侵入；上部为灰白色-灰黄色细粒变质砂岩、变质粉砂岩、砂质板岩。整体上为一套内陆棚相沉积。

4. 石炭系

1）七角井组（C_1q）

根据岩性组合特征，可将下石炭统七角井组分为三段。

七角井组一段下部岩性组合以灰绿色泥岩、粉砂质泥岩夹灰黄色泥质粉砂岩、灰黄色粉砂岩等细碎屑沉积物为主，夹黄绿色中厚层中细砂岩。粉砂岩中可见较多凝灰质；砂岩碎屑颗粒以长石为主，次为岩屑，石英较少，碎屑颗粒分选差，多呈棱角状，填隙物以泥质、凝灰质为主。粉砂岩、粉砂质泥岩和泥岩经常呈互层或夹层出现，颜色多为灰黄色、灰绿色或灰色，发育水平层理、块状层理及粉砂-泥岩互层等层理，多个层位见腕足类化石。一段上部以灰黄色粉砂岩、泥岩等细碎屑岩为主，粗碎屑岩夹层明显增多，如灰黄色细砾粗砂岩、粗砂岩及砂岩。砾石成分主要为火山岩、灰色泥岩，砾石磨圆和分选较好，颗粒支撑。砂岩以岩屑砂岩为主，碎屑颗粒中岩屑比例明显增多，岩屑主要为火山岩及火山碎屑岩，填隙物以凝灰质和泥质为主。灰黄色粉砂岩中见少量腕足类化石。层理主要为平行层理、块状层理和递变层理。一段总体为内陆棚-过渡带-前三角洲相沉积，沉积相包括浅海陆棚泥岩相、过渡带粉砂岩-泥岩相、前三角洲粉砂岩-泥岩相、三角洲前缘砂坝砂岩相、三角洲前缘水下分流水道砂砾岩相及水道间粉砂-泥岩相等。

在伊吾县前山乡东5.5km莫钦乌拉山前七角井组地层中产丰富的腕足类化石，典型属种有 *Rugosochonetes hardrensis*、*Schuchertella concentrica*、*Schellwienella* cf. *rotundata*、*Hustedia grandicosta*、*Stenoscisma purdoni*、*Megachonetes papilionacea*、*Chonetes* cf. *extensa*、*Chonetes* cf. *sinkianensis* 等。上述腕足类以 *Chonetidae* 分子占明显优势。根据 *Chonetes* 分

布于志留纪与二叠纪世界各地，其中 *Chonetes* cf. *sinkianensis* 在新疆见于维宪晚期和谢尔普霍夫期。*Megachonetes papilionacea* 在俄罗斯、乌拉尔、中亚、中国、北美和非洲为晚泥盆世—早石炭世。*Schuchertella concentrica* 分布于欧洲和北美的泥盆纪至早石炭世。七角井组一段化石组合时代以早石炭世维宪中晚期为主。一段腕足类组合属于早石炭世维宪中期。

七角井组二段底部岩性组合为少量砾岩和含砾砂岩，黄绿色中细粒砂岩、灰黄色－黄绿色粉砂岩、灰绿色中薄层粉砂质泥岩及灰色泥岩，局部层位夹灰岩透镜体，多个层位产腕足类化石，并见少量植物叶片及茎化石。下部砾岩砾石磨圆和分选较好，以中细砾为主，常见砾岩－含砾砂岩－砂岩－粉砂岩构成递变层理；砂岩以岩屑砂岩和长石岩屑砂岩为主，部分层位磨圆和分选较好，但成分成熟度均较低，属于三角洲平原分流河道及分流间湾沉积。中部粉砂岩－泥岩等细碎屑岩厚度比例远大于砂岩等粗碎屑岩，深灰色泥岩中有孢粉化石，为三角洲平原河道间及分流间湾沉积；上部砂岩相对增多，仅在一层发现腕足类化石，层理主要为水平层理、平行层理、块状层理及递变层理，属于三角洲前缘－三角洲平原分流河道及河道间湾沉积。

七角井组二段下部产腕足类化石、少量双壳类及植物碎片，由于大部分腕足类只见到一瓣或保存不完整，多数难以鉴定到种，典型属种为 *Brachthyrina* sp.、*Hustedia* sp.、*Plocatifera* sp.、*Martina bublichenki*、*Martinia* sp.、*Fusella* sp.、*Chontipustula* sp.、*Schuchertella* sp. 等，双壳 *Modiomorpha* sp.。二段上部，典型属种为 *Cleiothyridina* cf. *subexpansa*、*Stenoscisma purdoni*、*Stenoscisma* cf. *purdoni*、*Stenoscisma* cf. *shansiensis*、*Chonetes semicircularis* 等。这些腕足类化石指示七角井组二段沉积时代仍为早石炭世。

七角井组三段岩性组合为灰黄色复成分砾岩、黄绿色含砾砂岩、黄绿色砂岩等粗碎屑岩，夹少量泥质粉砂岩。砾岩中砾石含量一般可达 70% ～ 80%，圆状、次圆状及次棱角状均有出现，以中细砾为主，砾石成分以灰色泥质岩或板岩砾、变质砂岩为主，部分层位可见少量中酸性火山岩砾石。细砾岩、砾质砂岩和砂岩常构成递变旋回，岩性侧向延伸性不好，砂岩以岩屑杂砂岩或长石岩屑砂岩为主，成分成熟度低，部分层位含大量火山岩岩屑。主要沉积构造为递变层理、粒序层理、交错层理和平行层理等。砂岩中见大量鳞木（*Lepidodendron* sp.）、芦木（*Calamites* sp.）等植物茎化石，由于硅化不强，纹饰和结构多保存不好。三段主要为曲流河沉积，包括河道砂砾岩相及边滩砂岩相。

在鸣沙山北约 1km 的七角井组三段发现大量鳞木（*Lepidodendron* sp.）和少量芦木（*Calamites* sp.）茎干及印模。在二段中上部及三段底部灰黑色泥岩中首次发现孢粉化石，经初步鉴定主要属种为 *Vallatisporites ciliaris*、*Lambellosaccites rimatus*、*Striatoabietes* sp.、*Cycadopites* sp.、*Convolutispora* sp.、*Protohaploxypinus* sp.、*Punctatisporites* sp.、*Raistrickia* sp.、*Geminospora* sp.、*Apiculatisporis* sp.、*Calamospora breviradiata* 等，可称为 *Vallatisporites ciliaris-Lambellosaccites rimatus* 孢粉组合。其中，*Vallatisporites ciliaris* 在哈萨克斯坦时代分布为维宪期至莫斯科期，*Lambellosaccites rimatus* 见于新疆准噶尔地区的南明水组中，相同或类似花粉在安加拉区首见于谢尔普霍夫期。该组合与西准噶尔地区托

里县阿希列南明水组发现的孢粉组合类似，时代为早石炭世维宪晚期—谢尔普霍夫期。

2）柳树沟组（C_2l）

根据岩性组合特征，可将上石炭统柳树沟组分为三段。一段为一套灰黄色－灰绿色流纹岩、流纹斑岩，灰黄色－紫红色细－中砾岩、巨砾岩、砾质杂砂岩夹灰绿色－紫红色流纹质或粗面质火山角砾岩、火山凝灰岩沉积，砾石磨圆差，棱角状－次棱角状，砾石杂乱排列，分选差，砾、砂、泥混杂，粒级大小相差悬殊，具有陆相冲积扇扇根区的泥石流沉积特征。二段下部与一段呈喷发不整合接触，岩性为灰黄色细砾岩，灰黄色砂岩，灰黑色中薄层泥页岩夹灰黄色中薄层粉砂岩，泥页岩中产大量植物化石，但保存多不清晰。泥岩和粉砂岩层厚较薄，水平层理发育，泥岩颜色深灰，富含孢粉及植物化石，为湖泊及沼泽沉积。三段为一套紫红色火山角砾岩，紫红色巨厚砾岩、含砾砂岩和灰绿色凝灰质砂岩、凝灰质粉砂岩沉积，内含钙质结核，属于冲积扇扇中和扇端沉积。

柳树沟组二段下部的深灰色泥页岩中首次发现大量植物和孢粉化石，植物纹饰保存较差，难以鉴定到种，而孢粉微体化石保存较好，经初步鉴定，主要属种为 *Hamiapollenites chepaiziensis*、*Hamiapollenites indistinctus*、*Hamiapollenites bullaeformis*、*Hamiapollenites multistriatus*、*Striatopodocarpites* sp.、*Striatoabietes selliformis*、*Striatoabietes giganteus*、*Striatoabietes rugisaccites*、*Striatoabietes* sp.、*Protohaploxypinus verrucosus*、*Calamospora breviradiata*、*Punctatisporites* sp.、*Cycadopites prolongatus*、*Cycadopites labiosus*、*Cycadopites* cf. *glaber*、*Cordaitina rotate* 等，以及裸子植物管胞 *Gymnospermous tracheid* Type VII，孢粉组合可称为 *Protohaploxypinus verrucosus-Hamiapollenites chepaiziensis*。该孢粉组合面貌与准噶尔盆地的车排子组孢粉组合基本一致，时代为晚石炭世巴什基尔晚期—莫斯科期。

（二）莫钦乌拉地层小区

1. 奥陶系

测区内莫钦乌拉山地区奥陶系出露大套的中－上奥陶统庙尔沟组地层。根据岩性组合特征，可将中－上奥陶统庙尔沟组分为六段。

庙尔沟组一段主体为一套碳酸盐台地平台内部相对稳定沉积，岩性主要为灰岩，泥质条带灰岩以及灰绿色粉砂质泥岩，粉砂质板岩。

庙尔沟组二段主要为一套潮坪相沉积产物。下部岩性组合以板岩、粉砂质板岩、泥质粉砂岩、粉砂岩及中细粒石英砂岩的旋回沉积为主，沉积环境也是沙坪—混合坪—泥坪的交替沉积，以发育大量的潮汐层理（如波状层理和脉状层理）为主要特征，局部还夹有少量介壳层。上部岩性以大量灰褐色泥岩、灰绿色粉砂质泥岩为主，部分层位沉积为粉砂岩、石英砂岩及长石石英砂岩。

庙尔沟组三段为灰绿色粉砂岩、泥质粉砂岩、硅质粉砂岩、板岩及粉砂质板岩，产大量腕足类化石、三叶虫碎片及海百合茎、苔藓虫等，为一套浅海－内陆棚沉积。

庙尔沟组四段底部以灰绿色粉砂岩、细－粉砂岩为主，局部含生物介壳层，中部为细砂岩、细粒长石石英砂岩，上部为细粒长石石英砂岩、长石岩屑砂岩，无明显沉积构造，说明其为水动力相对较强的滨浅海沉积。总体为一套向上变粗的序列，反映了一个短期的海退过程。

庙尔沟组五段为一套以粉砂岩为主的陆源碎屑沉积，下部岩性以粉砂岩、泥质粉砂岩夹板岩为主，发育大量沉积构造，如水平层理、交错层理及不太明显的槽模、包卷层理等。上部可见大量重力流形成的软沉积变形构造（如类脉状层理和波状层理），为斜坡相沉积物的典型特征。总体为一段外陆棚－斜坡相沉积。

庙尔沟组六段岩性组合为大套灰绿色、浅灰色、灰褐色长石岩屑砂岩、长石石英砂岩、含砾长石岩屑砂岩夹少量粉砂质泥岩、粉砂岩等，发育大量软沉积变形构造、小型鲍马序列（递变层理等）、小型交错层理等，为典型斜坡相沉积。

庙尔沟组产大量腕足类、三叶虫及海百合茎化石，三者多伴生。其中腕足类化石多产于粉砂质板岩、粉砂岩中，经鉴定共发现了 16 属 5 种，以及大量未定属种，主要属种为 *Actinomena* sp.、*Apheoorthis* sp.、*Dal-manella* sp.、*Glyptorthis* sp.、*Hemipronites* sp.、*Hesperorthis* sp.、*Lepidorthis* sp.、*Leptaena* sp.、*Leptelloidea* sp.、*Mimella* sp.、*Orthis* sp.、*Playfairia* sp.、*Rafineguina* sp.、*Strophomenidae* sp.、*Sowerbyella* sp.、*Vellamo* sp.。此外，发现了 *Schizophorella xinjiangensis*、*Dalmanella* cf. *testudinaria himalaica* 和 *Hesperorthis elongtus*、*Leptaena* cf. *depressa* 等地方属种。这些腕足类动物化石指示庙尔沟组的沉积时代为中－晚奥陶世。

2. 志留－泥盆系

1）大柳沟组（S_1d）

庙尔沟组上覆的大柳沟组为一套紫红色－灰绿色安山玢岩、微晶安山玢岩、安山质沉凝灰岩夹少量灰绿色－灰褐色变质砂岩、硅化粉砂岩，安山玢岩中常见气孔构造或杏仁构造，顶部可见少量成层性较好的泥质粉砂岩或硅质岩层，反映了一种正常浅海环境的沉积，后期有水深加深的趋势。

通过对大柳沟组内的安山岩样品进行 LA-ICP-MS 高精度锆石 U-Pb 定年，得出大柳沟组形成年龄为 434 ± 2.1Ma，即大柳沟组年代为早志留世晚期特列奇阶。

2）红柳沟组（S_3D_1h）

红柳沟组一段为一套浅灰色－灰色泥质灰岩、浅灰绿色－深绿色硅质岩、硅质泥岩夹深灰色粉砂岩、粉砂质泥岩，局部灰岩变质形成大理岩，内含多套砖红色－紫红色粉砂岩－生屑砂岩组成的红层。该段内常见灰岩与粉砂岩呈互层或夹层状产出，多个灰岩层位含生物化石，主要类型有小型单体四射珊瑚，块状、丛状或枝状床板珊瑚，海百合茎和小型腕足类碎片，此外还有大量的晚志留世—早泥盆世标志性的牙形石产出。16～17 层出露一套红柳沟组标志性的紫红色－绿色细碎屑岩－硅质岩的沉积，与卡拉麦里地区红柳沟组地层可进行对比。该段整体上为一套外陆棚－斜坡相的沉积，表现为一种滞留缺氧和正常氧化相交替的沉积环境。

该段产四射珊瑚：*Syringaxon acuminatum*、*Syringaxon* sp.、*Banandeophyllum* sp.、*Amsd-*

enoides sp.、*Palaeocyathus* sp.。床板珊瑚：*Thamnopora proba*、*Striatopora* sp.、*Squame ofavosites thetidis*、*Cladopora* sp. 等。牙形石：*Belodella silurica*、*Belodella resima*、*Caudicriodus woschmidti hesperius*、*Caudicriodus angustoides alcoleae*、*Coelocerodontus trigonius*、*Dapsilodus viruensis*、*Dapsilodus obliquicostatus*、*Decoriconus fragilis*。这些生物化石指示该套地层年代为晚志留世—早泥盆世。

红柳沟组二段为一套深绿色－灰绿色－黄褐色－紫红色硅质泥岩、硅质粉砂岩、泥质粉砂岩、细粒杂砂岩夹少量钙质泥岩、钙质粉砂岩的岩性组合，整体上以细碎屑岩为主，多为硅质胶结。产单体四射珊瑚化石和小型腕足类化石碎片。反映一种水深明显变浅、氧化还原相交替的内陆棚－近滨相沉积环境。该段上部砂岩层中产较多腕足类、小型单体四射珊瑚和海百合茎化石，顶部四射珊瑚具有结构简单、个体较大、二级隔壁较长等特征，具有明显早泥盆世早期四射珊瑚的特征。

3. 石炭系

1）塔木岗组（C_1t）

小柳沟—庙尔沟之间的下石炭统塔木岗组呈平行不整合或微角度不整合在红柳沟组之上，底部为一套厚 0.5～1m 的砾岩，砾岩层底部可见明显的冲刷面和沉积间断面，一些地方可见厚约 10cm 的松软的高岭土化泥岩或含砾泥岩。砾石磨圆较好，分选一般或较好，粒径大小多为 0.5～3cm，有巨大者可达 15cm×10cm；砾石成分以灰绿色－灰色硅质泥岩、花岗岩和脉石英为主，含量为 20%～30%；砾石之间呈基质支撑，基质成分以细碎屑为主，胶结物成分多为泥质。根据上述性质可判断该套砾岩为底砾岩。向上岩性较为单一，以深灰绿色－深灰色的中－细粒岩屑石英砂岩、粉砂岩和泥质粉砂岩为主，个别层位可见钙质砂岩或砂质灰岩透镜体，上部层位常见灰黄色－灰色砂质结核，结核巨大者可达 1m 以上，多在 5cm×3cm 左右。

在庙尔沟沟口塔木岗组灰黄色－深灰色泥岩中发现大量腕足类化石及少量鳞木（*Lepidodendron* sp.），典型属种有 *Linoproductus* sp.、*Daciesiella* sp.、*Gigant-oproductus* cf.*edelburgensis*、*Brachthyrina* cf. *borochorensis*、*Unispirifer* sp.、*Choristites* sp.、*Fusella* sp.、*Dictyoclostus crawfordiswillensis* 等，另有双壳类 *Modiomorpha* sp.、*Limipectecten tianshanensis* 等。此外，在黄草坡南侧的沟内发现了大量的植物茎碎片化石和腹足类化石，同时采集了多个孢粉样品。这些化石的产出位置距底部平行不整合界线较近，应为庙尔沟沟口泥岩层的下部层位。可推断塔木岗组年代为早石炭世杜内期—维宪早期。

2）妖魔梁组（$C_{1-2}ym$）

依据岩性组合特征，将妖魔梁组划分为三段。妖魔梁组一段位于妖魔梁北麓及顶部，与上石炭统二道沟组及下侏罗统八道湾组局部呈断层接触。该段下部多以深灰色泥岩和灰黄色细－粉砂岩频繁互层、泥岩夹粉砂岩条带、块状泥岩等中－细碎屑沉积为主，发育厘米至分米级平行层理，毫米级水平纹层，部分层位见到包卷层理、软沉积变形和不完整鲍马序列，表明可能存在浊流沉积。底部深灰色泥岩中偶见富含生物碎屑的灰岩透镜体（长径约 3m），可能为滑塌沉积。三道白杨沟剖面妖魔梁组一段为深灰色块状泥岩、深灰色泥岩与灰黄色粉砂岩互层、泥岩夹条带状粉砂岩，发育韵律层理、鲍马序列和软沉积变形等，可见少量生物遗迹化石，反映了较深水环境，为半深海相海底扇下扇及中扇沉积。中部为砂岩夹一层中-细砾岩，可见递变层理，砾石磨圆较好，但基质为泥质，砂岩以长石岩屑杂砂岩为主，碎屑颗粒次棱角状，杂基含量大，具有海底扇内扇水道沉积特征。上部以厚层中细粒长石岩屑砂岩、细砂岩与深灰色薄层泥岩互层、厚层-块状泥岩、细粉砂岩与泥岩互层、细粉砂岩夹中厚层泥岩等韵律层为主，发育块状层理、平行层理和水平层理，顶部泥岩、粉砂质泥岩中有腕足类、双壳类、苔藓虫和少量珊瑚等化石，为正常浪基面以下过渡带砂泥岩-外陆棚泥岩相沉积。总体来看，妖魔梁组一段总体为海底扇及外陆棚-斜坡过渡带相沉积。

妖魔梁组一段化石类型以腕足类为主，主要属种为 Syingothyris cf. exsuperans、Syingothyris altaica、Pseudosyinx mylkensis、Echinoconchus fasciatus、E. punctatus、Orthotetes cf. radiate 以及未定种 Syingothyris sp.、Pseudosyinx sp.、Linoproductus sp.、Phricodothyris sp.、Plicatifera sp.、Schizophoria sp. 等。一段中优势分子主要为壳体巨大的管孔石燕类和长身贝类，如 Syingothyris sp.、Pseudosyinx sp.、Linoproductus sp.、Echinoconchus sp.，根据腕足类分布特征，将其命名为 Syingothyris altaica-Echinoconchus punctatus 组合。这一组合与前人所研究的北准噶尔地层分区其他地区下石炭统地层中腕足类面貌具有一定相似性。综合来看，本腕足类组合主体时代具有维宪期之后的特征，所属地层时代为早石炭世中晚期（维宪期—谢尔普霍夫期）。

妖魔梁组二段底部发育一套复成分砾岩、砾质砂岩和砂岩，见递变层理，砾石磨圆较好，分选一般，砂岩以长石岩屑砂岩为主，为水下河道砂砾岩相。中部以凝灰质砂岩、粉砂岩和泥岩为主，砂岩比例明显增多，深灰色粉砂岩和泥岩中产出丰富的动物化石及灰岩透镜体，代表了风暴作用搬运形成的事件沉积，表明其沉积沉积相为过渡带-内陆棚泥岩相或临滨砂岩相。二段顶部岩性组合为含砾泥岩、砂岩泥岩互层，除了可以明显观察到腹足类、腕足类化石，还可见到一些植物茎，呈现出海陆交互相的特征，为三角洲前缘水下分流水道及水道间沉积。二道白杨沟妖魔梁组二段为内陆棚-三角洲前缘相沉积，自下而上具有滨浅海向海陆交互相过渡趋势。

妖魔梁组二段化石类型多样，以腕足类化石为主，主要属种为 Buxtonia xinjiangensis、Orihotichia morganiana、Orihotichia resupinoides、Stenoscima shanxiensis、Echinoconchus fasciatus 等，以及大量未定种 Linoproductus sp.、Kelamelia sp.、Dictyoclostus sp.、Pugilis sp. 等。此外灰黑色泥岩和粉砂质泥岩中可见单体无鳞板四射珊瑚 Lophocrinophyllum sp.、Sochkineophyllum barkolense、Amplexus qijiagouensis、Amplexus crassoseptatus、Hapsiphyllum sp. 等和大量床板珊瑚 Multithecopora huanglongensis、Multithecopora sp. 等，以及较多双壳类 Wikingia variabilis、Sanguinolites hamiensis、Euchondria cf.levicula、Streblochondria yamansuensis 等，腹足类，如 Hamispira speciosa Qiao、Bellerophon sp. 等。妖魔梁组一段与二段在腕足类化石组合方面存在一定差异，但不乏一些共有的属种，如 Echinoconchus fasciatus、Linoproductus sp.、Dictyoclostus sp.（网格长身贝），这使得妖魔梁组一段与二段呈现一定时代上的连续性。

综合来看，本组合多数属种均为晚石炭世早期常见分子，并存在一些早石炭世属种的延续。四射珊瑚 *Hapsiphyllum* 在我国仅见于上石炭统下部（原中石炭统）（王宝瑜，1988）。二段中分布的大量床板珊瑚以 *Multithecopora huanglongensis* 为主，首见于江苏龙潭黄龙组，广泛见于中国南方的下石炭统下部，新疆见于哈尔里克山地区、精河地区的东图津河组（林宝玉和王宝瑜，1985），该种床板珊瑚分布广泛，层位稳定，常作为下石炭统下部的标准化石。综上所述，妖魔梁组二段时代为晚石炭世早期，即巴什基尔期。

妖魔梁组三段与二段局部呈断层接触，下部岩性主要为含砾中粗砂岩、灰黄色巨厚复成分砾岩，灰黑色泥岩。上部为中至薄层粉砂岩及砂岩与泥岩互层，泥岩中见少量植物叶片及植物茎印模化石，并发现孢粉化石，为三角洲平原水道间砂泥岩相或沼泽泥岩相；局部夹砾岩层，为分流水道砂砾岩相。妖魔梁组三段总体为三角洲平原沉积。

妖魔梁组早期沉积环境总体为半深海－浅海陆棚环境，浊流沉积发育，岩性以灰黑色－灰绿色砂岩及泥岩为主，夹少量砾岩及灰岩透镜体，在一段和二段滨浅海相地层中产出大量动物化石，如腕足类、海百合及少量珊瑚和双壳类；晚期由滨浅海过渡至海陆交互相，含腕足类、双壳化石，并见有植物碎片，反映了沉积盆地不断萎缩，在大地构造上反映了裂谷的萎缩和闭合。

3）二道沟组（C_2e）

二道沟组总体为一套玄武安山岩、英安岩、流纹岩、粗面岩组成的双峰式火山熔岩及火山碎屑岩，底部发育一套紫红色块状复成分砾岩、砾质粗砂岩，厚约15m。砾石含量为20%～50%，砾石大小混杂，一般粒径为4～10cm，最大为45cm，棱角状，成分复杂，主要为紫红色及灰绿色火山岩、砂岩及少量花岗岩。基质为中－粗粒砂。主要有两种沉积类型，一种类型中砾石排列无定向，砾、砂、泥混杂，粒级大小相差悬殊，分选和磨圆极差，块状层理，具有典型的陆相冲积扇扇根区的泥石流沉积特征；另一种类型的砾石排列略有定向，属片流沉积。

该组上部岩性组合在空间上有所变化，西侧楼房沟、板房沟及小柳沟上游至妖魔梁底部为一套紫红色块状复成分砾岩、砾质粗砂岩，上部为紫红色、青灰色火山熔岩夹火山碎屑岩，火山熔岩及火山碎屑岩占主导地位；而东侧大柳沟上游出露的二道沟组为灰绿色火山碎屑岩夹少量紫红色、青灰色熔岩，火山岩中夹有较多晶屑凝灰岩及凝灰质细－粉砂岩，与西侧相比紫红色熔岩明显减少，碎屑岩增多。

在板房沟—妖魔梁顶部二道沟组剖面（PM12）及小柳沟西岔上游采集了4件火山熔岩样品用于 LA-ICP-MS 高精度锆石 U-Pb 定年，其中板房沟上游英安岩（PM12-8-2）年龄为 308±3Ma、粗面安山岩（CN9481）年龄为 309±2Ma 及流纹岩（PM12-12-1）年龄为 312±3Ma，小柳沟西岔上游玄武岩年龄为 315±2Ma，数据质量较好，表明火山岩喷发时间为 308±3～315±2Ma，相当于晚石炭世莫斯科期。

（三）北塔山地层小区

根据剖面岩性特征和构造断层分布，将填图区内北塔山地层小区的泥盆系划分为卓木巴斯套组、乌鲁苏巴斯套组和克安库都克组，岩性具有明显的差异，描述如下。

1. 卓木巴斯套组（D_1z）

该组为灰绿色-紫红色粉砂质泥岩、板岩，灰绿色钙质砂岩、凝灰质砂岩，灰黄色-灰色砂质灰岩、凝灰质灰岩与灰色玄武质-安山质火山熔岩、晶屑凝灰岩交替出现。下未见底，与上覆乌鲁苏巴斯套组呈整合接触。上部凝灰质灰岩层中产四射珊瑚 *Orthopaterophyllum xinjiangense*、*Barrandeophyllum carinatum*、*Syringaxon bakterion* 等，床板珊瑚 *Pachyfavosites junggarensis*、*Favosites* sp.，腕足类 *Leptostrophia heitaiensis*，介形虫，海百合茎化石，可推断卓木巴斯套组上部年代为早泥盆世埃姆斯期。根据岩性及生物特征推断卓木巴斯套组为一种岛弧背景下的浅海陆棚相沉积。

2. 乌鲁苏巴斯套组（D_2w）

乌鲁苏巴斯套组一段（D_2w^1）：灰绿色安山质、流纹质晶屑凝灰岩、凝灰质砂岩夹少量正常陆源碎屑沉积岩，沉积岩层位中发育鲍马序列，代表水深较大的浊流相沉积。该段内岩层厚度变化幅度较大。代表岛弧环境下的浅海-半深海相沉积，推测因板块俯冲作用，导致地壳的不稳定，海平面升降变化较为频繁。产少量海百合茎化石碎片，底部产床板珊瑚 *Xinjiangolites rarus*，为早-中泥盆世界线附近的代表性化石，确定乌鲁苏巴斯套组一段年代为中泥盆世早期。

乌鲁苏巴斯套组二段（D_2w^2）：灰绿色-灰色安山质熔结凝灰岩、凝灰岩、凝灰质砂岩，灰绿色杂砂岩、含砾杂砂岩夹少量粉砂质泥岩和安山质火山熔岩。沉积岩中发育粒序层理、水平层理和滑塌构造。产少量海百合茎和腕足类化石碎片。

乌鲁苏巴斯套组三段（D_2w^3）：灰绿色含砾凝灰质砂岩，安山质沉凝灰岩、安山质角砾凝灰岩夹少量粉砂岩、细砂岩。代表一种水深较浅的近滨-内陆棚相沉积。

3. 克安库都克组（D_3ka）

该组为灰黄色-深灰色泥质粉砂岩、粉砂岩夹少量细-中粒岩屑砂岩，发育水平层理、粒序层理等。该段岩性与卓木巴斯套组和乌鲁苏巴斯套组有较大差异，结合区域上的沉积表现，推断其沉积相为三角洲前缘相。

三、中-新生代地层单元特征简述

（一）侏罗系

根据剖面的岩性特征和构造断面的分布情况，笔者将图幅内的侏罗系八道湾组划分为三段。

下侏罗统八道湾组一段（J_1b^1）：厚约 796m。与下伏奥陶系庙尔沟组一段（$O_{2-3}m^1$）为断层接触关系。该段岩性以灰色、灰黄色复成分砾岩为主，还夹有岩屑石英砂岩、含砾岩屑石英砂岩，以及少量的灰色粗砂岩、粗砾岩、灰褐色粉砂质泥岩、砂岩凸镜体。砾石成分复杂，主要有火山岩、砂岩，形状为次圆状-次棱角状，分选差，排列无定向。推断为主河道河床沉积环境。

下侏罗统八道湾组二段（J_1b^2）：厚 520 ～ 584m，岩性以细－中粒沉积岩为主，主要类型有含煤层的粉砂质泥岩或泥岩、长石岩屑砂岩、岩屑石英砂岩，含少量粗砂岩、含砾岩屑石英砂岩和复成分砾岩，夹灰色复成分砾岩和岩屑石英砂岩透镜体，单个旋回中下部为厚层砂岩，具有向上变细变薄的层序，上部多为泥岩及粉砂质泥岩，见递变层理和平行层理。产大量植物茎及植物叶片化石，泥岩层中含较多孢粉化石。推断该段为辫状河分枝水道河床，砂坝及河漫滩沉积环境。

下侏罗统八道湾组三段（J_1b^3）：厚 882 ～ 1175m，与上覆石炭系二道沟组呈逆冲断层接触关系。该段岩性以灰色复成分砾岩为主，砾石成分较为复杂，有变质岩、火山岩，砂岩，脉石英；砾石分选、磨圆状况整体不佳。其次为含砾岩屑石英砂岩，夹有灰色岩屑石英砂岩和少量的深灰色、黑色泥岩、粉砂质泥岩，含砾粗砂岩。该段内发育叠瓦状构造，见槽状交错层理、板状交错层理、楔状交错层理，局部层位发育不太明显的水平层理，具有向上变细的基本层序。产较多植物茎与其他植物碎片化石。推断该段为主水道河床及砂坝沉积环境。

侏罗系八道湾组中产有古植物化石，主要分子有 *Ginkgoites digitata*、*Cladophlebis* sp.、*Anomozamites* sp. 等，皆为早侏罗世的常见分子，说明该组时代为早侏罗世。

此外，八道湾组内产大量植物孢粉化石。孢粉化石具有以下特征：在总体面貌上，蕨类植物孢子的含量超过了裸子植物花粉含量；在具体属种构成上，蕨类植物孢子类型较单调，以 *Asseretospora*、*Dictyophyllidites*、*Lycopodiumsporites*、*Crassitudisporites* 及 *Concavisporites* 等少数几个属的繁盛为特点，这些属种数目较晚三叠世迅速增长，并超过裸子植物花粉成为组合优势类群。其他少数属种都是个别出现，见有 *Osmundacidites*、*Stenozonotrileutes*、*Converrucosisporites*、*Neoraitrickia* 等少数几个分子。裸子植物花粉以松柏类双囊花粉和具沟的 *Cycadopites*、*Chasmatosporites* 等为主，三叠纪特色分子如 *Chordasporites*、*Taeniaesporites*、*Bharadwajapollenites*、*Cordaitina*、*Endosporites* 均缺失。该地层中孢粉组合特征表明当前组合时代当为早侏罗世。

（二）古近系—新近系

白垩纪到古近纪，巴里坤地区整体抬升，剥蚀作用占主导地位，致使白垩纪及古近纪地层大部缺失。渐新世以来，受断层控制，巴里坤盆地形成，在盆地中心形成湖泊。当时巴里坤地区已经为内陆干旱气候，蒸发量大于降水量，因此渐新世—中新世沉积了一套红色内陆湖相地层。

根据露头剖面和钻井岩心揭示，该组与下伏基岩（石炭系地层）呈不整合接触，底部在靠近基岩区为钙质胶结较好的底砾岩。之后快速转变为块状棕红色泥岩，夹少量薄层或团块状灰白色钙质泥岩，层理不发育，顶部与上覆第四系洪冲积砾石层呈不整合接触，岩性突变。

（三）第四系

测区第四系沉积物岩性以冲、洪积物砾石堆积为主，风积、冰碛、沼泽、残洪积次之。地表为含砾砂土，厚度多为 0.1 ～ 0.5m，最厚达 1m。测区第四纪地层序列及成因类型可划分为 Qp_2^{gl}、Qp_2^{pl}、Qp_3^{pl}、Qp_3^{esl}、Qh^{pl}、Qh^{alp}、Qh^{eol}、Qh^{fl}、Qh^{al-fl}。

1. 中更新统

冰碛物（Qp_2^{gl}）主要分布在小柳沟水库以北的山前，地貌上表现为向盆地方向延伸的垄岗状地貌，垄岗两侧侵蚀沟槽发育。岩性以早石炭系的棕灰色、黄灰色、灰黑色砂岩、泥岩和硅质岩为主，砾石直径从数厘米至数十厘米，最大可达 2m，多呈棱角状、次棱角状，局部可见冰川擦痕，厚度多在 20m 以上。砾石多为杂基支撑，杂基中主要是砂和少量黏土。

洪积物（Qp_2^{pl}）主要分布在小柳沟水库东南方向山前地带，地貌上呈扇状向外展布。地表以灰色-灰黑色砾石为主，在河流切出的剖面上可以清楚观察到 Qp_2^{pl} 近平行不整合在渐新统—中新统桃树园子组之上，底部具有侵蚀面，并快速凹陷进入盆地。剖面上出露的岩性以不同砾径的砾石互层为特征，单层厚度为 0.5 ～ 3m。粒径小的砾石层砾石多为 3 ～ 5cm，个别超过 20cm，粒径大的砾石层砾径多在 5 ～ 20cm，个别超过 50cm。整体上砾石的磨圆度较好，分选较差。中更新统洪积扇地形明显被后期洪积和冲积物切割，表明测区北侧山体隆升快。

2. 上更新统

洪积（Qp_3^{pl}）是测区第四系出露面积最广的地质单元，广泛分布在盆地中心全新世冲积至山前地带。地貌上形成巨大的洪积扇，构成山前向盆地方向低角度倾斜的滩地。岩性主要为灰色-黑色砾石和含砾砂土。根据岩性与地貌上的差异，不能划分出期次的为一期洪积（Qp_3^{pl1}），部分洪积扇的扇状地貌明显被晚期洪积扇切割，可进一步划分出四期：Qp_3^{pl1}、Qp_3^{pl2}、Qp_3^{pl3} 和 Qp_3^{pl4}。

残坡积（Qp_3^{esl}）主要分布在测区盆地南缘山前，以森林的密集覆盖和暗褐色遥感图像为特征，地貌上紧邻山体向盆地方向的自然延伸。由于森林植被的作用，地表以松散灰褐色含砾砂土特征，在河沟处可观察到砂土下为棱角状破碎基岩碎石，再向下为基岩。砂土层的厚度一般为 10 ～ 150cm。

3. 全新统

冲积物（Qh^{al}）分布范围最广，岩性以灰黑色砂砾石为主，砾石分选性较好，大小多为 2 ～ 5cm，磨圆性中等。地表主要为黄灰色含砾砂土、亚砂土，砂土层以风积和冲积漫滩相沉积为主，厚度为 30 ～ 200cm，多不足 1m 厚，向盆地北西方向厚度增大，是当地主要的农耕地。地貌上盆地中心冲积物高出现代河床 1 ～ 4m，越向北西方向切割越深。在山前至盆地方向，亦有间歇性的河流形成的狭窄冲积相砾石堆积，砾石分选性较好，磨圆度中等，砾石直径多小于 5cm，砾石层上覆盖厚度不等，但多小于 1m 的亚砂土。

第二节　侵入岩概况

测区内侵入岩分布广泛，在南侧哈尔里克造山带与北侧卡拉麦里－莫钦乌拉造山带均有大规模出露。南北两带侵入岩存在一定的差异，南部的哈尔里克带侵入岩总体上呈北西西向展布，据野外地质调查和项目锆石 U-Pb 定年结果，分为中志留世、早石炭世早期、早石炭世晚期、晚石炭世和早二叠世五期侵入活动，较好地记录了哈尔里克造山带的演化过程，进一步划分为 23 个岩填图单元（表 8-2）；北部的莫钦乌拉带，仅有晚古生代侵入岩出露，前人将测区莫钦乌拉带侵入岩都归入早二叠世，据野外地质调查和项目锆石 U-Pb 定年结果发现，存在早石炭世、晚石炭世和早二叠世三期侵入活动，可分解为 15 个岩石填图单元（表 8-3）。

表 8-2　哈尔里克带侵入岩主要岩石单元

时代	代号	岩性	同位素年龄 /Ma
早志留世	δS_1	闪长岩	443.6 ± 2.4
	$\delta o S_1$	石英闪长岩	440.8 ± 2.7
	$\delta b S_1$	闪长质隐爆角砾岩	
	$\gamma \delta S_1$	花岗闪长岩	
	$\xi \gamma S_1$	钾长花岗岩	
	$\eta \gamma S_1$	二长花岗岩	438.8 ± 2.3
早石炭世早期	δC_1^1	闪长岩	355.7 ± 2.2 352.8 ± 3.6
	$\delta o C_1^1$	石英闪长岩	
	$\eta \gamma C_1^1$	二长花岗岩	
	$\xi \gamma C_1^1$	钾长花岗岩	
	$\chi \gamma C_1^1$	碱长花岗岩	350.7 ± 2.0 351.8 ± 2.0 345.3 ± 1.2
早石炭世晚期	δC_2^1	闪长岩	
	$\eta \gamma C_2^1$	二长花岗岩	
	$\xi \gamma C_2^1$	钾长花岗岩	331.3 ± 1.9 329.6 ± 4.9
	$\xi \gamma \pi C_2^1$	钾长花岗斑岩	335.6 ± 2.6
	$\chi \gamma C_2^1$	碱性花岗岩	

时代	代号	岩性	同位素年龄 /Ma
晚石炭世	δC_2	闪长岩	310.2 ± 1.8
	$\delta o C_2$	石英闪长岩	312.0 ± 3.1
	$\gamma\delta C_2$	花岗闪长岩	312.3 ± 3.7
	$\eta\gamma C_2$	二长花岗岩	311.8 ± 3.3
	$\xi\gamma C_2$	钾长花岗岩	
	$\gamma\pi C_2$	花岗斑岩	314.3 ± 2.3 301.3 ± 1.1
早二叠世	$\beta\mu P_1$	辉绿岩	298.0 ± 2.6

表 8-3　莫钦乌拉带侵入岩填图单元

时代	代号	岩性	同位素年龄 /Ma
早石炭世	$\gamma\delta C_1$	花岗闪长岩	351.0 ± 4.0
	$\eta\gamma C_1$	二长花岗岩	
	$\xi\gamma C_1$	钾长花岗岩	348.8 ± 2.0
	$\gamma o C_1$	花岗斑岩	348.5 ± 1.6
晚石炭世	δC_2	闪长岩	316.0 ± 1.7
	$\gamma\delta C_2$	花岗闪长岩	306.9 ± 2.7
	$\xi\gamma C_2$	钾长花岗岩	
早二叠世	νP_1	辉长岩	296.0 ± 2.2
	δP_1	闪长岩	290.8 ± 2.2
	$\gamma\delta P_1$	浆混花岗闪长岩	
	$\eta o P_1$	浆混石英二长岩	
	$\eta\pi\gamma P_1$	斑状二长花岗岩	294.2 ± 2.4
	$\eta\gamma P_1$	二长花岗岩	
	$\xi\pi\gamma P_1$	斑状钾长花岗岩	293.7 ± 2.4
	$\xi\gamma P_1$	钾长花岗岩	

一、哈尔里克带侵入岩

（一）早志留世侵入岩

早志留世侵入岩呈带状分布于哈尔里克山北侧，主体为闪长岩和花岗岩，其次还有石英闪长岩和花岗闪长岩。闪长岩体呈北西西向带状展布于天山庙南侧，长约 24 km，宽 2～4km。岩体侵入恰干布拉克组（$O_{2-3}q$）和葫芦沟组（S_1h），局部呈断层接触，侵入接触带发育角岩化或夕卡岩化，但受石炭纪花岗岩超动破坏。岩体中可见两个闪长质隐爆角砾岩筒，沿角砾岩基质或裂隙处发育薄膜状孔雀石矿化。石英闪长岩和花岗闪长岩分布在闪长岩带的东南角，二者与闪长岩均为涌动侵入接触。石英闪长岩中局部发育大量暗色微粒包体，花岗闪长岩则以斜长石微弱钾化呈浅红色为特征。花岗岩体呈北西西向条带状展布于天山庙北侧红沟－推车子沟一带，研究区内出露面积约 18km²。岩体主体侵入塔水组（$O_{1-2}t$）地层，局部与塔水组（$O_{1-2}t$）和葫芦沟组（S_1h）呈断层接触。岩石主要由二长花岗岩和钾长花岗岩组成。由于口门子韧性剪切带穿过岩体，西段变形程度较深，已变质为二长花岗质糜棱岩；东段露头较差，受剪切作用稍弱，岩石具定向构造但基本保留钾长花岗岩原貌。花岗岩具后碰撞 A 型花岗岩特征，结合区内早志留世碱性系列＋拉斑系列火山岩的发现，以及区域上志留系与奥陶系之间的不整合的存在，认为早志留世的侵入岩并非形成于前人认为的岛弧环境，而是与测区北部阿尔曼泰洋在奥陶纪关闭，准噶尔地块与西伯利亚板块碰撞后碰撞阶段的产物。

（二）早石炭世早期侵入岩

早石炭世早期侵入岩发育最为广泛，主要分布在测区南部的口门子幅的哈尔里克山南麓，呈北西西向的复式岩体产出，东西向长度超过 20km，并延伸至测区外，南北宽度为 4～7km。北部边界侵入恰干布拉克组（$O_{2-3}q$），超动侵入早志留世闪长岩，与恰干布拉克组的外接触带具角岩化热接触变质带，南界被晚石炭世碱长花岗岩体、钾长花岗岩超动侵入。岩体东段剥露程度不深，中含有恰干布拉克组的大型顶垂体。早石炭世早期侵入岩主要为碱长花岗岩、钾长花岗岩、二长花岗岩，还有少量闪长岩和石英闪长岩。碱长花岗岩、钾长花岗岩、二长花岗岩三者之间均为涌动侵入关系，闪长岩和石英闪长岩多被断层切割。从岩性组合和矿物组成来看，早石炭世早期侵入岩应为碱性 A 型花岗岩－幔源中基性侵入岩组合，说明早石炭世早期具板内裂谷特征，可能为博格达石炭纪裂谷向东的延伸。

（三）早石炭世晚期侵入岩

早石炭世晚期侵入岩出露在哈儿里克山南坡，主要分布在莫尕依南－小白杨沟北－南山口北一带，出露面积为 30～35km²，分为南北两个岩带，北带为主体。北带岩性以钾长花岗岩为主体，呈北西－南东向狭长条带展布，出露长度约 15km，宽度约 2km。北部边界与早志留世石英闪长岩及奥陶系恰干布拉克组呈侵入接触，南部边界与奥陶系地层呈侵入接触，并被晚石炭世二长花岗岩超动侵入。岩体相带明显，内部发育大量晚期辉绿岩墙群，局部位置可见奥陶系顶垂体。二长花岗岩以岩滴形式出露在钾长花岗岩体中，范围较窄，与钾长花岗岩呈涌动侵入接触。南带岩性以碱性花岗岩为主体，呈椭圆状分布在南山口西侧，长轴约 4km，短轴约 3km。北侧边界被晚石炭世二长花岗岩超动侵入，南侧边界以盆山为界，南部为吐哈盆地第四系沉积，东侧边界侵入早石炭世早期碱性花岗岩。岩体相带明显，边缘相较宽，多为细粒结构、隐晶质结构，中心相较窄，岩体内部存在大量辉绿岩脉。南带中出露有狭长带状分布的闪长岩，长度约 3km，宽约 1km，岩石为中粒结构。此外在南山口东侧发育钾长花岗斑岩，出露范围约 1km²。早石炭世晚期是早石炭世裂谷岩浆作用的延续，但较长的时间间断反映早石炭世的裂解过程是一不连续的过程，早期和晚期之间存在一次短时间的挤压事件。

（四）晚石炭世侵入岩

晚石炭世侵入岩主要分布在哈尔里克山南缘南山口一带，沿吐哈盆地边缘分布。测区内晚石炭世侵入岩主要呈条带状分布在焕彩沟两侧，走向北西 - 南东，宽度为 1 ~ 2.6km，长度约 18km，出露面积约 24km²。岩体北部边界超动侵入早石炭世晚期钾长花岗岩，局部侵入奥陶系恰干布拉克组，南西边界超动侵入早石炭世碱性花岗岩，南东边界与志留系和石炭系地层。二长花岗岩为晚石炭侵入岩的主体，分布最广，岩石为中 - 粗粒结构，岩体相带明显，内部见较多细粒暗色微粒包体，岩体内发育大量的辉绿岩脉，呈近东西向的岩墙群产出。在二长花岗岩中可见钾长花岗岩和闪长岩以岩滴形式出露，与二长花岗岩均为涌动侵入接触。此外，在口门子幅西北角出露晚石炭世花岗闪长岩，面积约 3km²，在口门子幅中部出露晚石炭世石英闪长岩，面积约 4km²，在南山口东侧出露晚石炭世钾长花岗岩，面积约 1km²。晚石炭世侵入岩具后碰撞花岗岩特点，与早石炭世的裂谷关闭导致的陆内造山事件有关。

（五）早二叠世侵入岩

早二叠世侵入岩以岩脉群为特征，主要分布于哈尔里克山南麓，主要为偏基性的辉绿岩脉，其分布广泛。晚石炭世—早二叠世的 A 型花岗岩 + 辉长岩 - 辉绿岩岩墙组合，时间上与测区北部的黄羊山 A 型花岗岩和南部东天山、北山的裂谷型超镁铁岩的形成时间一致，代表了一次大规模的裂解事件。

二、莫钦乌拉带侵入岩

（一）早石炭世侵入岩

早石炭世侵入岩分布在莫钦乌拉山北部，妖魔梁断裂以北，位于三道白杨沟附近。主体呈北西向带状产出，测区内岩体北西向延伸超过 12km，宽 1 ~ 4km，面积约 18km²。岩体北侧与乌鲁苏巴斯套组（D_2w）和卓木巴斯套组（D_1z）呈断层接触，南侧侵入克安库都克组（D_3ka）中。岩石主要为斑状钾长花岗岩和斑状二长花岗岩，其次零星分布的有花岗闪长岩和花岗斑岩。钾长花岗岩为岩体的主要部分，二长花岗岩出露较少，二者的接触关系为涌动接触。岩体中岩脉较为发育，以闪长岩为主，走向北东 - 南西向。

（二）晚石炭世侵入岩

晚石炭世侵入岩分布在莫钦乌拉山中部，妖魔梁断裂以南，位于小柳沟一带。岩性主要为闪长岩和钾长花岗岩，还有少量花岗闪长岩。闪长岩分布于测区北部的 1：50000 板房沟幅中的西南角，位于妖魔梁断裂南侧。岩体露头呈北西西向的带状分布，露头宽 1～2km，长约 9km，露头面积约 8km²，是一个小型规模的岩株。岩体南西边界与下侏罗统八道湾组呈断层接触，北东边界与下侏罗统八道湾组呈角度不整合接触，局部被侏罗系地层不整合掩盖，南东边界与二道湾组火山岩呈角度不整合接触。岩石为中细粒闪长岩，内部可见八道湾组顶垂体。钾长花岗岩呈北西向狭长条带状分布在小柳沟两侧，长约 7km，宽约 0.5km，岩体侵入中 – 上奥陶统庙尔沟组，岩石为中粒结构。花岗闪长岩出露在莫钦乌拉山南缘的大柳沟岩体中，面积约几百平方米，可见与围岩（钾长花岗岩）呈超动侵入接触。

（三）早二叠世侵入岩

早二叠世侵入岩分布在莫钦乌拉山南缘，位于大柳沟一带。岩体呈近椭圆形态的岩基产出，长轴方向为北西向，测区内岩体面积约 150km²。岩体西南边界受北西向的断裂控制比较平直，被第四系洪积物覆盖，北边界侵位于奥陶系、志留系和石炭系地层中。二长花岗岩是该期侵入岩的主要岩性，岩体内部相带变化不明显，岩体大部分由斑状二长花岗岩组成，只在岩体边缘较窄的范围内由细粒二长花岗岩组成。二长花岗岩中含较多的闪长质暗色包体，局部可见包体成群出现。钾长花岗岩主要产于岩体的西南缘，岩性主要为斑状钾长花岗岩，与二长花岗岩呈涌动侵入接触关系局部可见少量细粒钾长花岗岩。闪长岩以多个岩滴的形式分布在花岗岩岩体内部，与二长花岗岩呈涌动侵入接触，或呈岩脉穿插在二长花岗岩中，在接触带附近可见明显的岩浆混合现象，可见大量浆混性质的石英二长岩和花岗闪长岩。此外，岩体中还发育石英闪长岩脉和花岗斑岩脉。与哈尔里克山相比，莫钦乌拉山中出露较少的早二叠世辉长岩脉。早二叠世大柳沟 A 型花岗基内，发现大规模的岩浆混合事件。研究表明，代表基性端元的闪长岩是幔源岩浆分异的产物，酸性单元的钾长花岗岩为源自下地壳的 A 型花岗岩，年代学研究揭示，区内辉长岩 – 辉绿岩岩墙形成时代也在早二叠世，部分属碱性系列，表明早二叠世侵入岩具双峰式岩浆作用的特点，较好地证实了大规模裂解事件的存在。

第三节　火山岩概况

调查区内火山岩地层分布较广泛，通过剖面测绘和双重填图方法对测区的火山岩进行了细致的调查，据火山活动的时间和构造属性将测区火山岩初步分为三个活动旋回：早志留世板内伸展火山旋回、早中泥盆世弧火山旋回、晚石炭世后碰撞伸展火山旋回（表 8-4）。

表 8-4 测区火山活动旋回及基本特征

火山旋回	火山岩系列	火山岩地层	岩性组合	构造环境	锆石 U-Pb 年龄
晚石炭世后碰撞伸展火山旋回	钾玄岩系列＋高钾钙碱性系列	二道沟组（C_2e）	灰绿色、紫红色玄武岩、粗面玄武岩、玄武粗安岩、粗面岩、流纹岩及同成分的火山碎屑岩	后碰撞伸展	流纹岩：308±3Ma；309±3Ma；玄武粗安岩：312±3Ma；粗面玄武岩：312±4Ma
早中泥盆世弧火山旋回	低钾拉斑系列＋钙碱性系列	乌鲁苏巴斯套组（D_2w）	灰绿色安山质、流纹质晶屑凝灰岩、凝灰质砂岩夹少量正常陆源碎屑沉积岩	陆缘弧	暂无
		卓木巴斯套组（D_1z）	灰绿色－紫红色泥岩、灰绿色砂岩、凝灰质砂岩、灰岩与灰色玄武质－安山质火山熔岩、晶屑凝灰岩交替出现		
早志留世板内伸展火山旋回	强碱性系列	大柳沟组（S_1d）	碱玄岩、玄武粗安岩、粗安岩、集块角砾熔岩、角砾凝灰岩夹少量沉凝灰岩	板内伸展	粗安质角砾熔岩：434.4±2.2Ma
	碱性系列＋拉斑系列（葫芦沟组）	葫芦沟组（S_1h）	粗面玄武岩、玄武岩、玄武粗安岩、玄武安山岩及相应的角砾凝灰岩和流纹质角砾凝灰岩		玄武岩：441.0±2.2Ma；岩屑角砾凝灰岩：442.5±4.3Ma；玄武质粗面安山岩：443.1±6.9Ma

本次调查针对测区奥陶系地层中怀疑是火山岩的层位进行了细致的产状调查，并结合锆石定年，发现它们主要为早志留世的潜火山岩，少量为晚石炭世的潜火山岩，排除了测区奥陶系地层中存在火山岩的事实。在测区的南北分区，均新厘定出早志留世的陆相火山岩，分别厘定为下志留统葫芦沟组（S_1h）和下志留统大柳沟组（S_1d），二者均与下伏奥陶系地层呈角度不整合接触。原下、中泥盆统的大南湖组（南部分区）和克安库都克组（北

部分区）均未发现火山岩，而在北部分区中下泥盆统卓木巴斯套组（D_1z）和中泥盆统乌鲁苏巴斯套组（D_2w）发育一套钙碱性的基－中性火熔岩、火山碎屑岩，代表调查区内早中泥盆世弧火山旋回。对测区内石炭系地层七角井组、塔木岗组、妖魔梁组、柳树沟组和二道沟组的研究，仅在上石炭统二道沟组（C_2e）内发育一套典型陆内双峰式火山岩，代表调查区晚石炭世后碰撞火山旋回。

一、早志留世板内伸展火山旋回

下志留统葫芦沟组主要出露在 1 ∶ 50000 口门子幅内，呈北西西－南东东向沿哈尔里克山主峰线性展布，图幅内出露面积约 30km²，由火山熔岩、火山碎屑岩和沉积碎屑岩组成，以火山岩地层为主。火山岩为玄武岩和流纹岩组成的双峰式组合，玄武岩分属碱性系列和拉斑系列。其锆石年龄为 441.0 ± 2.2 ～ 443.1 ± 6.9Ma，代表了火山岩的喷发年龄，相当于早志留世早期。由岩石组合、野外产状和遥感影像等资料在葫芦沟山顶及南山口等处识别出火山穹窿构造，葫芦沟组与下伏恰干布拉克组在产状、岩性组合、沉积环境和变质变形特征上存在显著差别，二者为角度不整合关系。

下志留统大柳沟组呈北西西－南东东向产出在 1 ∶ 50000 板房沟幅西南部，宽 500 ～ 1000m，出露面积约 5km²，为一套陆相碱性－过碱性玄武岩夹少量沉凝灰岩组合。根据野外产状岩性等可将本套火山岩划分为 5 个喷发韵律，每一个韵律具较明显的陆相火山岩的红顶绿底结构，底部为较新鲜的灰绿色－灰黑色块状火山岩，熔岩层中夹有少量火山碎屑岩，顶部为蚀变氧化严重的褐红色渣状火山角砾熔岩和角砾凝灰岩等。大柳沟组南部与中－上奥陶统庙尔沟组为断层及喷发不整合的接触关系，北部侏罗系八道湾组砾岩不整合于其上。

本次研究南北两区早志留世火山岩均为典型的陆相火山岩，与下伏地层之间存在明显的地层缺失，研究首次厘定出东准噶尔－东天山地区上奥陶统与下志留统之间存在一个角度不整合。初步研究认为，该角度不整合代表了本区一次古生代洋盆的关闭和地壳的抬升事件，在早志留世本区并无洋盆记录，早志留世火山岩形成于与卡拉麦里洋盆打开相关的早期陆内裂解环境，野外照片如图 8-2 所示。

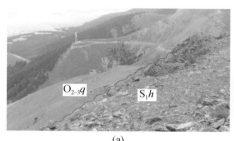

(a)　　　　　　　　　　　　　　(b)

图 8-2　下志留统火山岩野外照片

（a）葫芦沟组（S_1h）与恰干布拉克组（$O_{2-3}q$）角度不整合；（b）葫芦沟组层状火山岩；（c）大柳沟组（S_1d）火山岩与下伏庙尔沟组不整合接触；（d）大柳沟组渣状熔岩

二、早中泥盆世弧火山旋回

　　早中泥盆世火山岩为一套钙碱性的基-中性火熔岩、火山碎屑岩，成夹层产于一套下中泥盆统凝灰质砂岩、粉砂岩地层中（图 8-3），该地层主要出露在板房沟幅东北角，莫钦乌拉断裂以北，呈北西西-南东东向带状产出，图区内出露面积约 30km²。目前对于该套火山岩尚未获得准确的锆石年龄，但在地层中获得了大量的珊瑚、腕足类化石，具珊瑚化石 *Syringaxon bakterion*、*Pachyfavosites junggarensis*、*Xinjiangolites rarus*，可将时代限定在早中泥盆世。有意义的是，本次锆石测年获得大量的 7 亿～8 亿年的继承锆石年龄，这与本文认为测区存在老造山带基底的认识是一致的。卓木巴斯套-乌鲁苏巴斯套旋回（组）火山岩及地层与卡拉麦里地区的北塔山组非常相似，具典型的岛弧火山岩特征，是卡拉麦里洋向北俯冲到西伯利亚活动陆缘上的产物。

图 8-3　泥盆纪火山岩野外照片

（a）安山岩与板岩的整合接触；（b）安山岩露头照片

三、晚石炭世后碰撞伸展火山旋回

区内出露石炭纪火山岩宽度约2km，出露面积约14km²，为晚石炭世二道沟组火山岩，如图8-4所示，该组火山岩岩性变化很大，主体显示为一套典型的双峰式火山岩特征，岩石组合包括玄武岩、粗面玄武岩、玄武粗安岩、粗面岩、流纹岩及同成分的火山碎屑岩，野外观察到基性火山岩与酸性火山岩紧密的互层状产出。对石炭纪二道沟组火山岩的研究表明，其具典型的陆相火山岩特征，锆石U-Pb年龄为307.5±2.6～311.6±2.56Ma，地球化学特征以钾质碱性双峰组合上既不同于南侧觉罗塔格晚石炭世的钙碱性火山岩，也不同于西北侧卡拉麦里地区晚石炭世巴塔马依内山组的钠质碱性双峰式组合，即具陆内裂谷环境的特征，又有岛弧火山岩的特征，初步认为是伸展背景下，幔源岩浆与较厚的不成熟陆壳相互作用的产物。

图8-4 晚石炭世二道沟组（C_2e）火山岩野外照片

（a）酸性火山岩露头；（b）基性火山岩与酸性火山岩互层；（c）基性火山岩露头

第四节 区域构造格架及构造发育概况

一、构造单元划分、区域大地构造相及演变

（一）构造单元划分

根据测区不同区域主构造旋回优势大地构造相环境，测区主要构造单元自北向南划分见表8-5，图8-5。

表 8-5　测区构造单元划分表

一级构造单元	二级构造单元
Ⅰ—北准噶尔岛弧	Ⅰ—白杨沟泥盆纪岛弧
	———————————— 莫钦乌拉断裂 ————————————
	Ⅱ$_1$—巴里坤石炭纪—二叠纪陆内伸展
	———————————— 妖魔梁断裂 ————————————
	Ⅱ$_2$—妖魔梁侏罗纪上叠盆地
	———————————— 大柳沟断裂 ————————————
	Ⅱ$_3$—莫钦乌拉奥陶纪被动陆缘
Ⅱ—南准噶尔地块	———————————— 庙儿沟断裂 ————————————
	Ⅱ$_4$—小柳沟晚志留世—早泥盆世被动陆缘
	——————— 巴里坤盆地北缘断裂 ———————
	Ⅱ$_5$—巴里坤新生代拉分断陷盆地
	——————— 巴里坤盆地南缘断裂 ———————
	Ⅱ$_6$—哈尔里克奥陶纪被动陆缘
	——————— 哈尔里克山南缘断裂 ———————
	Ⅱ$_7$—吐哈中新生代断陷盆地

（二）区域大地构造相及演变

测区经历奥陶纪被动陆缘—早志留世后碰撞伸展—晚志留世—泥盆纪卡拉麦里洋盆俯冲—晚泥盆世卡拉麦里洋盆闭合碰撞造山—石炭纪—二叠纪陆内裂解与闭合—中新生代陆内盆山体系的复杂历程。因此，测区不同部位大地构造相环境随时间而发生转换变化。基于此，需要从时间演化的角度对测区构造单元属性分阶段进行界定。综合测区沉积－岩浆－构造记录及区域构造背景，测区区域大地构造相环境随时间的变化总结如下。

1. 奥陶纪被动陆缘

奥陶系是测区最早的沉积记录，南部哈尔里克山发育一套深水浊积岩系的斜坡相碎屑沉积建造，北部莫钦乌拉山南坡出露一套半深海－陆棚浅海的碎屑沉积建造，火山岩夹层极少，呈现出相对稳定陆块上的被动陆缘沉积。根据水体由南向北变浅的趋势说明，测区总体可能处于北天山洋盆向北俯冲形成的弧后盆地的北部被动陆缘环境。

2. 早志留世后碰撞伸展

早志留世测区构造古环境发生巨大变革，根据早志留世南部哈尔里克山早志留世侵入岩及葫芦沟组火山岩和北部莫钦乌拉山早志留世大柳沟组火山岩岩石地球化学分析结果，显示早志留世为后碰撞伸展环境。另外，葫芦沟组和大柳沟组均与下伏奥陶系地层呈角度不整合，显示奥陶纪和志留纪之间发生有区域性的挤压构造事件，可能为测区北部阿尔曼泰洋在奥陶纪与志留纪之交闭合的响应。因此，早志留世整个测区处于后碰撞伸展背景。

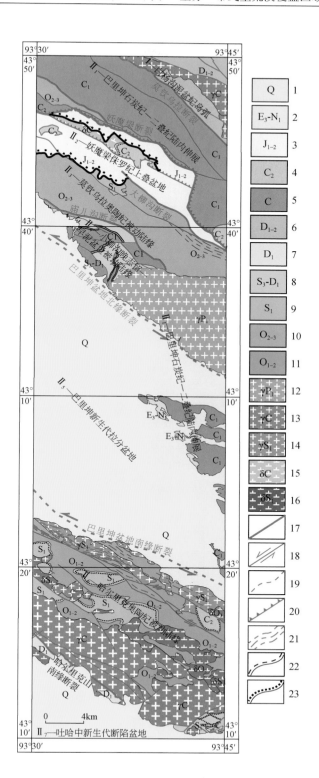

图8-5　测区构造单元划分图

1. 第四系；2. 渐新世－中新世拉分盆地砾岩－泥岩建造；3. 早中侏罗世上叠盆地含煤碎屑岩－泥岩建造；4. 晚石炭世陆相裂谷建造；5. 早石炭世陆内裂谷建造；6. 早中泥盆世岛弧火山碎屑岩建造；7. 早中泥盆世被动陆缘碳酸盐－浊积岩建造；8. 晚志留－早泥盆世被动陆缘；9. 晚志留世碰撞伸展火山岩建造；10. 中晚奥陶世被动陆缘半深海－陆棚浅海碎屑砂岩－泥岩建造；11. 早中奥陶世被动陆缘深海浊积岩建造；12. 早二叠世后造山二长花岗岩；13. 石炭纪后造山花岗岩；14. 早志留世后碰撞花岗岩；15. 石炭纪闪长岩；16. 早志留世后碰撞闪长岩；17. 主要构造单元边界；18. 脆性断层；19. 隐伏断层；20. 逆冲推覆构造；21. 韧性剪切带；22. 平行不整合界线；23. 角度不整合界线

3. 晚志留世—泥盆纪卡拉麦里洋盆俯冲及闭合

测区缺失中志留世的物质记录。晚志留世—早泥盆世测区开始出现明显构造环境分异。测区北侧莫钦乌拉断裂（卡拉麦里缝合带的东南延伸）以南，晚志留世—早泥盆世红柳沟组总体为稳定块体上浅海碎屑岩-碳酸盐岩建造，而北侧则发育岛弧火山碎屑建造。反映志留纪—泥盆纪期间，卡拉麦里古洋盆裂解，然后向北俯冲，形成北部的岛弧带，而南部测区主体仍然为相对稳定陆块上的被动陆缘环境。

晚泥盆世卡拉麦里洋盆闭合，导致北部泥盆纪火山碎屑岩系发生强烈的北西-南东向强板劈理化和褶皱-逆冲变形。但是并未对测区南部产生显著的构造变形影响，只是导致测区南部主体处于广泛的隆起剥蚀状态，说明南部区域相对刚性的稳定区块。

4. 石炭纪—二叠纪陆内裂谷的裂解与闭合

进入早石炭世，整个测区表现为后碰撞伸展环境，在前期相对稳定的块体上发生广泛的裂陷，发育系列裂陷盆地沉积，并且在时间上呈现出伸展—闭合—伸展的构造波动。根据沉积和岩浆记录，早石炭世早期测区具板内裂谷特征，可能为博格达以早石炭世七角井组双峰式火山岩为代表的裂谷盆地向东的延伸，需要说明的是测区早石炭世七角井组、塔木岗组和妖魔梁组火山作用并不强烈，而是以河流相-海陆交互相碎屑沉积为主，可能反映西部以博格达为中心的裂陷作用的东部末梢。早、晚石炭世之交则表现为区域性的陆内挤压造山，反映为早石炭世的裂谷闭合事件，造成早石炭世地层广泛的北西-南东向的褶皱变形和劈理化以及系列韧性-脆韧性逆冲变形。

晚石炭世—早二叠世再次呈现为区域的后造山伸展裂解作用，出现明显的以晚二叠世晚期柳树沟组、二道沟组为代表的双峰式火山岩建造，强烈的裂解作用至少延续到早二叠世，出现 A 型花岗岩+辉长岩-辉绿岩岩墙组合。而约259Ma的区域挤压事件则造成晚石炭世—二叠纪裂谷的闭合，表现为晚石炭世地层的宽缓褶皱以及对早期构造变形带的叠加改造。

5. 中新生代陆内盆山体系

中新生代是广泛的陆内盆山作用阶段。

三叠纪测区缺失沉积，表现为区域剥蚀作用。侏罗纪以来，整个东天山地区经历了多阶段的陆内伸展和挤压转换。

早-中侏罗世，东天山地区处于应力松弛的伸展构造环境，整个东天山处于准平原化时期，广泛沉积早-中侏罗世地层，也是新疆重要的成煤期。吐哈盆地地震剖面揭示，吐哈盆地此时处于伸展环境，盆缘断裂表现为张性，测区哈尔里克山南缘倾向盆地的正断层体系可能与此相关。伸展断陷导致包括巴里坤盆地在内的哈尔里克山崛起成为剥蚀区，而北部的莫钦乌拉山则并未崛起成山，而是与内部三塘湖盆地连为一体的沉积区，在测区莫钦乌拉山主脊一带发育早-中侏罗世八道湾组陆相含煤碎屑建造，古流向分析显示其物源来自南部的哈尔里克山。

晚侏罗世—始新世，东天山地区总体为挤压构造环境，东天山的广大区域缺失沉积，南部的吐哈盆地只在盆地中央的台北凹陷和托克逊凹陷等存在上侏罗统和白垩系沉积，北部的三塘湖盆地则只在盆地中央的凹陷带见白垩系和古新统—始新统沉积，而测区包括巴里坤盆地和北部莫钦乌拉山的广大区域均为隆起剥蚀区，莫钦乌拉尔山脉此时也快速隆升成山，并形成莫钦乌拉尔山的系列向南的逆冲推覆构造体系。

渐新世—中新世，东天山地区再度经历了准平原化过程，广泛沉积了一套以红褐色泥岩为主，含少量含砾砂岩和砾岩的地层——桃树园子组。测区巴里坤断陷盆地开始发育，现今的盆山格局开始形成。热年代学资料揭示，巴里坤盆地形成地貌反转的时间主要发生在 32～20Ma，与盆地桃树园子组沉积时间相吻合。盆缘脆性断裂构造分析揭示巴里坤盆地的形成主要受控于左行走滑拉分。

上新世—第四纪，南北向挤压加剧，山脉快速隆升剥蚀，巴里坤盆地靠近山脉一侧沉积厚度较大，盆地中心相对较薄，形成南北两侧凹陷中部相对隆起的两拗夹一隆的盆内构造格局。

基于活动构造调研，东天山地区较显著的活动构造形式主要体现为晚新生代以来的大规模走滑断裂构造。早在 20 世纪 70 年代末，Tapponnier 和 Molnar（1979）通过遥感影像识别出天山活动的走滑断裂系统，认为主要为东西走向的左旋走滑断裂和北北西走向的右旋走滑断裂。Cunningham 等（1996，2003）、Cunningham（1998）通过遥感研究并结合野外调查认为，晚新生代以来东天山地区广泛发育北东东走向的左旋走滑断裂系统，即戈壁天山左旋走滑断裂系统，这一左旋走滑断裂体系往东一直延伸至蒙古国境内。在构造位置上，包括测区巴里坤盆地北西西向控盆断裂构造等系列左旋走滑断裂实际是这一左旋走滑断裂体系的西部尾端。根据我们对测区及外围系列不同方向控盆断裂构造运动学观测，可以发现，近东西向或北西西向断裂主要呈现为左旋走滑，而北西向断裂主要呈现为右旋走滑，因此，我们认为，测区及外围主要控盆断裂构造的运动性质主要受控于近南北向区域挤压与戈壁天山左旋走滑断裂系统之间的动力竞争。

二、构造变形基本格架

测区主要构造线方向呈北西－南东向延伸，发育多期次褶皱、韧性剪切和断裂变形。

（一）褶皱变形

不同地层系统呈现的褶皱构造形式不一。

1. 奥陶系褶皱构造

南部哈尔里克山奥陶系褶皱构造主要呈现为露头尺度的中小型褶皱，区域尺度的褶皱受断裂、韧性剪切带变形和脆性断裂破坏而不明显，目前的层理和面理产状总体体现为倾向南西的单斜构造，倾角 55°～65°。

总体单斜构造内部露头尺度的中小型褶皱构造较发育，在葫芦沟 2797 高地东侧 200m

处发育连续褶皱构造（图 8-6），在宽约 500m 范围内出现 3 个背斜和 4 个向斜，褶皱转折端近圆弧形，轴面近于直立，两翼夹角中等，为中常褶皱，根据两翼产状所反映的枢纽多为向北西西方向中等角度倾伏。在葫芦沟先尔克康吉勒尕西侧宽约 200m 范围内也见发育系列连续褶皱（图 8-7），由两个背斜和一个向斜构成，褶皱转折端也呈圆弧形，轴面近于直立，两翼产状所反映的枢纽同样显示为向北西西方向中等角度倾伏。系列露头尺度发育的小褶皱多呈不对称波状，其枢纽产状也表现为中等角度向西倾伏，与上述宏观岩层连续褶皱弯曲两翼产状所反映的枢纽近一致（图 8-8），反映两者为统一的运动场下不同级次的表现。露头尺度的小褶皱往往呈不对称形式（图 8-9），在平面上呈现为受左旋力偶的差异剪切运动。

北部莫钦乌拉山中－上奥陶统庙尔沟组砂岩、粉砂岩地层在填图尺度上地层包络面产状总体走向近南北向，倾向西［图 8-10（a）］，地层的延伸总体与山带构造线方向近直交，但是，总体近南北向延伸的层理受后期北西向构造叠加，层理发生波状弯曲，形成系列枢纽倾向西的宽缓褶皱构造。填图尺度显示主要发育 6 个向斜和背斜褶皱，褶皱主要样式呈现为开阔－中常褶皱，轴迹走向北西－南东，向北西倾伏，轴面多近直立，稍倾向北东。平行轴面发育较稳定的北西－南东向轴面劈理［图 8-10（b）］，对层理发生一定程度置换，但总体层劈关系较明显。

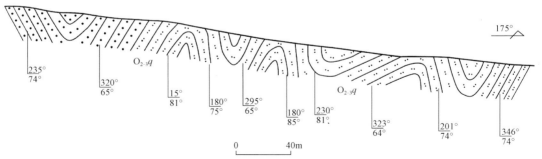

图 8-6　葫芦沟 2797 高地东侧 200m 处复合式向斜

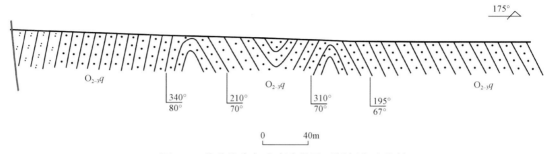

图 8-7　葫芦沟先尔克康吉勒尕西侧复合式背斜

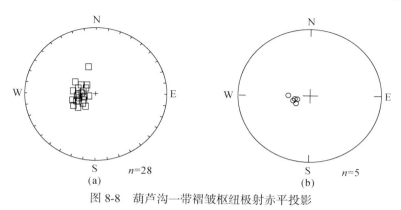

图 8-8　葫芦沟一带褶皱枢纽极射赤平投影

（a）葫芦沟一带褶皱岩层两翼交线极点图；（b）葫芦沟露头尺度褶皱枢纽极点图

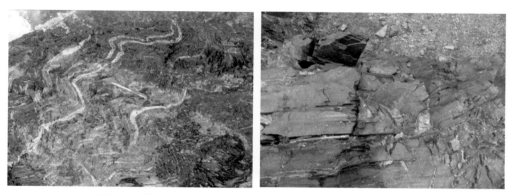

图 8-9　葫芦沟奥陶系恰干布拉克组中的不对称陡倾伏褶皱

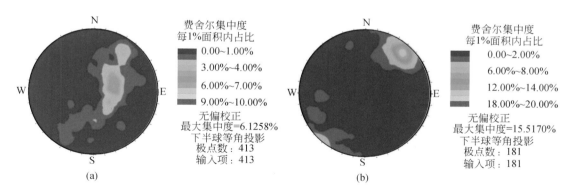

图 8-10　莫钦乌拉山中－上奥陶统庙尔沟组层劈关系图

（a）中－上奥陶统庙尔沟组层理极点极密图；（b）中－上奥陶统庙尔沟组中劈理极点极密图

2. 北部泥盆系褶皱构造

出露于测区东北部的莫钦乌拉山断裂以北的泥盆系地层主要发育系列北西－南东向的褶皱构造，但受系列纵向断层的破坏，褶皱构造的发育往往不完整。背斜核部一般为下泥盆统卓木巴斯套组，向斜核部一般为中泥盆统乌鲁苏巴斯套组或上泥盆统克安库都克组。褶皱的枢纽走向北西－南东向，两翼近对称，弧顶呈圆弧状，两翼产状分别为185°～218° ∠56°～78° 和45°～62° ∠50°～78° 。由β图解可知，翼间角平均为57.9°，属于中常褶皱。轴面产状平均为37° ∠87°，近直立，属于直立倾伏褶皱。该区域的地层受褶皱变形发育有透入性劈理构造，劈理走向稳定，较之南部的石炭系地层中的劈理构造更为强烈和连续。可能反映为晚泥盆世卡拉麦里洋盆的闭合碰撞事件。

3. 石炭系褶皱构造

石炭系褶皱构造主要体现在下石炭统中，发育良好，其中以北部莫钦乌拉山一带表现明显，总体为一系列开阔－中常背向斜复式褶皱（图8-11），转折端呈圆弧形。通过妖魔梁组砂岩层产状的β图解（图8-12）揭示其褶皱翼间角多数在40°～70°，属于中常褶皱，少数发育紧闭褶皱和开阔褶皱。轴面产状近直立，倾角约80°，枢纽缓倾伏，多属直立水平褶皱。轴面劈理较发育，尤以富泥质夹层明显。

石炭系褶皱构造与系列区域性的逆冲断裂构造组成褶皱－冲断构造组合（图8-13）。反映北东－南西向的区域挤压应力场。

根据区域上上石炭统与下石炭统不整合接触关系，上石炭统总体产状平缓，褶皱不明显推断，下石炭统褶皱构造形成于早晚石炭世之交的陆内裂谷闭合事件。

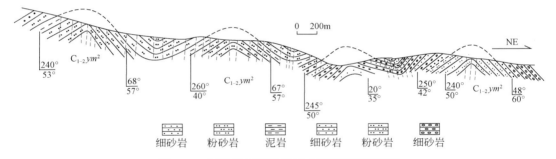

图 8-11　石炭系妖魔梁组复式褶皱信手剖面图

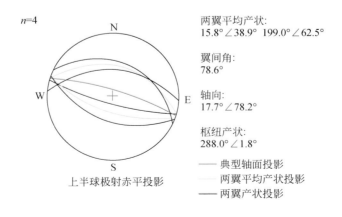

上半球极射赤平投影

n=4

两翼平均产状：
15.8° ∠38.9° 199.0° ∠62.5°

翼间角：
78.6°

轴向：
17.7° ∠78.2°

枢纽产状：
288.0° ∠1.8°

—— 典型轴面投影
—— 两翼平均产状投影
—— 两翼产状投影

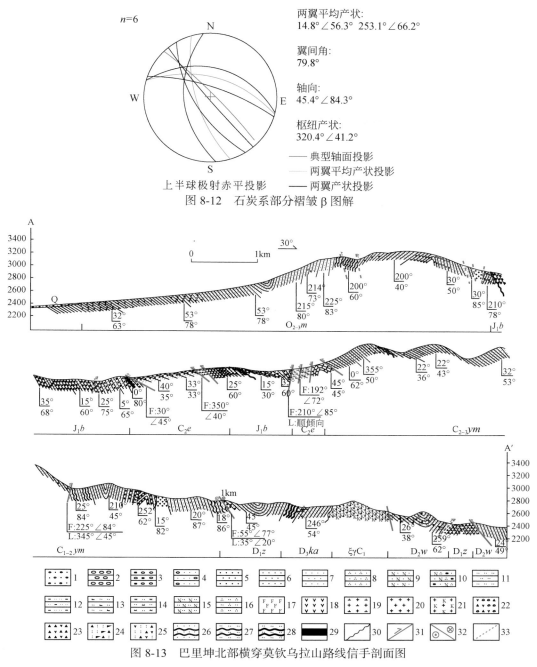

图 8-12　石炭系部分褶皱 β 图解

图 8-13　巴里坤北部横穿莫钦乌拉山路线信手剖面图

1. 砂砾石层；2. 砾岩；3. 复成分砾岩；4. 含砾砂岩；5. 粗砂岩；6. 中砂岩；7. 细砂岩；8. 石英砂岩；9. 长石砂岩；
10. 长石石英杂砂岩；11. 粉砂岩；12. 泥质粉砂岩；13. 钙质粉砂岩；14. 硅质粉砂岩；15. 长石粉砂岩；16. 石英粉砂岩；
17. 玄武安山岩；18. 安山岩；19. 花岗闪长岩；20. 花岗岩；21. 钾长花岗岩；22. 安山质集块角砾岩；23. 安山质角砾岩；
24. 角砾岩屑凝灰岩；25. 安山质角砾凝灰岩；26. 变质砂岩；27. 变质粉砂岩；28. 粉砂质板岩；29. 煤线；30. 角度不
整合界线；31. 断层界线；32. 平移断层界线；33. 推测断层界线

（二）韧性剪切变形—口门子韧性剪切带

韧性剪切变形主要表现为发育于哈尔里克山北坡的口门子韧性剪切带，如图 8-14 所示。

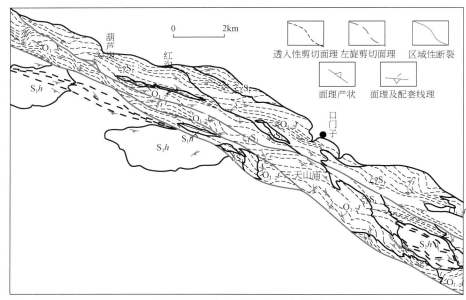

图 8-14　口门子剪切带构造简图

口门子韧性剪切带总体上呈北西 - 南东向展布，韧性剪切带宽约 4km，南西边界被同向的巴里坤塔格脆性断裂截切，北东边界被巴里坤盆地的第四系洪冲积物覆盖，向北应延伸至巴里坤盆地内部。

韧性剪切带总体延伸方向为 NW310° ～ SE130° ，150 个面理产状的极射赤平投影表明，剪切带的主体面理倾向集中在 220° 左右，倾角中等，变化于 20° ～ 70° ［图 8-15（a）］。

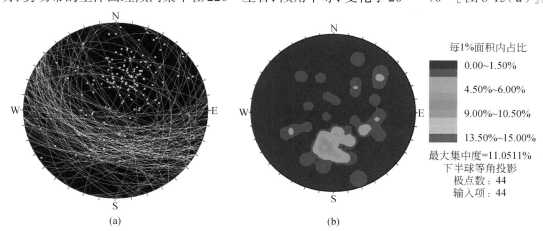

图 8-15　口门子韧性剪切带内面理和拉伸线理极射赤平投影

（a）糜棱面理大圆及其极点投影；　（b）糜棱面上的矿物拉伸线理极密图

受剪切带影响的主要岩系为中－下奥陶统塔水组，韧性变形形成石英云母片岩、云母片岩、千枚糜棱岩、强片理化变质粉砂岩等构造岩，志留纪花岗岩卷入韧性变形形成花岗质糜棱岩。糜棱面理上发育透入性的矿物拉伸线理，拉伸线强总体顺倾向方向[图8-15(b)]，指示顺倾向方向的运动。

根据各种运动学标志确定该韧性剪切带主期活动为由南向北的逆冲，东段兼具右旋走滑分量。

韧性剪切变形时间前人根据其中绢云母石英片岩的绢云母 Ar-Ar 年龄测试获得坪年龄为 $259 \pm 1Ma$，从而认为韧性剪切变形时代为晚二叠世早期。然而，我们注意到，侵入于糜棱岩中的基性岩脉无韧性剪切变形，哈尔里克山的基性岩墙群时代基本为晚石炭世—早二叠世，获得 U-Pb 年龄为 $298 \pm 2.7Ma$，因此，主逆冲韧性剪切变形时间应早于298Ma。另外，卷入韧性剪切变形的早志留世花岗岩形成花岗质糜棱岩，其锆石 U-Pb 同位素测年获得 $441.8 \pm 3.6Ma$ 和 $448 \pm 9.4Ma$，岩石地球化学分析显示其属后碰撞伸展型花岗岩，因此韧性变形应晚于早志留世。地层及岩浆活动特点显示，莫钦乌拉断裂以南地区，早志留世总体为碰撞后伸展背景，晚志留世—早泥盆世总体为稳定的被动陆缘，早石炭世伸展裂陷盆地沉积平行不整合于晚志留世—早泥盆世地层之上，因此，晚志留世—早石炭世期间，莫钦乌拉断裂以南区域没有出现明显的挤压造山事件。较明显的区域性的造山事件出现在早晚石炭世之交，其奠定了下石炭统地层的主期构造变形，并对奥陶系的早期南北向变形发生广泛的叠加，因此，我们认为，口门子韧性逆冲型剪切变形的时代应发生在早晚石炭世之交的陆内裂谷闭合事件，而前人获得的 $259 \pm 1Ma$ 的绢云母 Ar-Ar 年龄可能反映了晚二叠世一次陆内变形叠加改造。

糜棱面理受后期断层牵引发生不对称褶皱，指示包括盆山边界的系列主干断层后期发生左旋平移活动，而后期的左旋平移活动可能指示巴里坤盆地的左旋走滑拉分性质。

（三）脆性断裂构造

发育系列与造山带总体展布一致呈北西－南东向延展的并具有多期活动的系列脆性断裂构造。这里重点阐述几条主干断裂。

1. 莫钦乌拉断裂

莫钦乌拉断裂位于图幅东北部，沿莫钦乌拉北坡分布。延展方位 NW300° 左右，分隔南西侧下石炭统与上石炭统妖魔梁组粉砂岩和北东侧下泥盆统卓木巴斯套组砾岩夹火山角砾岩。断面产状为 $55° \angle 77°$，断层破碎带发育构造透镜体、片理化带和碎裂岩系，可见石炭系的青灰色粉砂岩与泥盆系的含砾长石石英砂岩构造混杂。断层面发育近水平擦痕，测有擦痕线理的倾伏产状为 $350° \angle 20°$。根据断层擦痕阶步及片理的 S 形弯曲指示断层主要表现为左旋走滑性质（图8-16，图8-17）。

2. 妖魔梁断裂

该断层位于调查区北部莫钦乌拉山妖魔梁南坡，呈北西西－南东东向横贯全区，向两侧延入邻区，仅区内长达20多千米。断层在遥感影像上呈北西西－南东东方向的线型构造清楚。

图 8-16　莫钦乌拉断裂破碎带及其中的片理 S 形弯曲

图 8-17　透镜体的拖曳、断层破碎带

　　该断层为一高角度逆冲断层，断层面产状为 192°∠72°。断层切割八道湾组、二道沟组及闪长岩体（δ）。断层上盘为八道湾组中-粗砾复成分砾岩，下盘为二道沟组玄武岩（图 8-18）。

　　沿断层出现宽达 100～150m 的断层破碎带，上盘复成分砾岩变形较弱，下盘玄武岩岩石破碎强烈，主要表现为不同级次的斜列构造透镜体、构造角砾岩、碎裂岩和碎粉岩，石英脉发育。在破碎带中可以观察到断层滑动面，滑面上擦痕明显，产状为 192°∠75°、195°∠52°。根据擦痕和系列构造透镜体的排列，显示断层主体为正断层活动。但需要说明的是，断层下盘二道沟组中发育轴面倾向北的斜歪褶皱，上盘距离主断层不远发育同走向的向南的逆冲断层，说明该断层早期有逆冲活动，现今表现的正断层应该是晚期伸展差异断陷运动的结果，并可能是妖魔梁构造高地奠定的原因。

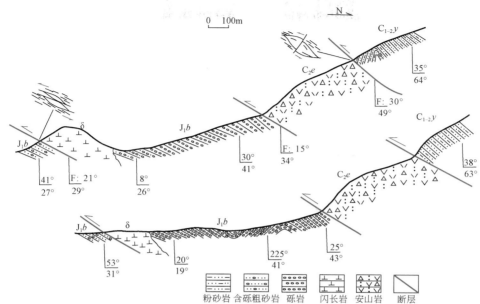

图 8-18　妖魔梁断裂剖面（妖魔梁南侧），与南侧小柳沟西岔断裂构成逆冲推覆带

3. 小柳沟西岔逆冲断层系

该断层系在遥感影像中线性影像清晰，两侧影纹、色彩区分明显。断层系由一系列北西－南东走向的中低角度逆断层组成。断层系主干断层向南东方向延伸至伊吾盆地，被第四系覆盖；向北西延到邻区，与妖魔梁断层交汇。

角砾凝灰岩夹玄武岩、安山岩，产状为 45°∠35°；下盘为八道湾组细砂岩、粉砂岩互层夹中层细砾复成分砾岩，岩层产状为 0°∠80°。

次级断层主要分布在上盘二道沟组（C_2e）内部，岩石变形严重，发育 5～10m 宽的安山岩、安山玢岩破碎带，破碎带内可见碎裂岩带，在滑动面处的构造透镜体显示断层为右旋斜冲断层（图 8-19）。小柳沟西岔断裂同其北侧的妖魔梁早期逆冲断裂一同构成宽约 3km 的逆冲推覆系（图 8-18）。

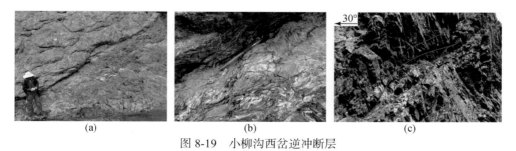

图 8-19　小柳沟西岔逆冲断层

（a）断层面，镜头向东；（b）断层破碎带，构造透镜体及斜组构指示逆冲运动性质；（c）断层破碎带，构造透镜体斜列方向指示逆冲运动性质

4. 巴里坤塔格断裂

巴里坤塔格断裂为口门子韧性剪切带的南部边界脆性断裂。

巴里坤塔格断裂是测区内一条规模较大的脆性断裂，呈北西－南东走向，向西延伸至图外，东部至天山庙一带尖灭或为树林覆盖。

该断裂在葫芦沟－天山庙一段出露良好，多处可见断层破碎带，破碎带最宽达 30m，带内岩石为碎裂岩化岩石－断层泥（图 8-20）。野外测量断层面或断层劈理产状为 190°∠50°、203°∠54°、245°∠41° 等，断面上擦痕产状测有 203°∠54°。

(a)　　　　　　　　　　　　　　　　　　(b)

图 8-20　巴里坤塔格断裂破碎带

（a）断层破碎带；（b）断面上的擦痕线理及阶步

根据断层面和擦痕线理产状及局部分布的断层劈理的产状变化判定巴里坤塔格断裂以逆冲运动为主。断层成为不同地层单元构造分界面，断层以北为糜棱岩化的塔水组砂岩，断层以南为弱变形的恰干布拉克组砂板岩。

（四）中新生代盆山构造

中新生代是测区盆山构造及现代地貌格局的形成阶段。

根据中新生代地层分布、物源及古流向分析、控盆断裂构造分析，揭示巴里坤盆地是古近纪以来发育起来的断陷盆地。通过对巴里坤盆地钻孔资料的收集，显示巴里坤盆地沉积地层自上而下为第四系、古近系—新近系、石炭系，缺少中生界地层；反映巴里坤盆地地区至少在古近纪之前均为剥蚀区，其北侧莫钦乌拉山地区为主要沉积区，古水流方向为自南向北，莫钦乌拉山顶下侏罗统复成分砾岩砾石扁平面及交错层理所反映的古水流方向主体也是为由南向北；新生代，巴里坤盆地两侧山系快速崛起，盆地逐渐形成。即现今的低位巴里坤盆地在中生代为高位剥蚀区，而北部现今高位的莫钦乌拉山区在中生代为低位含煤盆地沉积区，新生代以来，巴里坤断陷盆地形成，地势发生反转。热年代学资料揭示，巴里坤盆地形成地貌反转的时间主要发生在 32 ～ 20Ma。

巴里坤盆地的南北边界均为大型的北西－南东走向的脆性断裂构造，北部边界断裂为左旋走滑断裂，南侧尽管盆缘断裂因第四系覆盖表现不明显，但根据哈尔里克山北缘韧性变形带糜棱面理不对称褶皱揭示包括盆山边界的系列主干断层后期主要也表现为左旋平移活动，综合反映巴里坤盆地为受左旋走滑控制的拉分盆地。

哈尔里克山南部与吐哈盆地盆山结合部也为大型的北西-南东向边界断裂控制。野外调查发现哈尔里克山南缘山前断裂主要有两组，一组是倾向盆地的中等角度正断层，一组是高角度右旋走滑断层。野外关系揭示高角度右旋走滑断层切割早期的中等角度正断层，反映测区哈尔里克山与吐哈盆地演化过程中，早期受正断层控制，晚期受右旋走滑断层控制，吐哈盆地早期可能为一断陷盆地，晚期受到走滑改造。

（五）第四纪活动构造

在测区盆地内部发育多处切错第四系沉积的活动断裂。活动断层总体为北西-南东向或近东西向，与盆地总体延展方向平行。活动断层的位移总体呈现出左旋平移-正断层性质，响应区域的左旋走滑拉分对盆地发育的控制。

三、构造变形序列及演化

综合有关变形特点及切割、叠加、置换关系，结合区域构造背景资料，初拟测区主要构造变形序列及构造发育背景，见表8-6。

表8-6 测区构造变形序列简表

变形序次	变形特征	时代	构造背景	伴生变质作用
D11	巴里坤盆地第四系砂砾层的褶皱及断裂	更新世	陆内转换挤压	
D10	巴里坤盆地南北两侧边界断裂形成，巴里坤盆地接受沉积；口门子韧性剪切带受盆地边界断裂影响，糜棱岩面理弯曲，指示脆性左行走滑拉分；莫钦乌拉山大柳沟岩体受边界断裂影响发育北西西向左旋密集节理系统	渐新世—中新世	陆内转换伸展	
D9	哈尔里克山南缘山前断裂脆性右旋走滑断裂活动叠加；大柳沟岩体发育有近南北向剪节理	新生代早期	陆内转换伸展	
D8	莫钦乌拉山由北向南逆冲推覆构造	中晚侏罗世	陆内南北向挤压	
D7	哈尔里克山南缘正断层活动（吐哈盆地北缘控盆断裂）	晚三叠世—早中侏罗世	陆内伸展	
D6	大柳沟滑脱型韧性剪切带发育	中晚三叠世	陆内伸展	低级动力变质
D5	哈尔里克山口门子逆冲型韧性剪切叠加后期非透入性韧性变形，以及不同构造层次形成的B型褶皱和中低角度劈理	晚二叠世	陆内南北向挤压	低级动力变质
D4	二道沟组双峰式火山岩、后造山I型和A型花岗岩、基性岩墙群、吐哈盆地接受陆缘碎屑沉积	晚石炭世晚期—早二叠世	后造山伸展	接触热变质

变形序次	变形特征	时代	构造背景	伴生变质作用
D3	石炭系妖魔梁组北西－南东向褶皱－冲断构造；哈尔里克山口门子逆冲型韧性剪切主期变形；奥陶系的北西－南东向褶皱及劈理	晚石炭世早期	裂谷闭合区域挤压	低级动力变质
D2	白杨沟泥盆系北西－南东向褶皱及透入性劈理构造	晚泥盆世	卡拉麦里洋盆闭合	低级动力变质
D1	奥陶系近南北向构造，与上覆下志留统葫芦沟组火山岩地层呈角度不整合接触	晚奥陶世—早志留世	俯冲增生	低级动力变质

第九章 口门子－奎苏一带盆地覆盖区地表地质填图

第一节 填图目标

地表地质调查是区域地质调查的基本内容，需要对地表第四系不同时代不同成因类型沉积进行系统划分和对比；对地表第四系不同时代不同成因类型沉积和活动构造进行有效控制，揭示地表第四系地质结构；对第四系沉积所反映的古气候古环境演变历史进行分析。

第二节 方法选择及应用效果

基于遥感技术、地表填图和剖面实测对口门子－奎苏一带覆盖区地表第四系地质结构进行了系统调研。

一、遥感技术应用

基于多光谱分辨率为 8m 的高分一号遥感数据结合 Google Earth 影像进行该地区地表第四系的遥感地质解译。从遥感图上可清晰分辨出不同成因类型的沉积物和地貌，共划分出 7 个第四系地质单元，分别为 Qp_2^{gl}、Qp_3^{el-pl}、Qp_3^{pl}、Qh^{fl}、Qh^{pl}、Qh^{al}、Qh^{eol}。各地质单元的遥感影像特征见表 9-1 和图 9-1。

二、地表路线地质填图

通过高分一号遥感数据的地质解译，将填图区地表第四系划分出不同的地质单元和地貌类型，其中扇体、垄岗状地貌、沙丘等地貌以不同的色调在填图区地形图和遥感图上表现出来。因此，地表填图以地层时代－成因类型－地貌特征综合进行调查。

以填图区盆地东北缘垄岗状地貌为例。填图区山前通过遥感图可以清晰观察到深灰色、由沟口向外展布的垄岗状地貌［图 9-1（a）］，我们在野外对其岩性特征进行了详细观察，发现地表及冲沟中出露的砾石分选性和磨圆度都差，直径 1 ~ 2m 的漂砾常可见到，虽然未发现明显的冰川擦痕，从这些岩性特征也可以说明其为多期冰碛堆积的产物。垄岗状长梁两侧坡度陡、冲沟显著，其底部不整合在渐新统—中新统桃树园子组棕红色黏土之上，通过地形图可知其明显高于盆地内这一区域的其他第四纪地貌，因此，其形成年代应是这一区域最老的地表第四纪沉积。由于这一垄岗状地质单元无法获取合适的测年样品，其时代需要与其他有测年数据的地质单元通过对比确定。填图区其他部位第四系砂砾石堆积的电子自旋共振测年结果多为晚更新世，由此推测这一垄岗状地质单元形成于中更新世。

表 9-1　第四纪沉积物遥感解译标志

时代		代号	成因类型	影像特征
第四系	全新统	Qh^{eol}	风积	较高亮度的灰黄色、棕灰色色调，以北东 - 南西向风成线状沙丘为主，沙丘缓坡色调较暗，陡坡色调为明亮的灰白色。沙丘间低洼处呈现的浅绿色色调为出露的地下水和草类植被。沙丘与其他地质体边界清晰，仅在沙丘东南顺风风向与冲积物呈锯齿状渐变，颜色呈浅灰色
		Qh^{al}	冲积	色调为灰色、灰白色，沿河流方向呈带状分布，色调是冲积砾石、砂土、风成砂土和草本植被的共同反映，砂土含量高呈灰白色 - 白色，砾石含量高呈灰色，草本植被多或种植庄稼则呈浅灰绿 - 灰绿色
		Qh^{pl}	洪积	色调呈亮度较高的灰白色 - 白色，明显切割周围地质单元
		Qh^{ft}	沼泽沉积	色调为绿色 - 暗绿色，沿河流两侧呈条状分布，绿色调随草本植被增多而加深，沼泽间河流呈暗灰绿色
	更新统	Qp_3^{pl}	洪积	色调随岩性、地表含水量、植被变化，呈白色 - 灰白色、浅灰色 - 棕灰色 - 深灰色。近山前地带砾石含量高，以灰色 - 深灰色色调为主；向盆地中心，砂土含量增高，渐变为灰白色 - 白色；植被（农作物）覆盖增多则呈深灰绿色。根据色调和遥感地形变化，洪积可以进一步划分出不同的叠加期次与山体的不同部位。以盆地中心为界，盆地西南缘晚更新世只能划分出一期冲积扇，该侧地势陡，砾石含量高，风沙覆盖少，但含水量和植被多，扇根多呈棕红色，扇中呈棕灰色，扇端由于种植农作物，呈深灰绿色，局部裸露地呈灰白色。盆地东北缘可以划分出 3 期冲积扇。山前地带地势较陡，砾石含量较高，风沙覆盖较多，多呈棕灰色，为晚更新世形成的第一期洪积扇（Qp^{pl1}）。晚更新世第二期洪积扇（Qp^{pl2}）可进一步划分出扇体的不同部位。与 Qp^{pl1} 紧邻的扇状地形呈浅灰色 - 浅灰棕色色调，为 $Qp^{pl2-扇根}$。$Qp^{pl2-扇中}$ 分布区地形变缓，地表风沙增多，砾石含量相应减少，但植被覆盖略有增加，色调以浅灰白色为主。晚更新世第三期洪积扇（Qp_3^{pl3}）分布最广，大多只能识别出扇中和扇端。$Qp_3^{pl3-扇中}$ 分布最广，色调呈浅灰色、浅棕灰色、浅棕灰绿色。$Qp_3^{pl2-扇端}$ 呈灰白色 - 白色色调，地势平坦，粉砂覆盖多，局部种植农作物
		Qp_3^{esl}	残坡积	色调为棕灰色、暗灰绿色，主要分布在西南山前，木本植物覆盖密集
		Qp_2^{gl}	冰碛沉积	色调为灰色 - 深灰色，呈垄岗状，垄岗两坡冲沟发育

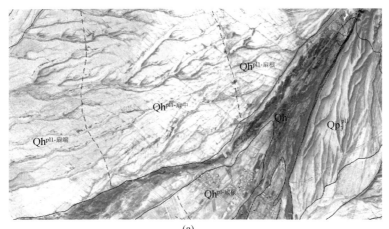

(a)

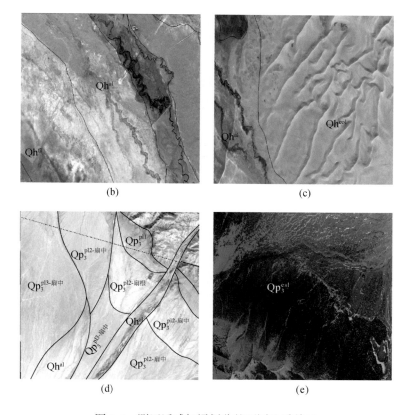

图 9-1　测区遥感解译划分的不同地质单元

三、第四系剖面实测

戈壁荒漠区以洪积、冲积和湖积沉积为主。洪积以粗碎屑砾岩为主，在测年和古气候－环境变化研究方面材料不佳。冲积和湖积则有可能承载更准确的测年和丰富的古气候－环境变化研究素材。由于气候－环境变化对戈壁荒漠区无论是地质要素还是人类活动都有重大影响，因此，戈壁荒漠区的第四系剖面应侧重于冲积和湖积剖面的测年和古气候－环境变化研究。下面以 1：50000 伊吾军马场图幅南侧的冲积成因剖面为例，从沉积序列、年代学和古气候－环境变化三个方面进行第四系剖面实测说明。

（一）沉积序列

该剖面（PM103）位于伊吾军马场图幅（K46F007030）南侧，鸣沙山西北，地理坐标为东经 93°39′，北纬 43°26′。剖面露头为季节性河流河床一侧的河岸，实测剖面的厚度为 4.2m，剖面底部为粗砾石层，伴有水的不断渗出，应为河道砾石，其上为河漫滩和风积砂土。自上而下的分层与岩性描述如下（图 9-2）。

1. 灰黄色细粒风成松散砂，可见丰富的现代植物根系，地表生长稀疏禾本科植物。　　　　32cm

2. 灰黄色细粒砂，植物根系少见，仅在直径 0.2～0.3cm 气孔内可见少量植物系。　　　　64cm

3. 灰黑色细粒砂夹断续分布的厚度为 3 ～ 4cm 的粉砂质泥，可见密集气孔，气孔大小多为 0.3 ～ 5mm，
孔内草本植物根系丰富。底部可见贝壳类外壳，贝壳大小多为 3 ～ 4mm。 35cm

4. 灰黄色细砂，夹一层厚 3 ～ 4mm 的连续钙质泥岩薄层。 26cm

5. 灰色－灰黑色粉砂质泥，可见许多孔洞，大小为 2 ～ 3mm，无植物根系，固结较好。 23cm

6. 灰色泥层，表面凹凸不平，泥质胶结较硬，底部为黄色氧化的粉砂。 48cm

7. 深灰色泥层，含水分高，用手可搓成条状。 14cm

8. 灰色黄色粉细砂夹透镜状泥。 100cm

9. 青灰色中薄层泥，泥质含水分较高，可塑性强，无植物根系。 30cm

10. 深灰色粗－巨砾石层，砾石含量为 60% ～ 70%，砾径为 4 ～ 15cm，个别可达 25 ～ 28cm，磨圆、
分选好，颗粒支撑，砾石成分主要为砂岩、花岗岩、硅质岩、长石。 >50cm

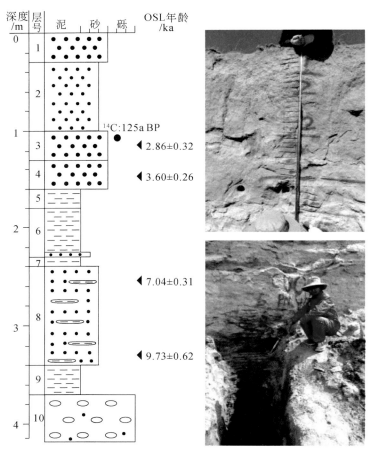

图 9-2 PM103 剖面综合柱状图

（二）沉积环境与年代

该剖面底部第 10 层磨圆、分选好的砾石层中不断有水渗出，显然为河流二元结构中
的河道砾石堆积，砾石层之上的 5 ～ 9 层细颗粒沉积成层性好，主体以粉砂质泥－泥为主，

局部见水流斜层理，为河流相中的河漫滩沉积，顶部 1～4 层松散的砂层则为风成成因。顶部风成砂与下部河漫滩相沉积为覆盖关系，界面以下河漫滩相砂土层靠下部呈斑块状褐色，可能为桃树园子组红色粉砂质黏土被河流侵蚀，与河漫滩相泥沙混染所致，靠上部发白可能为淋溶淀积的钙质和盐碱（图 9-3）。

图 9-3　鸣沙山西北侧第四系剖面

（a）剖面基本结构；（b）上部风成砂与河漫滩相砂土沉积间断面；（c）河漫滩相砂层中的斜层理；（d）河漫滩相砂砾石层靠上部的淋滤层和靠下部的钙质淀积层

在第 3 层采集了 1 件 ^{14}C 测年样品。美国 BETA 实验室在处理该样品的过程中，没有获得足够的有机碳，因此改用分离出来的草本植物根系进行了 ^{14}C 年龄测定。根据 ^{14}C 样品的测年结果，第 3 层的年龄为 125.1±0.3a。由于植物根系向下生长，该植物根系的 ^{14}C 年龄应该小于沉积物形成时期的年龄。

在该剖面上采集了 4 个光释光样品，同时，为了进一步研究巴里坤盆地的古气候演化历史，在鸣沙山不同高度也采集了 4 个光释光样品，采样层位和测试年龄见表 9-2。光释光测年在西北大学大陆动力学国家重点实验室完成。由于目前还没有进行样品的年剂量率测量，在计算样品年龄时，根据相关干旱区沉积物的光释光年代的研究，PM103 剖面沉积物的环境剂量率预估值为 3.3Gy/ka（Lu et al.，2007；Lai et al.，2014；Cao et al.，2012；陈晓龙，2014；赖忠平等，2008；覃金堂等，2007），风成沙丘鸣沙山环境剂量率预估为 2.2Gy/ka（Li et al.，2014；Liu et al.，2015；冯玉静等，2015；范育新等，2010；李国强等，2012），由此得到了该剖面河床砾石层以上地层的年龄（表 9-2）。

表 9-2　鸣沙山和剖面（PM103）的光释光测年结果

样品编号	D2796-1	D2796-2	D2796-3	D2796-4	PM103-3-1	PM103-4-1	PM103-8-1	PM103-8-2
海拔（深度）/m	2031	2040	2043	2069	1.13	1.49	2.57	3.31
粒径 /μm	125～150	125～150	125～150	125～150	125～150	125～150	125～150	125～150
含水量 /%	12.3	6.4	3.1	3.3	6.4	6.2	6.3	8.6
年剂量率 /（Gy/ka）	2.2	2.2	2.2	2.2	3.3	3.3	3.3	3.3
测片数	11/17	13/19	11/23	12/28	15/31	12/35	14/32	16/25
总剂量 /Gy	21.2±0.4	13.8±0.55	11.2±0.81	4.7±0.4	7.92±0.11	11.9±0.86	23.2±1.02	32.1±2.05
年龄 /ka	9.65±0.18	6.28±0.25	5.09±0.37	2.15±0.12	2.86±0.32	4.6±0.26	7.04±0.31	9.73±0.62

（三）古气候－环境分析

在剖面上以 3～5cm 的间隔共计采集了 79 袋散样，以 25cm 的间隔采集了 16 件孢粉样品。散样可进行磁化率、粒度、地球化学等各种环境代用指标的分析，这里仅以磁化率为例。在中国地质大学（武汉）生物地质与环境地质国家重点实验室的古地磁室，用 Kappbridge MFK1-FA 分别进行 3 次低频和高频磁化率测量。低频率磁化率的最大值为 $722.6×10^{-6}SI$，最小值为 $99.5×10^{-6}SI$，平均值为 $369.2×10^{-6}SI$。高频频率磁化率的最大值为 $702.5×10^{-6}SI$，最小值为 $96.2×10^{-6}SI$，平均值为 $360.0×10^{-6}SI$。通过高、低频磁化率的关系可以计算出频率磁化率，其变化范围是 1.58%～4.61%，平均值为 2.72%。

在中国黄土高原地区，黄土的磁化率常作为东亚夏季风变化的一个敏感性代用指标。间冰期气候湿润程度越高，淋溶作用越强，持续的时间越长，沉积物中形成的细颗粒铁磁性矿物就越多，磁化率值相对增大。在黄土沉积物中，超顺磁的磁性矿物常被认为与成壤作用有关，成壤作用强，则形成的超顺磁矿物颗粒越多，频率磁化率值就高，即频率磁化率反映的是成壤作用的强弱。当频率磁化率值小于 5% 则表明超顺磁磁性矿物在样品中不占主导地位，当频率磁化率值大于 6% 时，样品中含有较高的超顺磁磁性矿物，当频率磁化率值大于 10% 时则表明样品中含有大量超顺磁磁性矿物。巴里坤盆地 PM103 剖面样品的频率磁化率值均小于 5%，说明该剖面中成壤作用形成的超顺磁性颗粒的含量很少，也说明该地区主体以较干旱的气候位置，成壤作用很弱。这与野外从剖面上观察的成壤作用弱相符。因此，该剖面影响磁化率大小的主要因素为粗颗粒磁性矿物的含量，这类粗颗粒的磁性矿物主要来自外动力的搬运沉积。

根据低频磁化率和频率磁化率在剖面上的变化特征（图 9-4），可将其分成两部分：下部（380～130cm）以粉砂质泥、泥质粉砂为主的细颗粒沉积中，磁化率与频率磁化率呈负相关；上部（130cm 至顶部）以砂为主的沉积物中，磁化率与频率磁化率则呈正相关。

下部（380～130cm）：以河漫滩沉积的细颗粒为主，说明降水较多，水动力强，磁性矿物主要来自河流的搬运，代表了较湿润的气候环境。细颗粒沉积物中颜色的深浅变化，可能主要与沉积物中的有机质含量有关。

上部（130cm 至顶部）：以风成砂为主，磁化率与频率磁化率的正相关关系说明除了风力搬运来的粗颗粒磁性矿物外，成壤作用形成的超顺磁磁性矿物对磁化率值也有贡献。尽管频率磁化率值并不高，但是野外观察到的植物根系发育的层位，磁化率和频率磁化率值都高，说明成壤作用有助于磁化率值的增大，与风成成因的黄土高原磁化率增强机制一致。因此，上部相对于下部气候变干，导致水位下降，河水下切，从而使原先的河漫滩抬升形成阶地，风成砂得以在阶地上保存。上部磁化率值的升高和降低，分别指示了较湿润和较干旱的气候阶段。

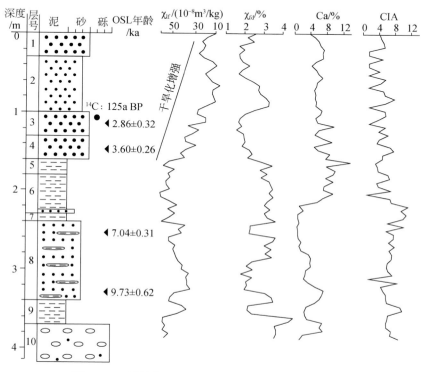

图 9-4　巴里坤盆地 PM103 磁化率－深度变化曲线

下部河漫滩相的粉砂土层发现丰富的孢粉化石和植硅体化石。孢粉组合反映的植被是旱生草本植被为主，在丘陵山坡出现一些松和栎等，属于温带荒漠－草原稀树植被类型。植硅体化石角度也反映该时期气候温干，属于温带荒漠－草原稀树植被类型。尽管植被类型与现今变化不大，但磁化率显示在 4ka 前后出现明显变化，下部偏湿润，上部干旱，联系盆地区地表广泛出现 10 ～ 100cm 厚的风成含砾砂土层，可能反映约 4ka 以来区域气候的干旱化加剧。

进一步对剖面的 15 个微体化石样品进行了分析，仅在下部河漫滩相沉积物中鉴定出 5 个样品还有微体化石，其中第 7、8 和 9 层的 3 个样品中鉴定出丰富的孢粉化石（图 9-5），第 5 和 6 层的 2 个样品中鉴定出植硅体化石（图 9-6）。

三块样品（PM103-7、PM103-8 和 PM103-9）的孢粉属种类型可统称为 *Chenopodiaceae-Ephedra-Pinus* 孢粉组合。本组合孢粉种类一般，以陆生草本植物花粉占优势，含量为 52.2% ～ 54.2%，尤以喜旱生的草本植物藜科和麻黄属为最多，含量分别是 20.8% ～ 22.9% 和 13.6% ～ 16.2%，其他还有禾本科、菊科、伞形科、豆科、十字花科和蒿属植物花粉出现。其次是木本阔叶类植物花粉，含量为 20.3% ～ 24.2%，栎属、榆属、桦属等亚热带、温带落叶类常见。木本针叶类植物花粉占据第三位，含量为 16.7% ～ 19.5%，主要是双气囊类的花粉较多，尤其是松属，含量达 8.8% ～ 11.0%。蕨类植物孢子和水生草本植物花粉含量均较低，含量分别为 3.3% ～ 4.4% 和 2.5% ～ 4.4%，未形成优势类群。未见藻类植物化石。

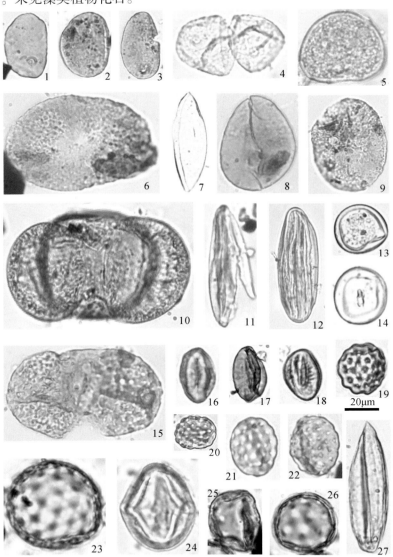

图 9-5　全新世冲积物中的孢粉化石图版

1、2、3、5、8. *Polypodiaceae* 水龙骨科孢子；4.*Gramineae* 禾本科花粉；6.*Picea* 云杉属花粉；7.*Liliaceae* 百合科花粉；9.*Juglance* 胡桃属花粉；10. *Pinus* 松属花粉；11、12. *Ephedra* 麻黄属花粉；13、14.*Cupressaceae* 柏科花粉；15. *Pinus* 松属花粉；16、17、18. *Quercus* 栎属花粉；19、20、21、22. *Chenopodiaceae* 藜科花粉；23、25、26. *Caryophyllaceae* 石竹科花粉；24. *Nitraria* 白刺属花粉；27. *Liliaceae* 百合科花粉

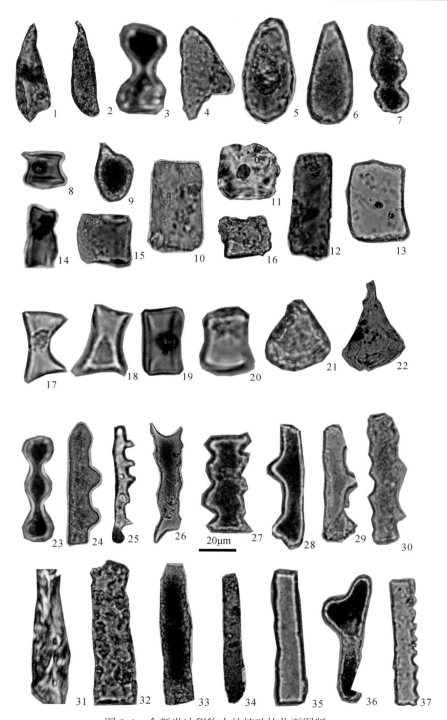

图 9-6　全新世冲积物中的植硅体化石图版

1、2、4、5、6、9.尖型植硅体；3.哑铃型植硅体；7、23.串珠型植硅体；8、14、17、18、19、20.鞍型植硅体；
9.尖型植硅体；10、12、13.长方型植硅体；11、15、16.方型植硅体；21、22.扇型植硅体；24、25、27、28、
29.齿型植硅体；26.板型植硅体；30.刺棒型植硅体；31.三棱柱型植硅体；32～35.平滑棒型植硅体；36.丫
型木本类植硅体；37.突起棒型植硅体

不难看出，上述孢粉组合反映的植被是以旱生草本植被为主，在丘陵山坡出现一些松和栎等。组合中既没有出现较多落叶阔叶树种，也没有出现常绿阔叶树种，不具有亚热带落叶常绿阔叶混交林的特征。相反，孢粉组合中出现大量的藜科、蒿属及麻黄属花粉，说明气候温干，属于温带荒漠‑草原稀树植被类型。

两块样品（PM103-5 和 PM103-6）的植硅体化石特点是木本类、蕨类植硅体含量高，反映暖型的扇型略多于冷型的平滑棒型，反映气候向暖的方向发展，木本类植硅体含量低，说明森林植被的稀疏，木本类组成以裸子类、阔叶类为主。陆生草本类如扇型植硅体含量高，说明草原植被发育。

因此，从植硅体化石角度反映该时期说明气候温干，属于温带荒漠‑草原稀树植被类型。尽管河漫滩沉积时期气候温干，但是相对于上部（第1～4层）的风成沉积而言，气候相对湿润。

磁化率、X 射线衍射分析元素和微体生物化石的综合分析表明，巴里坤盆地早‑中全新世为相对较湿润的温干气候，植被类型属于温带荒漠‑草原稀树植被。在中全新世向晚全新世转变时期（5～4ka），气候进一步干旱化，开始形成风成砂堆积。

第三节　口门子‑奎苏一带地表第四系地质结构

一、第四纪成因类型及分布

覆盖区地表第四系包括中更新统—全新统，成因类型多样，以洪积和冲积为主，冲洪积、风积、冰碛、沼泽、残洪积次之。根据遥感、地貌和测年的综合分析，测区地表第四纪地层序列及成因类型可划分为 Qp_2^{gl}、Qp_2^{pl}、Qp_3^{pl}、Qp_3^{esl}、Qh^{pl}、Qh^{alp}、Qh^{eol}、Qh^{fl}、$Qh^{al\text{-}fl}$。具体特征见表9-3。

表 9-3　测区第四系地层单元划分表

地质年代	年代地层	代号	成因类型	主要岩性组合	地形地貌特征	地层分布	年龄
全新世	全新统	Qh^{eol}	风积	黄灰色中细砂、粉砂	半固定新月形‑垄岗状沙丘	口门子镇北	OSL 年龄：2.15 ± 0.12ka；5.09 ± 0.37ka；6.28 ± 0.25ka；9.65 ± 0.18ka
		Qh^{al}	冲积	灰色‑深灰色砾石、土黄色‑黄灰色亚砂土	河床、河漫滩	NW-SE 向分布在盆地中心及山前各沟口	^{14}C 年龄：125a；OSL 年龄：2.86 ± 0.32ka；4.60 ± 0.26ka；7.04 ± 0.31ka；9.73 ± 0.62ka
		Qh^{alp}	冲洪积	含砾砂土	冲洪积扇	盆地中心冲积物两侧	
		Qh^{pl}	洪积	灰色砾石，含砾砂土	洪积扇	沟口向盆地方向	
		$Qh^{fl\text{-}al}$	冲、沼泽积	棕灰色‑灰黑色砂土、黏土	平坦谷地	盆地中心河道及两侧	

续表

地质年代	年代地层	代号	成因类型	主要岩性组合	地形地貌特征	地层分布	年龄
上更新世	晚更新统	Qp_3^{pl4}	洪积	灰色－灰黑色砾石、黄灰色含砾砂土	洪积扇	盆地 NE 侧	
		Qp_3^{pl3}	洪积	灰色－灰黑色砾石、黄灰色含砾砂土	洪积扇	盆地 NE 侧	
		Qp_3^{pl2}	洪积	灰色－灰黑色砾石、黄灰色含砾砂土	洪积扇	盆地 NE 侧	
		Qp_3^{pl1}	洪积	灰色－灰黑色砾石	洪积扇	NE 侧山前	
		Qp_3^{pl}	洪积	灰色－灰黑色砾石	洪积扇	SW 侧山前	ESR 年龄：155.3 ± 15.0ka；86.9 ± 8.0ka
中更新世	中更新统	Qp_2^{pl}	冲积	灰色－灰黑色砾石层	洪积扇	NE 侧山前	ESR 年龄：337.6 ± 30.0ka
		Qp_2^{gl}	冰碛	灰色－灰黑色砂砾石层	侧碛垅	测区 NE 侧山前	

第四纪不同成因类型沉积分布特征总体表现为以下特点（图 9-7）：

（1）西北部山前发育中更新世冰碛，而东部和南部山前不发育。

（2）晚更新世—全新世南北山前发育系列洪积扇沉积，盆地中部在全新世早期以冲击为主，晚期向湖沼相过渡。

（3）北部山前晚更新世洪积扇体可分出 4 期，4 期晚更新世洪积扇体以及 1 期全新世洪积扇的分布特点在横向上总体呈现出向南推进趋势，在纵向上总体呈现出由东向西迁移趋势。南部山前晚更新世—全新世洪积扇分期性不明显，但南部山前相对高位出现坡度较陡的早期残积＋洪积，说明晚更新世随着哈尔里克山的崛起发生地势掀斜。

（一）中更新统（Qp_2）

沿北测山麓分布，海拔较高，成因类型包括冰碛（Qp_2^{gl}）和洪积（Qp_2^{pl}）。

1. 冰碛（Qp_2^{gl}）

Qp_2^{gl} 主要分布在小柳沟水库以北的山前，地貌上表现为向盆地方向延伸的垄岗状地貌，垄岗两侧侵蚀沟槽发育。岩性以下石炭统的棕灰色、黄灰色、灰黑色砂岩、泥岩和硅质岩为主，砾石直径从数厘米至数十厘米，最大可达 2m，多呈棱角状、次棱角状，局部可见冰川擦痕，厚度多在 20m 以上。砾石多为杂基支撑，杂基中主要是砂和少量黏土。

2. 洪积（Qp_2^{pl}）

Qp_2^{pl} 主要分布在小柳沟水库东南方向山前地带，地貌上呈扇状向外展布。地表以灰色－灰黑色砾石为主，在河流切出的剖面上可以清楚观察到 Qp_2^{pl} 近平行不整合在桃树园子组之上，底部具有侵蚀面，并快速凹陷进入盆地。剖面上出露的岩性以不同粒径的砾石互层为特征，单层厚度为 0.5 ～ 3m。粒径小的砾石层砾石多为 3 ～ 5cm，个别超过 20cm，粒径大的砾石层砾石多在 5 ～ 20cm，个别超过 50cm。整体上砾石的磨圆度较好，分选较差。中更新统洪积扇地形明显被后期洪积和冲积物切割，表明测区北侧山体隆升快。

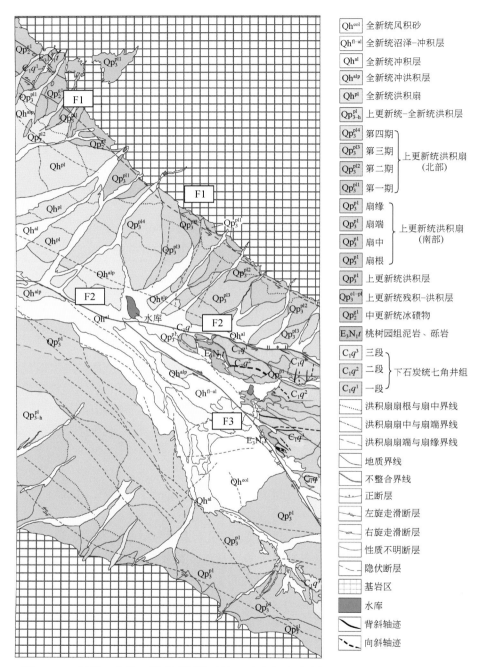

图 9-7　口门子－奎苏一带盆地覆盖区第四系及主要活动断层（F1、F2、F3）分布

（二）晚更新统（Qp_3）

晚更新统地层呈北西－南东向分布在盆地中心两侧至山前地带，是测区内分布最广的地质单元，成因类型包括洪积（Qp_3^{pl}）和残坡积（Qp_3^{esl}）。

1. 洪积（Qp_3^{pl}）

Qp_3^{pl}是测区第四系出露面积最广的地质单元，广泛分布在盆地中心全新世冲积至山前地带。地貌上形成巨大的洪积扇，构成山前向盆地方向低角度倾斜的滩地。岩性主要为灰色－黑色砾石和含砾砂土。根据岩性与地貌上的差异，不能划分出期次的为一期洪积（Qp_3^{pl}），部分洪积扇的扇状地貌明显被晚期洪积扇切割，可进一步划分出四期：Qp_3^{pl1}、Qp_3^{pl2}、Qp_3^{pl3}和Qp_3^{pl4}。

未分期次的洪积物主要分布于填图区南部山前，这一区域洪积扇体型大，扇体形态完整，根据岩性和扇体形态可以进一步划分出扇根、扇中和扇端。洪积扇的砾石成分与基岩一致。扇根以粗大砾石为主，砾石磨圆中等，个别较差，分选差，大的砾石直径多大于10cm，扇面倾角为$10° \sim 15°$；扇中砾石直径多小于$10°$，与砂土混合，仅在低洼的水流流经地出露较多砾石，扇面倾角为$5° \sim 10°$；扇端扇面平坦，倾角小于$5°$，岩性以含砾砂土为特征，多被利用为庄稼地。

南部山前晚更新统洪积期次结构明显，遥感影像上也显示出明显的叠覆关系，可以划分出四期（Qp_3^{pl1}、Qp_3^{pl2}、Qp_3^{pl3}和Qp_3^{pl4}）。岩性以灰色－黑色砾石为主，地表主要表现为近山前砾石增多，向盆地方向砾石含量逐渐减少，转变为含砾砂土。地表靠近山前含砾砂土层的厚度一般小于10cm，向盆地中心方向逐渐增至$50 \sim 100cm$厚。从人工坑露头上观察，晚更新统洪积地表砾石含量的逐渐减少，主要是远离山前洪积细颗粒和风成砂土含量的逐渐增多造成的，地表约1m之下均为颗粒支撑的中细砾石，具有一定的磨圆度，含少量大于5cm直径的砾石和灰色中粗砂透镜体。Qp_3^{pl1}紧邻基岩山体分布，分布范围狭小，地貌较高，且不具备完整的扇体结构。Qp_3^{pl2}和Qp_3^{pl3}分布面积扩大，局部可以明显观察到岩性和地貌上的变化，进而划分出扇根、扇中和扇端亚相。Qp_3^{pl4}扇体相对保存较完整，可以明显观察到扇体的形态及与前期扇体的切割关系，并进一步划分出扇根、扇中和扇端亚相。这四期扇体的划分在地貌上除了扇体形态和切割关系外，晚期形成的扇体明显具有不断向盆地方向迁移的特征，而且海拔及扇体面的坡度在不断降低，说明中、晚更新世以来，测区北部山体的抬升和盆地的持续沉降是主要的构造背景。

2. 残坡积（Qp_3^{esl}）

Qp_3^{esl}主要分布在测区盆地南缘山前，以森林的密集覆盖和暗褐色遥感图像为特征，地貌上紧邻山体向盆地方向的自然延伸。由于森林植被的作用，地表以松散灰褐色含砾砂土为特征，在河沟处可观察到砂土下为棱角状破碎基岩碎石，再向下为基岩。砂土层的厚度一般为$10 \sim 150cm$。

（三）全新世（Qh）

全新世地层主要沿盆地走向分布在盆地中心和山前向盆地方向的低洼谷地中。全新世地层按成因主要分为Qh^{al}、Qh^{pl}、Qh^{alp}、Qh^{fl}、Qh^{al-fl}和Qh^{eol}。

1. 冲积（Qh^{al}）

Qh^{al}在全新世分布范围最广，岩性以灰黑色砂砾石为主，砾石分选性较好，大小多为

$2 \sim 5\mathrm{cm}$，磨圆性中等。地表主要为黄灰色含砾砂土、亚砂土，砂土层以风积和冲积漫滩相沉积为主，厚度为 $30 \sim 200\mathrm{cm}$，多不足 $1\mathrm{m}$ 厚，向盆地北西厚度增大，是当地主要的农耕地。地貌上盆地中心冲积物高出现代河床 $1 \sim 4\mathrm{m}$，越向北切割越深。在山前至盆地方向，亦有间歇性的河流形成的狭窄冲积相砾石堆积，砾石分选性较好，磨圆度中等，砾石直径多小于 $5\mathrm{cm}$，砾石层上覆盖厚度不等，但多小于 $1\mathrm{m}$ 的亚砂土。

2. 洪积（Qh^{pl}）

Qh^{pl} 主要分布在小柳沟水库西南方向，地貌上明显切割早期扇体，在山前比早期扇体低 $10 \sim 15\mathrm{m}$，向盆地方向高差逐渐减小，遥感图上呈灰白色 - 灰色，树枝状暂时性水流发育。岩性以砾石为主，砾石直径多小于 $5\mathrm{cm}$，有一定磨圆度。地表为含砾砂土覆盖，厚度向盆地方面逐渐增大至 $1 \sim 2\mathrm{m}$。根据遥感图解译，Qh^{pl} 可进一步划分为 $\mathrm{Qh}^{pl-扇根}$、$\mathrm{Qh}^{pl-扇中}$ 和 $\mathrm{Qh}^{pl-扇端}$。

3. 洪冲积（Qh^{alp}）

Qh^{alp} 主要分布在测区盆地北东晚更新世洪积扇的扇缘下方，为间歇性流水冲蚀晚更新世洪积物而形成。岩性主要为砾石和含砾砂土，与晚更新世洪积物相同，区别在于全新世洪冲积在地貌上往往明显低于晚更新世洪积，且切割晚更新世洪积，并且全新世洪冲积上分布河道不固定的数条间歇性河流，间歇性河流流经处地表砾石含量高，直径大，磨圆度好。

4. 沼积（Qh^{fl}）

Qh^{fl} 主要呈近东西向沿盆地中央河流分布，岩性主要为灰褐色砂土，地表植被茂密，呈不同大小的草甸状，局部可见厚度大于 $0.5\mathrm{m}$。在鸣沙山北东山前可见一个现代沼泽，沼泽四周水草茂盛，沼泽内部水浅，可观察到水下为黄色砂土，分布面积约 $1\mathrm{km}^2$。

5. 风积（Qh^{eol}）

Qh^{eol} 主要分布于东部鸣沙山一带，沙丘呈北东 - 南西向展布，由数个长垄状沙丘和新月形沙丘组成，单个沙丘长数百米至 $1\mathrm{km}$，高可达百米。沙丘间低洼处可有水出露，并生长水草。沙丘坡上局部湿度大，并生长草。

二、第四纪活动断层

通过对盆地活动断层的系统调研，发现了若干活动断层。对盆地线性重磁异常带进行野外调研和验证，揭示了盆地若干地球物理异常带所刻画的断裂带对盆内的地貌格局具有明显的控制作用，呈现出活动断层的特征（图9-7）。

其中断层 F1 为控制盆地北部与山体基岩的边界断层，从遥感影像中可以看出明显的线性影像，断层通过了中更新统冰碛垄，并使其呈左旋错断，来自地表地质调查的证据也表明此处冰碛垄存在多处走滑错断 [图9-8（a）～（c）]。以上证据表明该断层在中更新世之后存在活动。

另外，不同位置的冰碛垄下发现分别出露桃树园子组泥岩和中 - 上奥陶统庙尔沟组硅质岩等［图9-8（e）、（f）］，而庙尔沟组出露地层位于断裂带以北，冰碛垄直接覆盖其上，而桃树园子组地层出露于断裂带以南，另外根据地球物理反演与其他地表证据，我们认为此断层亦为盆山边界断层。

图 9-8　F1 活动断裂相关证据

（a）遥感影像揭示左旋走滑；（b）、（c）地表冰碛垄被错断；（d）断裂通过处的泉眼；（e）冰碛垄下出露桃树园子组地层；（f）冰碛垄直接覆盖在奥陶系地层之上

断层 F2 位于盆地东部隆起区北侧，构成隆起带北部边界，断层南侧石炭系地层隆升出露于地表，地表可见石炭系隆升高于地表近 150m，北部形成地貌陡边界［图 9-9（c）、（f）］。边界处测得一组断层面，产状多为 80°～90° 高角度北倾，为南北方向伸展作用的结果；此外，断层面上可见多处擦痕，指示左旋走滑性质，根据断层产状及擦痕，证明该处断层为左旋走滑正断性质［图 9-9（a）～（c）、（f）］。

断裂带中段南侧发育隆升的渐新统—中新统桃树园子组长梁，表层覆有 0.5～1m 厚的晚更新世冲积层，其物源为来自北部莫钦乌拉山花岗岩，现崛起于北部盆地洼地约 30m，说明晚更新世以来中部隆起区相对北部至少崛起了 30m，即晚更新世以来中部隆起区仍相对北部滩地发生受断层控制的构造抬升。

该断层往西在石炭系隆升区外延伸为一条横跨研究区的陡坎，陡坎走向约 110°，并存在多条平行阶地，南北两侧均为第四系沉积层，高差约 3m，揭示了断层在第四系以来仍有活动，即晚更新世以来中部隆起区仍相对北部滩地发生受断层控制的构造抬升［图 9-9（d）、（e）］。

综上，断层 F2 形成时间应在盆地形成之后，在全新世仍有活动，为一条活动断层。

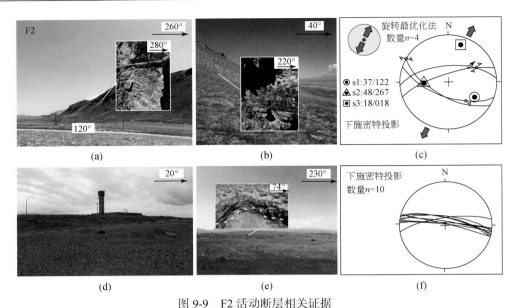

图 9-9　F2 活动断层相关证据

（a）断层及擦痕指示左旋走滑；（b）断层面上水平方向的擦痕；（c）几组断层面及擦痕产状；（d）断层面活动错断第四系；（e）断层经过处的桃树园子组地层露头；（f）十组断层面产状

　　断层 F3 位于盆地东部，总体走向约 140°，与断层 F2 相交，形成时间应与 F2 相近或略晚。可见大量桃树园子组地层随石炭系基岩隆起，桃树园子组断层产状约为 270°∠5°，伴随次生断层，断层两盘错断面上可见断层砾石沿约 290°∠66° 产状排列，由此推测为正断层［图 9-10（a）、（b）］。此外，断层在东部基岩出露区表现为连贯的基岩隆起边界，邻断层粉砂岩基岩中可见产状为 240°∠83° 的一组破裂，破裂面上擦痕产状为 334°∠22°，断层面擦痕线理和阶步指示断层为右旋走滑-正断性质［图 9-10（c）、（d）］。

图 9-10　F3 活动断层相关证据

（a）桃树园子组地层抬升地表及其次生正断层；（b）整体断层走向；（c）石炭系基岩断层面；（d）断层面上的擦痕与阶步；（e）断层在第四系中活动引起的背斜（地震鼓包）；（f）断层通过处的第四系阶地

　　断层活动形成第四纪台阶陡坎，断层中段可见陡坎走向约 140°，陡坎高约 3m，南西侧上升盘发育地震鼓包造成的晚更新世砂砾层的背斜，其两翼产状分别为 340°∠ 15° 和 150°∠ 14°。两翼交线所反映的背斜枢纽方向为 95°，其与断层延伸方向锐夹角指示本盘运动方向，显示右旋性质。鼓包可见多条砂土层裂隙，怀疑为地震活动所引起［图 9-10（e）、（f）］。

　　综上，断层 F3 形成时间应晚于桃树园子组地层形成时间，在全新世仍有活动，为一条活动右旋走滑断层。

第十章 口门子－奎苏一带覆盖区覆盖层三维地质填图

第一节 填图目标

一、覆盖层主要目的层选择

对西部不同形式覆盖层三维地质结构的揭示应该结合不同区域的实际地质情况，选择重要目标地质要素的三维地质结构进行有针对性的揭示，如与地下水含水层或隔水层、煤层、盐岩层等相关的重要目标层位三维结构、重要断裂构造三维组合形式等。

根据测区地质实际，本着有所为有所不为的原则，本项目拟定的有关覆盖层三维地质结构的主要目的层或目标地质要素选择如下：

（1）结合钻孔资料和水井资料所反映的潜水面分布；

（2）沿近地表地球物理勘探线剖面廊带的第四系砾石层分布及主要含水层分布；

（3）基于水井和钻探资料所反映的隔水层分布；

（4）结合地球物理、钻探、水井和地表第四系结构等资料所反映的第四系底面形态；

（5）盆地中的主要活动断裂的三维形态。

需要说明的是，由于资料有限，上述目的层或目标地质要素的揭示难以做到对覆盖区范围的全覆盖，本次工作主要根据有限资料对有限区域做出有限的刻画。尽管如此，上述信息的刻画对整个覆盖区的相关情况也具有重要指示意义。

二、第四系厚度分布

不同形式覆盖层下伏基岩面的三维形态是基岩面地质填图的基准面，也是覆盖层结构的重要方面，因此是覆盖层三维地质填图调查的重要内容之一，应对其进行系统刻画。基于此，本项目综合系列物探资料、钻孔和水井标定资料及地表第四系结构等信息对第四系沉积厚度的三维分布予以揭示。

第二节　方法选择及应用效果

覆盖层三维地质结构的揭示需要借助地表地质调查、物探和钻探的结合。地表地质调查重点在于了解第四纪地质填图单位的类型、主要特征、分布范围、接触关系、厚度变化，以及第四系覆盖区基岩的分布和裸露程度。地质剖面调查的目的是查明第四纪堆积物种类、形成时代、物质成分、厚度、成因类型、接触关系及古气候 - 环境变迁史。有关方法体系与前述的地表第四纪地质调查并无二异，在此不再赘述，只是从三维地质调查的角度需要尽量提取其蕴含的三维信息，如一些侵蚀剖面所切蚀暴露的覆盖层垂向结构及其与基岩的关系。本节重点阐述围绕覆盖层三维地质结构的地球物理勘探方法和钻探方法的选用。

一、近地表地球物理探测

（一）针对填图目标的地球物理方法试验

地球物理勘探方法的适用性除了与勘探目标岩石物性特点相关外，还取决于方法本身的条件制约，特别是近地表地球物理勘探方法影响因素较多。不同方法在不同条件下的适用性千差万别，为此需要开展地球物理方法试验。基于本项目有关覆盖层三维结构的地球物理勘探目标，我们开展了系列浅层地球物理勘探方法实验。

1. 高密度电法

高密度电法是一种集电剖面和电测深于一体的电阻率法，原理与常规的电阻率法相同。高密度电法适用于100m以浅的近地表电分布成像，一般可以查明第四系地质结构、基岩面起伏、岩溶发育、断层、含水层等地质目标。

巴里坤盆地地形场地条件适合高密度电法工作，高密度电法实验结果显示（图10-1），地表以下约120m深度范围内电阻率分布的成层性明显，在10～40m和70～80m以下均出现低阻层，对第四系—新近系成层结构的刻画效果较好。

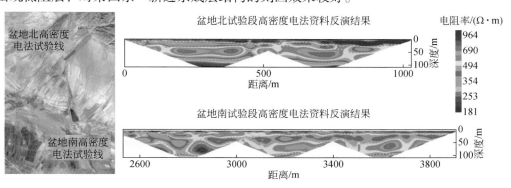

图 10-1　高密度电法试验观测资料反演结果

2. 浅层地震法

地震勘探对成层岩系具有很好的辨识度。地震勘探一般采用地震反射法和折射法。浅层地震反射法可视为一种基于影像的技术，将接收到的人工产生的反射地震波数据进行各种处理后产生地下结构的影像图。浅层地震折射法是利用沿地表排列的一列检波器接收到的折射波来追踪产生折射波分界面的一种方法。一般地，反射波法适用于调查精细的地层结构，而折射波法适用于追踪浅覆盖层下基岩面的起伏。近年来，多道面波分析方法也成为浅层地震勘探的重要方法之一，它是利用面波的频散性来分析和刻画介质的横波速度分布或横波速度结构，包括主动源和被动源多道面波分析方法。主动源采取重锤垂直锤击地面形成震源，野外作业较简便；噪声源主要通过检波器检测环境噪声面波数据并进行相关数据处理。浅层地震主动源与噪声源联合面波多道分析将主动源与噪声源面波数据置于同一分析和反演体系，对获取的横波速度分布而言，不仅具有足够的探测深度，而且还有尽可能高的分辨率。

基于上述，我们首先在调研区开展了 2km 浅层反射 / 折射地震及多道面波分析的方法实验。实验结果显示，浅层地震反射能量弱，难以获得较深层反射波，如果要获得有效的反射波，需要采用大功率震源或潜水面以下激发、高叠加次数，因此调查成本会较高，难以进行区域地质调查工作中的推广应用；另外，调研区古近系—新近系—第四系内部存在多个低速层且较厚，浅层折射地震法无法追踪这些岩性界面。但是，调研区浅层地震原始记录显示多种模式的面波十分发育，适合开展多道面波分析，采用浅层地震主动源与噪声源联合面波多道分析有望获得调研区的一定深度的浅层地质结构。

3. 探地雷达法

探地雷达法是利用宽带短脉冲形式的高频电磁波（主频从十兆赫兹至千兆赫兹量级）在界面上的反射来探测有关的目的物。将发射天线和接收天线紧靠地面，由发射机发射的短脉冲电磁波经发射天线（T）辐射传入大地，电磁波在地下传播过程中遇到介质的电性分界面便被反射或折射，从而被地面的接收天线（R）接收。

我们在调研区先行开展了 2km 的探地雷达方法试验，试验结果显示，调研区地表条件较难满足探地雷达的地形要求，开展此方法难度较大。另外，调研区潜水面较浅，一般为 10 ~ 20m，探地雷达在该区近地表调查中难以获得有效信号。

（二）地球物理勘探的优选方法组合

基于前述调研区所具有的第四系和古近系—新近系双层覆盖特点所梳理出的基本工作目标和内容，在上述近地表地球物理勘探方法试验结果的基础上，综合考虑成本因素，形成了针对调研区覆盖区的经济有效的物探方法组合，即通过区域磁法、区域重力和剖面大地电磁测量约束双层覆盖的基岩面地质结构和基岩面起伏；通过高密度电法和浅层地震面波频散分析（结合背景噪声观测）约束第四纪覆盖层及可涉及深度范围内（一般在 200m以浅）的第四系下伏岩石结构和第四系基岩面起伏。

第四系重要目标地质要素的约束主要采用近地表地球物理方法，根据近地表地球物理方法实验结果，较为经济有效的近地表地球物理方法为高密度电法和浅层地震（主动源和噪声源相结合）面波频散分析。高密度电法的重要探测目标是近地表沉积物的构造及含水情况，浅层（面波）地震法的探测目标为近地表沉积物的主要结构特征，如松散结构的沉积物，固结较好的沉积物及弱风化地层岩石等。这些物探方法的运用，可为解剖覆盖区内部结构和沉积物特征提供重要证据。但是，对全区第四纪地质结构进行全面约束显然工作量投入过大，本着有所为有所不为的原则，我们选择重点区段，特别是主要农作物经济区各部署两条高密度电法剖面和一条浅层主动源和噪声源联合面波频散分析剖面探索主要目标地质要素如含水层、隔水层、（含水）活动断层等的分布情况，以为当地经济建设和发展提供近地表一定深度范围内（200m 以浅）的地质背景资料。地球物理工作部署图详见第三部分。

（三）方法应用及效果

1. 浅层地震法

根据前期试验结果，本区采用浅层地震主动源与噪声源联合面波多道分析方法探测浅层地质结构。

1）测线布设与数据采集

由于现场施工环境限制，实际测线布设在 C 线附近并分成 4 段，即从南至北依次为 C-1、C-2、C-3 和 C-4（图 10-2），主动源和被动源面波方法分别在测线上实施。

图 10-2　浅层地震测线布置图

根据开工前试验，主动源和被动源面波方法野外数据采集均采用 Reftek125A 微型地震仪和 2.5Hz 垂向检波器。主动源数据采集用 48 道接收，道间距 10m，炮间距 30m，采样率 250Hz；人工震源采用落锤式震源车；48 台地震仪用 GPS 仪统一授时。被动源数据采集也使用 48 台地震仪记录，数据采集时间为工作日北京时间 10∶00～18∶00。

2）工作质量评价

野外工作质量评价是本方法的主要步骤，主要通过仪器一致性、噪声源分布和 MASW 数据质量三方面进行。

① Reftek125A-01 地震仪

Reftek125A-01 地震仪（2.5Hz 检波器）仪器一致性试验表明（图 10-3），信号的相位一致性较好，振幅有微小的差异；低频信号的相位一致性比中高频信号的一致性稍差。通过计算每个台站信号间的相位差发现三个频段对应的均方差分别为 8.6ms、2.5ms 和 2ms，根据频散曲线计算公式可得相速度误差在 1 ～ 5Hz 的低频范围内最大可达到 65m/s，而在 5 ～ 10Hz 和 10 ～ 30Hz 的中高频范围内相速度误差均在 1 ～ 5m/s，能够满足浅部的勘探要求。

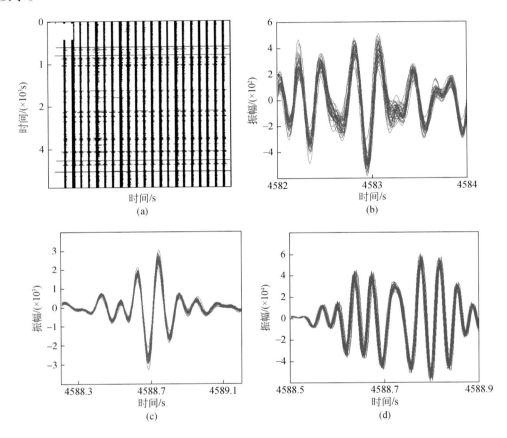

图 10-3　地震仪连接 2.5Hz 检波器的一致性

（a）2.5Hz 检波器的一致性；（b）低频信号（1 ～ 5Hz）；（c）中频信号（5 ～ 10Hz）；（d）高频信号（10 ～ 30Hz）

②噪声源分析

噪声源分析采用频谱能量密度法（PSD）、聚束法（Beamforming）及陈列台站互相关对 37 台中高频微型地震仪记录到的噪声特征进行分析。

频谱能量密度法（PSD）分析。本次背景噪声水平分析 PSD 的计算过程类似于 McNamara 等（2004）描述的方法。原始数据首先被分为每小时一段，每段时长 1h 的数据又分为 13 段相互重叠 75% 的片段，每个片段都进行去均值、去趋势、0.1 cosine taper、FFT 计算 PSD；最后，13 个片段得到的 PSD 叠加平均作为那一个小时的 PSD。图 10-4 为大部分地震仪接收到的噪声的能量谱密度分布，均在全球新高噪声模型（NHNM）和新低噪声模型（NLNM）范围内，并可以看到该频段内的微震峰值，说明该时间段大部分的地震仪接收到的噪声水平有效可信。

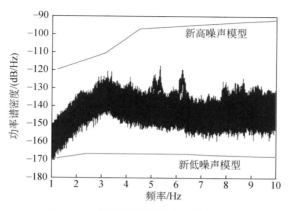

图 10-4　实际采集数据功率谱密度图

聚束法（Beamforming）分析。将原始记录按 1min 时长分段，对每段数据去均值、去趋势、谱归一化，然后利用不同台站相同时间段的数据进行聚束分析。图 10-5 是连续 4 个小时的聚束分析图，噪声源分析结果显示噪声源主要集中在 1 ～ 4Hz，主要来自阵列南边和西边（即公路和巴里坤县城的方向），且噪声源在南边公路方向始终保持较高的能量。相速度为 500 ～ 700m/s，对应慢度 1.4 ～ 2s/km。由于噪声源正好沿测线方向，因此能够很好地利用背景噪声来探测地下横波速度结构。

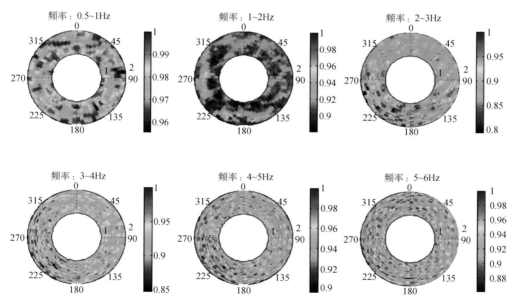

图 10-5　中高频微型地震仪记录的不同频段噪声方位－慢度图

观测时间为 4h

　　阵列台站互相关分析。对所有展布的地震仪记录的数据进行互相关,按不同的台站对的方位角范围将互相关结果分别画在不同的图上。理论上,如果噪声源分布均匀,那么所得到的互相关函数是对称的。而实际观测中,台站记录到的噪声源很不均匀,从互相关函数信号的方向就可以大致判断噪声源的方向。结果显示 0°～90° 噪声的方向性最强,且为正方向,说明台站 180°～270° 方向上存在较集中的噪声源(图 10-6)。这与聚束法的结果一致。

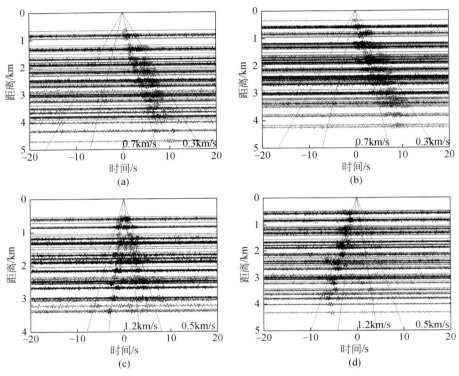

图 10-6　不同方位上的台站互相关经过 1～4Hz 带通滤波后的结果

(a) 0°～45°;(b) 45°～90°;(c) 90°～135°;(d) 135°～180°

③ MASW 质量评价

　　主动源观测数据质量较高,面波发育完整,绝大部分炮集记录的频散能量图中频散曲线连续,频带范围主要集中在 7～30Hz。靠近盆地中心的测线段,由于地表是松散的细砂土,能量衰减快,所以接收到的数据质量较差。被动源测线观测数据质量总体尚可,测线段 C-1和 C-2 可以提取较连续的频散曲线,C-3 和 C-4 段距噪声源(公路)较远,信号弱,观测质量相对差。

3)数据处理与反演

①主动源面波方法

　　主动源数据处理的主要工作是编辑炮集记录,并获取频散曲线。频散曲线的提取采用了高分辨率线性拉冬变换(HRLRT)(Luo,2008),以提高分辨率。

图 10-7 显示了本次工作中两炮的炮集记录及其对应的频散能量图，根据频散能量图拾取基阶瑞利波频散曲线。每个炮点有两次炮集记录，选取其中较好的一炮进行频散分析，若两炮记录都很好，则将两次记录叠加，再做频散分析，提取频散曲线。将得到所有排列的频散曲线按排列中心点的位置排列，即得到相速度频散剖面。

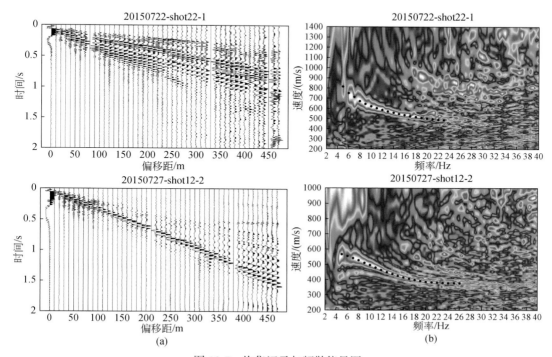

图 10-7 炮集记录与频散能量图

（a）两个炮集记录；（b）两上炮集对应的频散能量图。蓝色点为拾取的频散曲线

根据 Xia 等（1999）提出的方法来设置反演初始模型，并利用 CPS 软件反演得到地下横波速度结构。每个排列频散曲线需建立不同的分层模型，每层 10m，层数不等，通过对每条频散曲线反演都可以得到一个一维的横波速度结构，如图 10-8 所示。根据前人的研究，面波勘探中每一炮记录反演得到的横波速度模型可以认为是检波器排列所在地下平均模型的体现（Luo et al.，2009），因此将每个排列的反演结果作为其中点位置上的横波结构即得到二维横波速度剖面（图 10-9）。

从反演得到的横波速度剖面可以看到，自山前向盆地方向速度也逐渐减小，可能反映第四系沉积物粒径逐渐减小。由于古近系—新近系泥岩的横波速度与第四系卵砾石的横波速度相差不大，因此很难准确判断古近系—新近系与第四系的界面位置。

②被动源面波方法

被动源面波方法是利用背景噪声研究地下结构，即将两台站地震记录进行互相关计算来提取两台站间的经验格林函数，并利用 FTAN 方法获取面波频散曲线，进而反演得到地下横波速度结构。

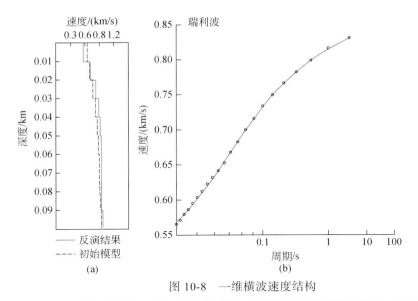

图 10-8 一维横波速度结构

（a）C-1 测线 3.5km 处的初始横波速度模型（蓝色虚线）和反演迭代后的横波速度结构（红色实线）；（b）实测相速度频散曲线（红线）与反演得到的模型模拟的频散曲线（圆点）之间的对比图

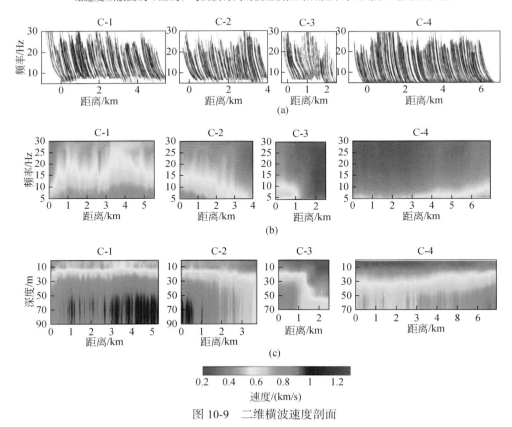

图 10-9 二维横波速度剖面

（a）各测线主动源观测得到的瑞利波相速度频散曲线；（b）各测线主动源观测得到的相速度剖面；（c）利用各测线主动源观测资料反演得到的横波速度剖面

　　将每段测线上所有台站观测到的平稳有效数据分为 1h 一段，每对台站数据互相关并叠加，将结果按台站对间距排列在一起。根据互相关结果，采用 FTAN（频率－时间分析）方法计算两台站间瑞利波的相速度及群速度频散曲线，如图 10-10 所示。根据前人的研究，相速度的测量精度高于群速度的测量精度，因此利用相速度频散曲线反演横波速度的结果更可靠。但不是所有的台站对都能够计算得到各个频点有效的相速度值，距离太近或太远都会导致计算结果不可信，选取台站间距为 3 ～ 5 倍波长的"合成分量"进行 FTAN 的计算。

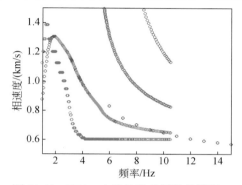

图 10-10　FTAN 方法拾取的频散曲线图

绿色圆圈为拾取的基阶瑞利面波相速度频散曲线，红色圆圈为群速度频散曲线，蓝色圆圈为不同相位解缠计算的相速度频散曲线，黑色圆圈为参考相速度频散曲线

　　利用 CPS 软件对拾取的频散曲线进行反演可得到横波速度剖面（图 10-11），从剖面上看，被动源面波方法可探测深度达到 150m。由于被动源面波的频段仅在 1 ～ 10Hz，不足以反映浅部信息，因此被动源方法反演的横波速度在浅部的可信度不高。

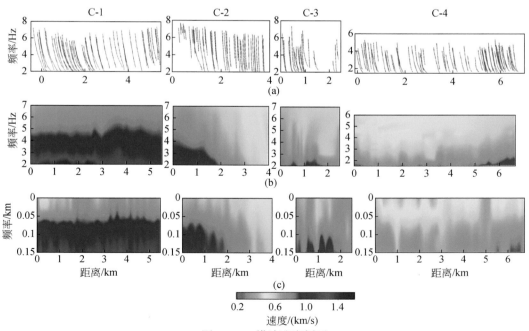

图 10-11　横波速度剖面

（a）和（b）分别为被动源观测得到的瑞利波相速度频散曲线剖面和相速度剖面；（c）为测线被动源观测资料反演得到的横波速度剖面测到的横波速度剖面

4）一维面波层析成像

在前人提出的二维面波层析成像（SWT）方法的基础上，将二维平面上的路径限制在一维的测线上，将剖面网格化，利用混合路径的相速度频散曲线反演得到纯路径频散曲线，以提高数据的横向分辨率。具体方法如下：将主动源实际观测测线投影到被动源观测的 4 段测线上，把每个排列的频散曲线作为其首尾台站对的瑞利波相速度频散曲线，使测线剖面网格化，随后运用 SWT 反演得到每个网格下方的相速度频散曲线，再利用 CPS 反演得到每个网格下方的横波速度结构。

由于层析成像是按照不同的频点进行的，所以为保证每个频点有足够多的路径穿过每个网格，我们只取 6 ~ 20Hz 的频段进行层析成像。考虑到网格如果划分太小，穿过每个网格的路径数就会减少，会使反演很不稳定，经过检测板试验我们最终选择 200m 的网格大小，图 10-12（a）中显示的是层析成像得到的各个网格下方的相速度频散曲线构成的剖面。对各个网格下方的相速度频散曲线利用 CPS 进行反演，即得到横波速度剖面［图 10-12（b）］。

对比主动源 MASW 方法和一维层析成像方法得到的横波速度剖面可知，两个结果在趋势上大致相同，速度结构基本相近，说明一维面波层析成像的方法在这里是适用的，合适的网格大小和正则化参数的设置是反演得到稳定相速度结构的关键。

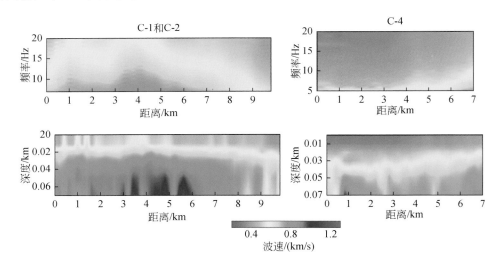

图 10-12　相速度频散剖面和横波速度剖面

上图为 C-1、C-2 及 C-4 测线主动源面波频散曲线采用一维面波层析成像得到的相速度频散剖面；下图为上图反演得到的横波速度剖面（从左到右表示从南向北）

5）主动源与被动源联合面波层析成像

主动源方法勘探深度有限，为加深勘探深度，利用一维层析成像，将被动源提取的频散曲线与主动源提取的频散曲线有机地结合在一起，图 10-13 中显示的是测线 C-1 和 C-2 提取的所有的频散曲线，主动源与被动源提取的频散曲线整体有较好的连接，但是由于主动源与被动源的观测系统不同，不能直接相连接，可通过层析成像方法将主动源和被动源频散曲线反演到相同的网格内，图 10-14 即为层析成像后得到的频散曲线。

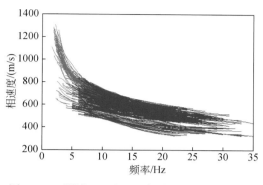
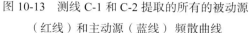
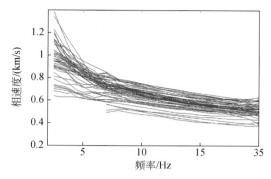

图 10-13　测线 C-1 和 C-2 提取的所有的被动源　　　　图 10-14　层析成像后得到测线 C-1 和 C-2 的
（红线）和主动源（蓝线）频散曲线　　　　　　　　　综合相速度频散曲线

　　图 10-15（b）为通过 CPS 最终反演得到的 C-1 和 C-2 横波速度剖面，通过结合被动源中的面波信息，将勘探深度加深至 150m，虽然还没有达到勘探基岩面的深度，但是对于探测浅中部的地层结构很有帮助。横波速度向下基本呈层状递增分布，并向盆地中心倾斜，横波速度从浅部的 0.4km/s 逐渐增加到深部的 1.4km/s，没有特别明显的速度间断面。

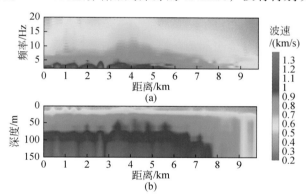

图 10-15　相速度频散剖面和横波速度剖面
（a）测线 C-1 和 C-2 通过主动源与被动源联合面波层析成像得到的相速度频散剖面；（b）为（a）反演得到的横波速度剖面

6）方法应用效果

　　根据主动源与被动源联合面波层析成像方法得到横波速度结构剖面（图 10-16），认为测线下覆盖层可分为三层结构。

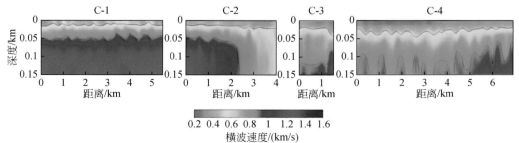

图 10-16　主动源与被动源联合面波层析成像及解释

表层为松散的砂土和砾石，横波速度为 200 ～ 500m/s；根据钻孔揭示的情况，其下为以中粗粒含砾石固结较差的泥质层，因富含地下水，故速度略高于表层，为 500 ～ 700m/s；第三层下层横波速度接近 1000m/s，推测该层固结程度比上层高，受基岩面起伏影响指示厚度变化较大；覆盖层底部横波速度高于 1000m/s，可能为古近系—新近系固结较好的泥岩。由于古近系—新近系顶部与第四系都属松散性介质，波速差异不大，因而其分界面在波速结构上难以反映。此外，由于 C-3 和 C-4 测线段远离噪声源，被动源方法成像质量受到影响，深部信息相对较弱，以致这两条剖面深部速度结构可靠性相对较低。

2. 高密度电法测量

作为浅层地质调查的传统方法，高密度电法工作的主要目的和任务是探查巴里坤盆地覆盖层结构特征以及与地下水相关的问题。根据地表岩石、砂土及钻井样品测试，表层松散物质电阻率较高，尤其在砾石含量高的情况下可高达 1000Ω·m，而当含水时电阻率会显著降低；古近系—新近系泥岩或尚未固结的红土层电阻率较低，钻孔岩心测试结果表明，原始常态下古近系—新近系在 n ～ 100Ω·m，属低阻介质；测区古生代基岩电阻率较高，超过 1000Ω·m。物性条件为高密度电法有效实施奠定了基础。

1）测线布设与野外采集

根据工作任务高密度电法布设了两条测线，一条位于覆盖层较厚的盆地腹部（C 线），一条位于覆盖层相对较薄的盆地东部（D 线），如图 7-2 所示。其中 C 线与大地电磁 C 剖面重叠。

野外勘探工作采用 GeoPen 公司生产的高密度电法仪——E60DN 型电法工作站。E60DN 型电法工作站是一种新型的电法仪，仪器采用程控方式进行数据的采集和电极控制，采集的数据以图像的形式实时显示在屏幕上，以便实时监控资料的质量。所用的装置和技术参数如下：采用温纳装置，为了达到预定探测深度，电极距设计为 5m，常规排列使用 30 根电缆，电极总个数为 240 根，一个排列剖面长度 1.2km；实行滚动排列，相邻两个排列之间覆盖 0.6km。温纳装置（对称四极装置）适用于固定断面扫描测量电极排列。测量断面为倒梯形，测量时 AM=MN=NB 为一个电极间距 ABMN 逐点同时向右移动（图 10-17）测得同一极距剖面，不断增大极距 AM、MN 和 NB，且 A、B、M 和 N 极同时逐点向右移动，测得另一个极距剖面，如此不断扫描测量得到倒梯形测深断面。

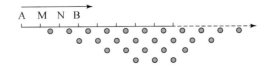

图 10-17　温纳装置 Wenner（Alpha）

A，B 为供电电极；M，N 为测量电极

2）工作质量评价

在测量过程中，为了保障数据质量采取的措施包括：电源接通后，确保每一个电极都能接通；给电极浇注盐水，确保接地电阻均在 2000Ω·m 以下；仪器开始测量后，仪器操作人员要守在主机旁，严格把关测量结果，一旦出现异常情况，及时查找原因；出现异常点时，及时对该异常点进行重复测量。

通过对比相邻两个测量段之间的重复测量，可以对野外实测数据质量进行评价。图 10-18 分别给出了 2015 年 8 月 5 日两个重复测量段的视电阻率剖面。对比可知重复测量的结果基本一致，误差非常小，表明采集的数据是可靠的。

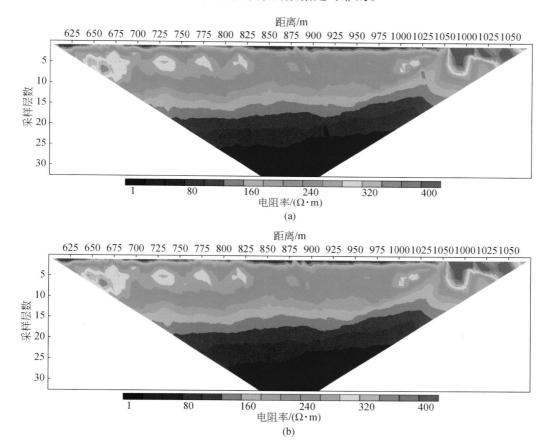

图 10-18 两个重复测量段的视电阻率剖面

（a）第一次测量的视电阻率剖面段；（b）第二次测量的视电阻率剖面段

对比所有重复测量段数据，结果基本一致。这表明通过合理的野外作业技术及为保障数据质量所采取的措施，所得到的观测数据是可靠的，可以进行后续的数据处理、反演解释的工作。

3）数据处理与反演

野外采集的数据应用高密度数据处理软件 Res2DInv 完成，主要是对原始数据进行检查、剔除和必要的圆滑。剖面电阻率二维反演工作也用该软件完成。图 10-19 为工区内 S303 以南的 D 测线一段高密度电法反演结果。

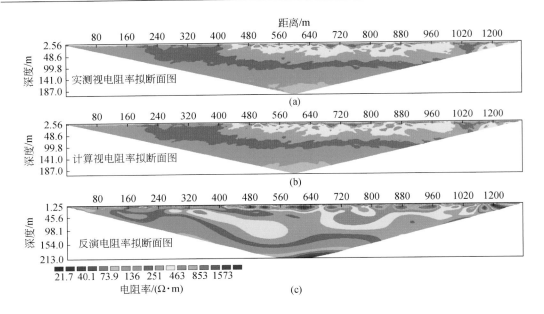

图 10-19　D 线松树塘山坡地段（D220 ～ D208）反演电阻率断面

（a）实测视电阻率；（b）拟合结果；（c）反演电阻率结果

4）方法应用效果

两条横穿盆地的高密度电法剖面探测获得的盆地覆盖层电性结构表明，盆地内覆盖层可分为四层（图 10-20）。

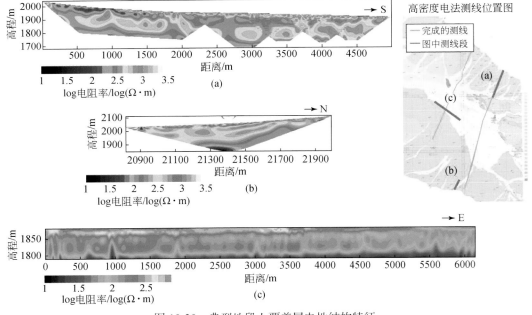

图 10-20　典型地段上覆盖层电性结构特征

（a）、（b）和（c）分别展示了莫钦乌拉山南坡、哈尔里克山北坡和盆地腹部地段覆盖层电性特征

表层：具有高电阻率，分布较普遍但厚度不均，一般为 1～10m，最厚可达 20m 以上；

第二层：电阻率较低，推测为含水层，在盆地不同地段分布特征不一，厚度不大且不连续；

第三层：电阻率较高，厚度变化较大且不连续，盆地南、北山前地段较厚，可能为隔水层的反映，该层顶面可能为第四系与新近系地层分界线；

第四层：低阻层，钻孔岩心电阻率测试表明渐新统—中新统（不同固结程度）泥岩电阻率为 50～100Ω·m，故推测为泥岩的反映。

由于高密度电法勘探深度有限，除个别地段以外，本次探测成果未能揭示古生代基岩特征。

二、钻孔岩心揭示

基于地球物理勘探结果，对巴里坤盆地覆盖区覆盖层相对较薄的部位部署实施了 6 个钻孔，从钻进的效果来看，对第四系结构揭示的效果分析如下。

（1）潜水面的深度：根据钻机注水情况的变化能够了解到出水深度，从而确定潜水面深度。钻探结果显示一般潜水面深度为 10～20m。

（2）第四系厚度：第四系与渐新统—中新统桃树园子组的界面深度。除了 ZK6 由于第四系深度较大，可预见不能见到第四系底面外，其余 5 个钻孔均在可预见的深度范围穿过第四系与渐新统—中新统桃树园子组的界面，两者岩性存在突变，由第四系灰色－灰黄色洪冲积砂砾层突变为渐新世—中新世桃树园子组紫红色粉砂质泥岩层。

（3）第四系内部结构：测区第四系沉积主要为晚更新世以来的洪冲积砂砾层。其结构松散，固结程度差，钻孔取心率低，一般为 60% 取心率，使得测区第四系内部结构的钻孔揭示效果不太理想。即便是 60% 的取心，由于其中砂泥流失，一些较大砾石随着钻进发生磨碎，因此，原始结构实际发生不同程度的破坏改变。因此，第四系内部结构虽然能够根据岩心砂砾石成分变化做出大致分层判断，但较难反映第四系内部的细结构，隔水层或含水层的信息也未能得到很好的揭示。

第三节　口门子－奎苏一带盆地覆盖区第四系三维结构

一、第四系含水层、隔水层的三维分布

（一）收集水井资料的信息

巴里坤盆地为一个小型的山间凹陷盆地，盆地内主要被第四系沉积物覆盖，仅在盆地边缘与前新生代基岩接触部位出露少量古近系—新近系地层。第四系沉积以洪积砾石为主，

夹少量砂层，与下伏古近系—新近系棕红色粉砂质黏土、黏土质粉砂呈不整合接触。由于砂砾石空隙大，是第四纪盆地内主要的含水层，而古近系—新近系黏土层则是主要的隔水层。因此，古近系—新近系黏土层在地下的面状展布是最重要的一个隔水层。第四系内部由于沉积环境和岩性的频繁变化，没有大量的钻孔资料很难掌握含水层和隔水层的三维分布。

自 20 世纪 80 年代以来，随着巴里坤盆地内人口的大幅增加，耕地扩增，为满足人们饮水和农业灌溉需求，在盆地内修建了大量的水井。本项目从当地水利局收集了盆地 25 口水井的信息（表 10-1），通过对村民的走访调查了 40 口水井的信息（表 10-2），并对有利用价值的井进行了信息统计和剖面图的清绘。收集到的井的位置基本涵盖了整个巴里坤盆地，我们绘制了四条水利局收集的（Ⅰ、Ⅱ、Ⅲ、Ⅳ）有代表性的水井的联井剖面图，各联井剖面的位置（图 10-21）和剖面图如图 10-22 ～图 10-25 所示。将走访村民获得的代表性水井剖面信息总结为图 10-26。

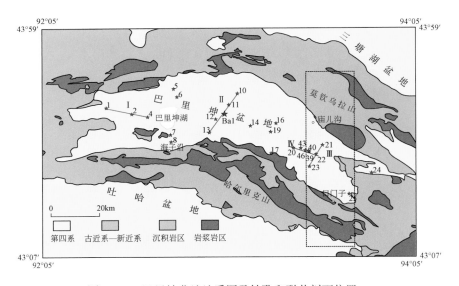

图 10-21 巴里坤盆地地质图及钻孔和联井剖面位置

表 10-1 巴里坤盆地水利局提供的水井信息统计表

井编号	井类型 - 年代	坐标 X	坐标 Y	井深 /m	初见水位 /m	稳定水位 /m	岩性描述
1	水井 -20 世纪 80 年代	4840378.8	16458057.9	151.31	干孔	干孔	上部为第四系含土砂、中细砂及亚砂土，下部为古近系 — 新近系泥岩
2	水井 -20 世纪 80 年代	4837646.0	16468591.9	149.21			主要为第四系亚砂土黏土与砂砾石层相间分布，局部夹有中细砂层
4	水井 -20 世纪 80 年代	4836350.4	16475095.6	98.68	4.95	1.20	主要为第四系亚砂土层、亚黏土层夹砂砾石及粉 - 细砂层
4-1	水井 -20 世纪 80 年代	4836350.4	16475095.6	194.70	29.20	4.80	主要为第四系亚砂土层、亚黏土层夹砂砾石及粉 - 细砂层

续表

井编号	井类型－年代	坐标 X	坐标 Y	井深/m	初见水位/m	稳定水位/m	岩性描述
5	水井－20 世纪80 年代	4848297.3	16485811.4	116.37	15.50	1.86	上部为第四系砂砾层、亚砂土层及亚黏土层，下部为古近系—新近系泥质、砂质砾岩
6	水井－20 世纪80 年代	4844969.4	16487209.4	91.24	5.67	9.49	主要为第四系亚砂土层和亚黏土层互层
7	水井－20 世纪80 年代	4828737.4	16484463.9	88.76	0.80	19.90	上部主要为卵砾石层含薄层亚砂土及中－粗砂层，下部为亚砂土层
8	水井－20 世纪80 年代	4825721.5	16484749.7	114.40	65.03	65.47	主要为第四系卵石层，夹有薄层含砾亚黏土层
10	水井－20 世纪80 年代	4846377.9	16512077.9	152.29	44.03	46.07	上部为第四系砂－砂砾石层、亚砂土层及亚黏土层，下部为古近系—新近系泥岩及砂岩互层
11	水井－20 世纪80 年代	4841693.4	16508519.0	150.56	4.10	14.64	上部为第四系砂－砂砾石及亚砂土层，下部为古近系—新近系泥岩
12	水井－20 世纪80 年代	4835331.9	16503157.2	95.50	11.14	14.46	主要为第四系亚黏土－黏土层和砂砾石层互层
12-1	水井－20 世纪80 年代	4835331.9	16503157.2	501.74	1.53	1.70	上部为第三系黏土层和砂砾石层，下部为古近系—新近系泥岩
13	水井－20 世纪80 年代	4829763.5	16500501.4	131.56	3.20	3.20	主要为第四系亚砂土、亚黏土层夹卵砾石层及粗砂层
14	水井－20 世纪80 年代	4832428.6	16517492.9	138.80	1.20	3.60	主要为砂砾－卵砾石层与亚黏土和亚砂土层互层
16	水井－20 世纪80 年代	4833497.4	16527973.0	150.82			主要为卵砾石和砂砾石层夹有含砾砂土层和粗砂层
17	水井－20 世纪80 年代	4820848.2	16525964.8	184.29	4.60	7.70	主要为砂砾石层与卵砾石层互层，并夹有亚黏土层，底部为泥砾石层
19	水井－20 世纪80 年代	4829925.9	16525812.9	63.48	16.28	17.64	第四系卵砾石层夹含土砂砾石层及含砾粗粉砂层
20	水井－20 世纪80 年代	4823183.5	16535060.5	98.18	0.33	15.63	主要为第四系卵砾石层、亚砂土层及黏土层
21	水井－20 世纪80 年代	4824320.6	16547145.3	123.60	干孔	干孔	第四系砾石层，顶部为薄层的含砾亚砂土层
22	水井－20 世纪80 年代	4820544.7	16544586.9	120.17	7.03	22.75	上部为第四系砂砾石层，下部为古近系—新近系泥岩
23	水井－20 世纪80 年代	4815177.8	16541774.1	102.69	干孔	干孔	主要为第四系卵石层，顶部为薄层含砾亚黏土层
24	水井－20 世纪80 年代	4803503.5	16558034.8	80.30	1.60	4.12	上部为第四系亚砂土、亚黏土层及砂砾石层，下部为古近系—新近系泥岩
25	水井－20 世纪80 年代	4812388.0	16567315.3	80.74	32.5	33.78	主要为第四系砂砾石层，及含土砂砾石层，局部夹有亚砂土及粗砂层

表 10-2　巴里坤盆地走访村民获取的水井信息表

井编号	井类型及时间	坐标 X	坐标 Y	井深 /m	水位 /m	岩性描述
#001	人工引用井	532568.67	4827598.8	12		土层厚 2.78m，以下砂砾混合粒径为 0.5 ~ 5cm，砾石占 60% 以上
#002	灌溉井（2014 年 7 月）	533510.69	4828340.39	100		土层 1m 多厚，以下砂土混合，砾石成分占 70% 以上，粒径在 0.01 ~ 5cm，大部分砾径小于 1cm
#003	浇地水井（2009 年）	534150.83	4827337.13	100		井内砾石含量大于 70%，粒径多小于 0.5cm
#004	灌溉井	534019.81	4828876.02	100		
#005	灌溉井（10 年以上）	535190.85	4829080.08	120		土层不到 1m，粒石粒径在 1 ~ 2cm
#006	灌溉井（1998 年）	530759.81	4829849.36	80		土层 0.5m，以下粒径在 5cm 以内，砾石占 50% 以上
#007	人工吃水井（1999 年）	534063.01	4825762.36	11.5		土层 3m 左右，以下为砂砾混合，砾石占 80% 以上，粒径多小于 1cm
#008	人工井浇地（30 年以上）	534260.89	4825699.56	20		土层厚 2 ~ 3m，以下为砂砾混合，砾石占 60% 以上
#009	人工浇地水井（30 年以上）	534642.76	4825536.16	40		土层不到 3m，土层下为细砂（较多）和砾石
#010	人工浇地井（1979 年）	534827.18	4826818.5	55	12	土层厚 1 ~ 2m，以下为砂砾互层，砾石占 80% 以上，粒径多小于 1cm
#011	灌溉井（1998 年）	533944.76	4822283.47	70	12	土层在 1.7 ~ 1.8m，水位 12m，看不到白砂
#012	饮水井（1998 年）	535119.94	4828690.57	70		土层不到 1m，往下有砂砾，粒径在 0.2 ~ 5cm 范围，80% 以上为小于 1cm 的砾石，有较多面砂
#013	浇地水井（1998 年）	535267	4828628.93	60		土层在 1m 左右，以下为砂石，80% 的粒径小于 1cm
#014	浇地水井（2002 年）	535815.55	4829218.47	100	50	土层小于 1cm，面砂较多，以下主要为砾石，粒径大多数小于 1cm
#015	人工饮水灌溉井（1973 年）	537247.65	4827263.02	40	13 ~ 14	土层厚 3m，以下为砂砾
#016	灌溉井（1991 年）	538325.18	4827080.77	80		土层厚 2m，往下全是砂砾混合
#017	灌溉井（1998 年）	538836.74	4826546.29	99	50	土层厚 2m，往下全是砂石
#018	灌溉井（2013 年）	536636.37	4826276.35	100		土层厚 2.5m 左右，在底下 30m 左右有一层锈砂土
#019	灌溉井（2013 年）	535786.62	4824828.64	100		土层厚 2.5m 左右，在底下 32m 左右有一层锈砂土，粒径大多数在 1cm 以下
#020	灌溉井（2013 年）	536556.1	4824264.12	100		土层 2m 厚，底下 32m 处有一层 1m 厚的含砾锈砂层
#021	灌溉井（2013 年）	536164.01	4823569.52	100		土层 1m 厚左右，以下粒径小于 1cm
#022	灌溉井（1978 年）	538521.89	4822825.09	30	13	土层厚约 1m，底下 34m 处有一层锈砂土
#023	灌溉井（2013 年）	538164.9	4823062.11	80	14	土层厚 1m，以下为粒径小于 1cm 的砾石，不见面砂
#024	灌溉井（2014 年）	537827.94	4823310.62	80	14	土层厚 1m，水位 14m，粒径小于 1cm

续表

井编号	井类型及时间	坐标 X	坐标 Y	井深/m	水位/m	岩性描述
#025	灌溉井（2013 年）	541601.27	4821513.83	100	18	土层厚 0.6～0.7m，土层以下为砂砾，砾石占 70% 以上，砾石粒径多小于 1cm，最大可见 5cm
#026	灌溉井（2013 年）	541368.31	4821839.02	100	18	土层厚 0.7m，水量较大
#027	饮水井（1996 年）	544406.03	4820782.12	12		12m 处可见含砾锈砂土，不到 1m 厚
#028	灌溉井（19 号井）	543333.26	4819174.53	约 100		
#029	灌溉井（7 号井）	534396.16	4821883.74	约 100		
#030	灌溉井（6 号井）	543983.23	4818343.42	约 100		
#031	灌溉井（17 号井）	543427.89	4818296.93	约 100		
#032	灌溉井（5 号井）	543712.74	4818004.33	18.3（不准确）	15.4	
#033	灌溉井（4 号井）	543983.61	4817487.22	约 100		
#034	灌溉井（3 号井）	543498.3	4817024.59	约 100		
#035	灌溉井（巴奎 0133）	535334.54	4821231.14	约 100		
#036	人工干涸吃水井	536657.34	4826612.94	38		土层厚 2m，以下为砾石层，粒径在 1～2cm，土层下的砾石大多数都小于 1cm
#037	饮水井	541854.22	4815225.72	183		井深 183m，未打到基岩
#038	饮水井	556024.7923	4813750.937	<10	约 7	肉红色细砾，砾石成分主要为花岗岩风化形成的长石和石英
#039	饮水井	553953.4458	4814045.619	<10	约 2.5	肉红色细砾，砾石成分主要为花岗岩风化形成的长石和石英
#040	饮水井	549807.176	4810952.193	22	8	井的直径仅 15cm。该井含水层位为 8～17m，为地表水，17～22m 不含水，为渐新统 — 中新统桃树园子组红层

Ⅰ号联井剖面（图 10-22）：该剖面位于盆地的最西缘，大致呈东西向，由三个钻井剖面组成。联井剖面图表明，1 号井在 69.40m 处见到古近系—新近系泥岩，其东侧的 2 号井和 4 号井均为第四系沉积物。2 号井和 4 号井开始出现黏土层的深度由 21.81m 快速下降到 125.02m；此外，4 号井在 194.7m 处仍为第四系砂砾石层，而最西侧的 1 号井第四系厚度仅为 69.40m。以上特征揭示出巴里坤盆地从 1 号井向 4 号井第四系厚度有一个快速的增大。

Ⅱ号联井剖面（图 10-23）：该剖面位于盆地的中段，呈北北东－南西西向横跨整个盆地，由四个钻井剖面组成。联井剖面图表明，10 号井、11 号井和 12 号井均打到了古近系—新近系的砂岩，但其上第四系的厚度由 67m 增大到 269.05m；古近系—新近系之上均为一套亚砂土-黏土和砂砾石的沉积单元组合，各沉积单元厚度亦逐渐增大。13 号井未见有古近系—新近系地层，第四系沉积物成分复杂，自下而上成分为一套砂砾石-亚黏土、粒度由粗到细的沉积组合。以上特征揭示出巴里坤盆地在该剖面位置处，第四系沉积厚度从北向南逐渐增大，并且从 11 号井到 12 号井有一个快速的增厚。

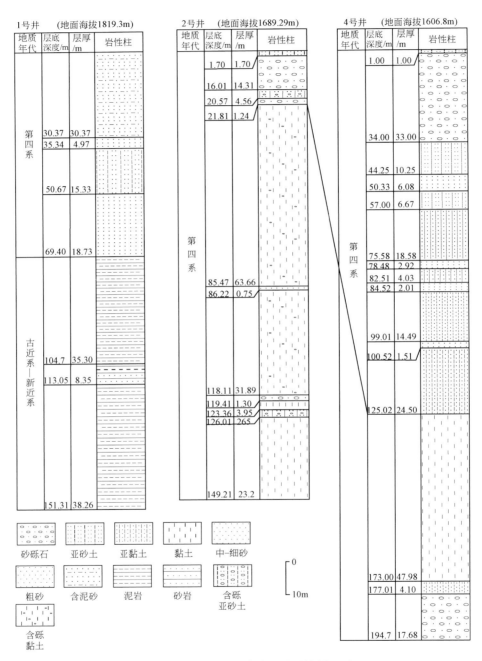

图 10-22 巴里坤盆地水井 I 号联井剖面图

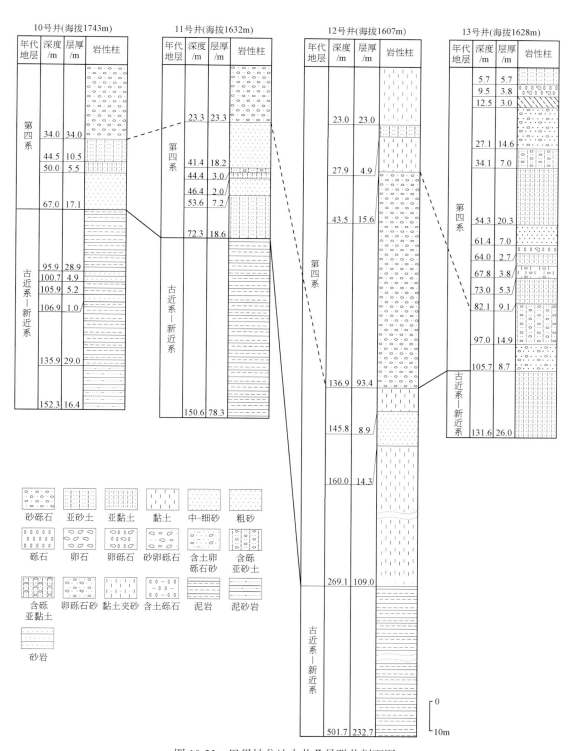

图 10-23　巴里坤盆地水井Ⅱ号联井剖面图

Ⅲ号联井剖面（图 10-24）：该剖面位于盆地的东段，呈北北东－南南西向，由三个钻井剖面组成。联井剖面图表明，第四系在 22 号井处厚度很小，仅为 10.27m；但向南北两侧厚度快速增大，21 号井和 23 号井深度分别为 123.6m 和 102.69m 都未见到古近系—新近系，并且第四系主要为砾石－卵砾石层。

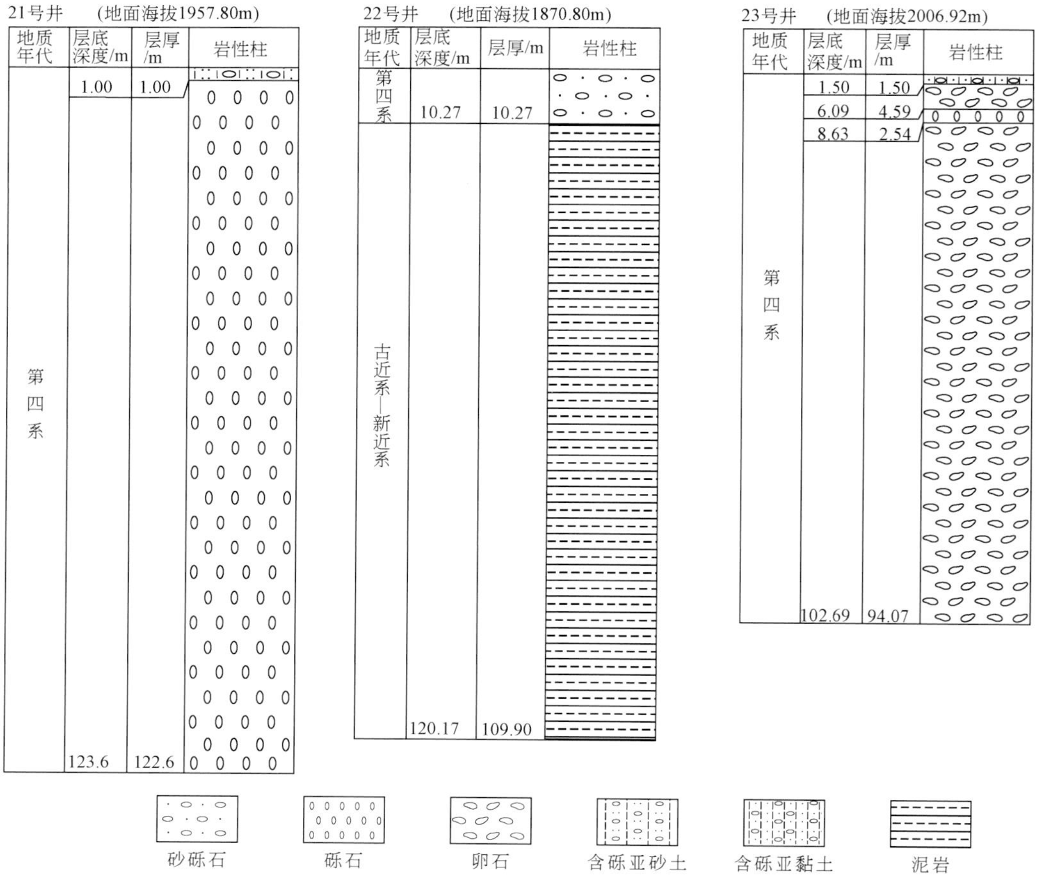

图 10-24　巴里坤盆地水井Ⅲ号联井剖面图

Ⅳ号联井剖面（图 10-25）：该剖面位于盆地东段，呈近东西向，由五个钻井剖面组成。五个钻井中 40 号井和 22 号井发现古近系—新近系地层，其余三个均为第四系沉积物。第四系沉积物主要由亚砂土－含砾亚砂土层和砾石－卵砾石层组成。对比 20 号井、43 号井、46 号井和 40 号井剖面，表明砾石－卵砾石层厚度逐渐减小，亚砂土－含砾亚砂土层深度逐渐减小，并且在 40 号井开始出现古近系—新近系砂岩层。对比 40 号井和 22 号井剖面，表明第四系的厚度从 40 号井处向 22 号井处有一个明显快速减薄，厚度相差达 63.73m。以上特征揭示出，巴里坤盆地内第四系沉积厚度在该剖面处从西向东快速的减薄。

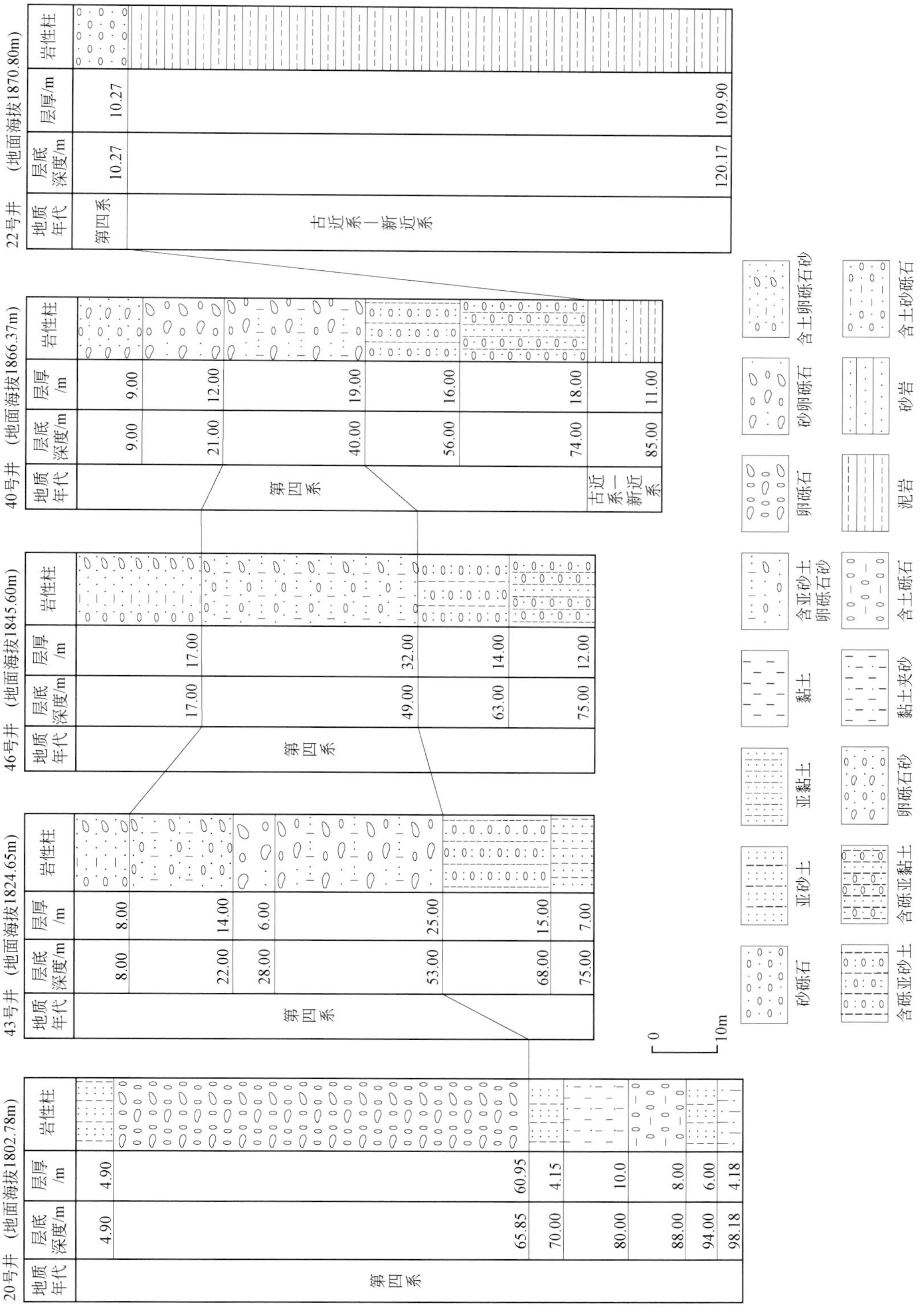

22号井（地面海拔1870.80m）

地质年代	层底深度/m	层厚/m	岩性柱
第四系	10.27	10.27	
古近系－新近系	120.17	109.90	

40号井（地面海拔1866.37m）

地质年代	层底深度/m	层厚/m	岩性柱
第四系	9.00	9.00	
	21.00	12.00	
	40.00	19.00	
	56.00	16.00	
	74.00	18.00	
古近系－新近系	85.00	11.00	

46号井（地面海拔1845.60m）

地质年代	层底深度/m	层厚/m	岩性柱
第四系	17.00	17.00	
	49.00	32.00	
	63.00	14.00	
	75.00	12.00	

43号井（地面海拔1824.65m）

地质年代	层底深度/m	层厚/m	岩性柱
第四系	8.00	8.00	
	22.00	14.00	
	28.00	6.00	
	53.00	25.00	
	68.00	15.00	
	75.00	7.00	

20号井（地面海拔1802.78m）

地质年代	层底深度/m	层厚/m	岩性柱
第四系	4.90	4.90	
	65.85	60.95	
	70.00	4.15	
	80.00	10.0	
	88.00	8.00	
	94.00	6.00	
	98.18	4.18	

图例：

含土卵砾石砂	含土砂砾石
砂卵砾石	砂岩
卵砾石	泥岩
含亚砂土卵砾石	含土砾石
黏土	黏土夹砂
亚黏土	卵砾石砂
亚砂土	含砾亚黏土
砂砾石	含砾亚砂土

0 ～ 10m

图10-25　巴里坤盆地Ⅳ号联井剖面图

　　综合以上水利局提供的四个水井联井剖面，我们认为巴里坤盆地第四系沉积物厚度从北向南快速增厚，盆地沉降中心位于盆地东侧，沉降中心第四系岩性主要为河湖相沉积，地下水位的深度多小于 10m（表 10-1，图 10-26）。盆地东段水井Ⅳ号联井剖面自西向东第四系沉积厚度逐渐减薄，尤其是在 40 号井和 22 号井处表现为快速的减薄，以至于在盆地的最东侧出露渐新统—中新统桃树园子组棕红色黏土沉积。Ⅲ号联井剖面则在南北两侧第四系较厚，中部第四系厚度明显减小，我们推测在盆地东侧中间部位，古近系—新近系可能表现为一条近东西向的隆起。盆地东段第四系均为洪冲积砂砾石沉积，古近系—新近系地层为黏土层，表现为隔水层，其在东段盆地中部隆起，周缘沉降，隆起区地下水位最浅。盆地中 - 西段由于第四系多存在湖相沉积，隔水层在第四系湖相泥岩沉积中也普遍存在。

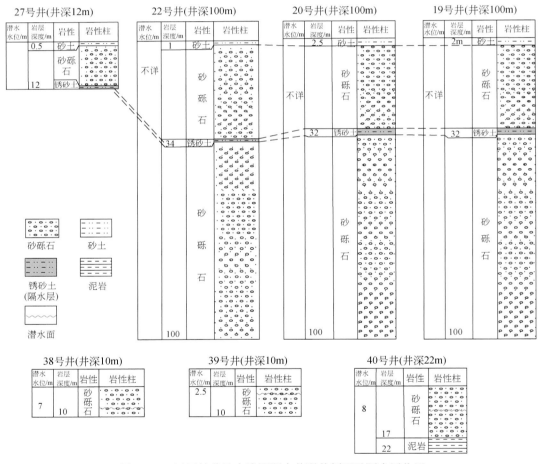

图 10-26　巴里坤盆地走访调研水井联井剖面及隔水层位置

　　此外，在测区及西部邻近区域走访当地群众调查的水井信息显示（表 10-2，图 10-26），其在 30 ~ 40m 深处普遍存在一层 0.5 ~ 2m 厚的锈红色强胶结含砾砂土层，是 20 世纪 80 年代以前当地人工挖井时出现的很重要的一个隔水层。这一隔水层的厚度在南东靠近山前较浅，向北西盆地中心方向较深，多在地表以下 30 ~ 40m。此外，在盆地东部隆起区鸣沙山西侧，由于存在一面积约 1km² 的沼泽湿地，导致附近的地下潜水位极浅，最高潜水面只有 2.5m。根据钻孔岩心揭示的地下地层结构，该地区渐新统—中新统桃树园子组也埋藏浅，其红色粉砂质泥岩是很好的隔水层。推测沼泽湿地存在原因与古近系—新近系红层埋藏浅有关。40 号井在地下约 17m 含水层消失，进一步证实了古近系—新近系红层是该地区重要的隔水层。

（二）近地表地球物理勘探及钻探信息

高密度电法和主动源对近地表约 200m 以内的覆盖层地质结构予以了良好揭示（图10-27，图 10-28），揭示了盆地南北缘及厚覆盖区松散层内部不均匀性，其中近地表高阻对应第四系洪积厚砾石层分布（图 10-27，图 10-28），中等电阻率对应盆地中央第四系冲击砂砾石层，低阻层带对应地表出露及向下延伸的渐新统—中新统桃树园子组的分布（图10-27），其与第四系的深度一般为 50～70m，在山前洪积扇区域第四系厚度较大，一般

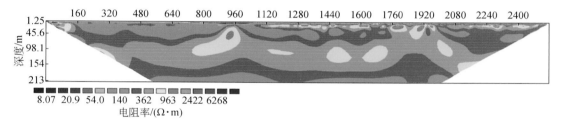

图 10-27　巴里坤盆地北缘山边 D0-D24 段高密度测量带地形反演模型

整体高阻特点反映山前洪冲积厚砾石层，中上部浅层 20～50m 的相对低阻可能对应潜水面下含水层

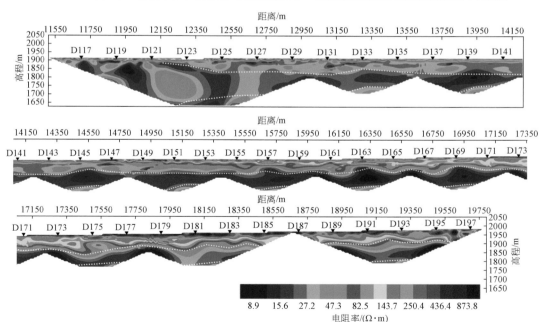

图 10-28　巴里坤盆地中部隆起带南侧平缓草原地带 D115-D197 测线段高密度测量结果带地形反演模型

近地表靠近隆起区高阻层应对应第四系洪积砾石层、往盆地中央近地表中等电阻率可能对应第四系冲积砂砾石层，反映从洪积到冲积的相变关系；深度 50～70m 处普遍存在的低阻层应对应桃树园子组

在 150m 以上。图 10-27 还可以看出，在盆地北部山前近地表 20 ～ 50m 范围内出现高阻层带中的相对低阻带，可以解释为对应潜水面下的含水层（图 10-27），这一近地表的含水层下部应该是对应水井资料所反映的隔水层。

这种剖面电阻率解译结构与地表露头外延推断和钻孔揭示验证具有较高度的契合性。我们实施的 5 个靠近盆地中部的钻孔（ZK1 ～ ZK5）揭示第四系与新近系界线均小于70m，而小柳沟南侧洪积扇上的钻孔（ZK6）第四系厚度大于 210m。

二、第四系厚度变化

（一）近地表第四系结构信息

第四系在盆地内的厚度分布非常不均一。我们通过野外地质调查与遥感影像结合的方法，将盆地的第四系覆盖层进行了详细的划分。从中可以发现，盆地南、北部山前发育系列洪冲积扇群，并且显示多期叠加的特征，中部主要发育河湖相和沼泽相沉积。靠山前洪冲积扇体的扇根或扇中快速堆积，往盆地中央远端堆积速度降低，因此，对山前洪冲积扇体而言，越往山前堆积厚度应越大。另外，洪冲积扇的发育还总体呈现出由东向西迁移，东部崛起，意味着第四系厚度总体也由东向西增厚。这样一种厚度变化趋势与地球物理和钻探揭示的结果总体相吻合。两侧山前较厚沉积与山前断裂控制的山体抬升及山前快速堆积的洪积扇群沉积有关。

（二）钻探信息

基于地球物理信息所实施的 5 个靠近盆地中东部的钻孔（ZK1 ～ ZK5）（图 7-3）揭示第四系与新近系界线均小于 70m（图 10-29），而靠西部、北部的小柳沟南侧洪积扇上的钻孔（ZK6）第四系厚度大于 210m（图 10-29）。同样反映中部第四系相对较浅，两侧山前较厚的特点。

（三）地球物理信息

如前所述，测区第四系和古近系—新近系沉积层广泛发育。野外现场采集的物性及岩石标本统计结果显示，第四系松散层密度为 1400 ～ 1900kg/m^3，虽然第四系与古近系—新近系顶部之间密度差异并不明显，但第四系沉积层与古近系—新近系底部地层（固结较好的桃树园子组底部泥岩）存在 200kg/m^3 左右的密度差异；基底古生代地层不同岩石之间的密度变化为 2650 ～ 2800kg/m^3。显然，古近系—新近系地层与基岩存在显著的密度差异。此外，南侧哈尔里克山地区基岩地层单元密度值较高，北侧莫钦乌拉山地区基岩密度相对较低。按南北两侧出露地层均有可能隐伏于盆地覆盖层之下的推测，则古近系—新近系地层与基岩之间的密度差异可能存在 300 ～ 500kg/m^3 的横向变化。虽然古近系—新近系地层与基岩存在显著的密度差异，利用重力资料推测其界面深度十分有利，但由于重力异常由两个界面以及基岩密度横向变化等多种因素所致，单纯地利用重力资料难以实现两个界

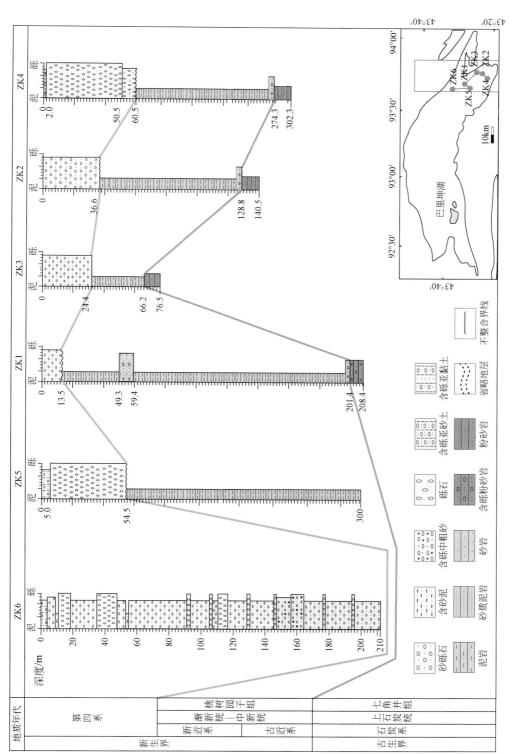

图10-29 巴里坤盆地钻孔位置及剖面

面的同时反演。只有充分利用已有信息加以约束，才能有效且可靠地估算测区沉积层厚度。

1. 覆盖层厚度信息挖掘

如图 10-29 所示，钻孔 ZK1、ZK2、ZK3 和 ZK4 均位于重力高附近，钻孔的深度穿透了第四系及古近系—新近系地层，通过分析沉积岩石地质年代信息，四口钻孔所揭示深部基岩均归属为石炭系七角井组。钻孔 ZK5 位于大地电磁 C 测线上，对应于低阻向上凸起的部位，但未揭穿古近系—新近系地层。此外，钻孔 ZK0 位于北部断陷区，该点第四系沉积厚度较大，在钻孔深度范围内未见第四系地层底面。

高密度电法剖面所确定的盆地内的地层的电性结构存在着较好的垂向分层性，这种垂向的分层在钻孔的标定下可以确定底部低阻层顶面（可能是第四系与新近系的分界面）深度，音频大地电磁结果和浅层面波解释结果也可通过类似方法获得第四系厚度信息，如图 10-30 所示。

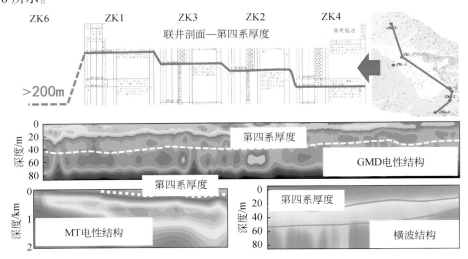

图 10-30   第四系厚度信息的提取示意图

2. 建立第四系厚度框架模型

已获得的音频大地电磁法、高密度电法、浅层面波探测资料可在一定程度控制测区第四系厚度变化趋势，并在钻孔的标定下，根据重力信息进行外推或外延，进而可建立局部区段上第四系沉积厚度模型，最终通过控制反演可得到测区第四系厚度模型，具体步骤如下。

1）获取目标异常

布格重力异常是地下密度不均匀体及密度界面的综合反映，对重力数据处理的第一步就是通过反映异常地质体的重力异常。通过对比平均场法、趋势分析、小波多尺度分析、经验模态分解等场源分离结果，最终选取一阶趋势分析，消除大尺度的区域背景，经适当的平均圆滑后，提取的剩余异常结果。结合盆地出露区的分布及其异常值，再对由第四系局部不均匀引起的"局部蹦跳"造成的剩余异常进行压制，由此得到反映沉积层厚度变化的目标异常，如图 10-31 所示。

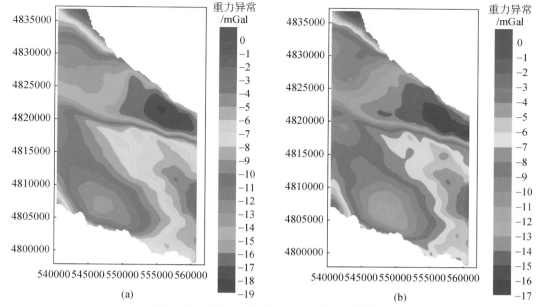

图 10-31　测区趋势剩余重力异常与目标异常

（a）趋势剩余重力异常；（b）修正后的目标异常

2）获得已知剖面上第四系重力异常

用 Δg_C 表示由新生代地层厚度变化引起的异常，即目标异常，Δg_Q 表示第四系沉积厚度变化引起的异常，Δg_{NE} 表示古近系—新近系地层厚度变化引起的异常。显然，目标异常里面包含了地下第四系与古近系—新近系、古近系—新近系与古生界双层界面的重力响应（$\Delta g_C = \Delta g_Q + \Delta g_{NE}$）。常用的位场分离方法很难提取出反映第四系沉积层厚度的重力响应 Δg_C。

通过前述的处理，可以认为第四系与古近系—新近系地层之间密度差是均匀的，这里取密度差为 200kg/m³，利用这个界面密度差可计算已知剖面上第四系厚度变化引起的重力异常 Δg_Q，并由此可得到已知剖面的 Δg_{NE} 及 Δg_Q 在测区内的变化趋势。

3）设置外推剖面并获得外推（未知）剖面上第四系重力异常

设置外推剖面选择基于如下两个原则：

（1）剖面的走向尽量平行于区域地质构造走向，可使剖面上基底的重力异常变化尽可能较缓；

（2）剖面尽量覆盖已知深度点以便利用更多的约束信息。

测区第四系沉积物以冲、洪积物砂砾堆积为主，其厚度变化相对较平缓，其引起的重力异常也相对简单。利用已知剖面上获得的第四系重力响应 Δg_Q，采用低阶的多项式进行拟合，可以获得外推剖面上 Δg_Q 的初值 $\Delta g_Q^{(0)}$。

4）外推剖面第四系厚度反演

由于 $\Delta g_Q^{(0)}$ 的初值不一定适合所有外推剖面，需要根据各个外推剖面上的已知深度点来调整。具体步骤如下：

（1）设置一个基准面深度 z_0 和拟合精度 ε；

（2）根据界面密度差，利用线性平板公式可计算出剖面上已知点的第四系底面深度 z_i（或相对基准深度的差值），并与已知点深度相比较可得到其深度差值 δz_i；

（3）根据深度差值 δz_i 利用平板公式可计算出已知点上新一代的 $\Delta g_{Qi}^{(1)}$，并采用多项式进行拟合获得第二代第四系重力异常 $\Delta g_Q^{(2)}$，如此重复步骤（2）和（3），直到 $\delta z_i < \varepsilon$ 为止；

（4）利用最终得到该剖面上第四系重力异常 $\Delta g_Q^{(k)}$（其中包括该剖面上所用未知点第四系重力异常 $\Delta g_{Qi}^{(k)}$），用平板公式可反演计算出该剖面上未知点第四系底面深度 z_j 或相对基准深度的差值，如图 10-32 所示。

5）测区第四系厚度模型

结合上述已知和外推剖面上第四系沉积层厚度的估计，通过差值计算得到了测区第四系沉积层厚度分布趋势，如图 10-32 所示。根据第四系沉积层与古近—新近纪地层密度差，通过正演计算得到了第四系沉积层密度差造成的重力效应（或异常）。

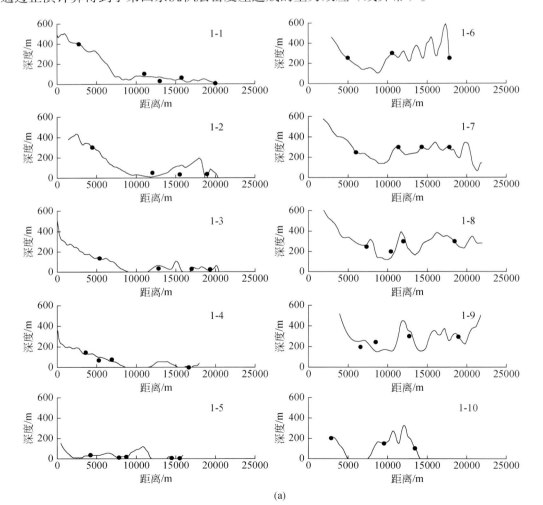

(a)

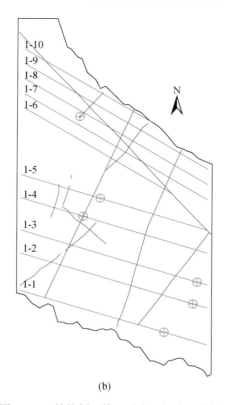

(b)

图 10-32　外推剖面第四系底面深度反演结果

（a）10 条外推剖面反演结果，其中黑点为控制点深度；（b）外推剖面与已知剖面及钻孔位置

第十一章 口门子－奎苏一带覆盖区基岩面地质填图

第一节 填图目标

测区巴里坤盆地覆盖层具有第四系和渐新统—中新统双层覆盖的特点，因此我们试图对两个基岩面的地质结构予以探索。因此，拟定的基岩面地质填图目标如下：

（1）第四系下伏基岩面地质结构：表达主要地质单元及断裂分布；

（2）第四系下伏基岩面的形态：通过第四系沉积等厚图予以表达；

（3）新生界下伏基岩面地质结构：表达主要地质单元及断裂分布；

（4）新生界下伏基岩面形态：通过新生代沉积等厚图予以表达；

（5）盆山结构与演化：涉及新生代控盆断裂构造、新生界沉积体系、物源分析。

这里也需要说明的是，对于具有一定深度的覆盖区基岩面地质填图，由于资料有限，难以达到地表露头区地质填图的精度要求，我们强调对主要具有物性差异的地质体单元和主干断裂构造的控制。

第二节 方法选择及应用效果

一、方法选择

（一）地表地质信息外延推断

充分利用覆盖层沉积边缘基岩露头的各种地质信息，合理外延和推断覆盖层下伏基岩的物质组成和地质结构。

测区基岩露头与覆盖层之间主要存在两种地质结构关系，一是断裂构造控制的盆山边界，如北部山前盆山边界和中部石炭系剥露区北部边界断裂；二是未受断裂制约的基岩向盆地的自然延展，如西北部地区覆盖区出露的基岩露头。前者需要基于露头区的详细构造解剖，分析盆山边界的构造性质及其对两侧地质体的几何学和运动学的控制方式，并利用露头信息顺构造走向外延到覆盖区。后者则应充分利用露头区的地质信息，配合基岩与第四系接触关系研究，合理推断第四系下伏基岩的物质和构造属性。

（二）地球物理探测

测区存在第四系覆盖和渐新统—中新统桃树园子组的双层覆盖，第四系下伏基岩深度不大，大多数地区一般在 200m 以内，近地表地球物理方法能够涉及。而新生界基岩面往往深度较大，需要选择一些控制宏观格架的地球物理方法组合。

针对测区双层覆盖的基岩地质结构，综合考虑成本因素，形成了针对调研区覆盖区的经济有效的物探方法组合，即通过区域磁法、区域重力和剖面大地电磁测量约束双层覆盖的基岩面地质结构和基岩面起伏；通过高密度电法和浅层地震面波频散分析（结合背景噪声观测）约束近地表覆盖层结构和第四系基岩面起伏。

测区前人主要可利用的地球物理资料是 1：100 万的区域航空重力和磁力，其分辨率低，难以满足 1：50000 覆盖区地质调查目标任务的要求。因此，从区域控制角度，需要部署 1：50000 区域重力和磁力测量，并通过重、磁联合解释方法，进行基岩结构及成分调查，以刻画盆地基底起伏、基岩主要岩石体分布和断裂构造分布，服务于基岩面地质图的填绘。另外，适度部署大地电磁测深剖面，旨在揭示覆盖区深部构造与岩性分布，其与区域重磁探测的配合可提高基岩面地质结构约束的准确性和可靠性。

（三）钻孔岩心揭示

针对基岩面地质填图的钻探应该以抵达基岩面为目标。测区存在第四系覆盖和渐新统—中新统桃树园子组的双层覆盖，其中新生界底面往往埋深较大，因此，在钻孔实施中紧密结合地球物理勘探资料有目的地部署，尽量避免对厚覆盖区的施钻，使有限钻探工作量获得的深部信息量达到最大化。

二、方法应用及效果

（一）地表地质信息外延推断

1. 基岩面断层推断

根据地表地质调查，盆山北部边界断层为一条在图幅内延伸约 27km，倾向 230° 左右，倾角约 67° 的中高角度左旋走滑断层。根据其倾角信息可将断层向下延伸从而推测出该断层在基岩面中的形态。盆地中部基岩面隆起区北部与第四系覆盖层的边界为一高角度正断层，据此可以推断出该断层在基岩面上的三维展布与形态。

2. 基岩面岩性推断

盆地北部边界断裂切割的主要岩石单元为中－上奥陶统庙尔沟组（$O_{2-3}m$）、下石炭统塔木岗组（C_1t）和早二叠世二长花岗岩（$\eta\gamma P_1$），根据盆地北部边界断层性质，结合地球物理反演基岩面三维形态，可在基岩面划分出盆地边缘出露的基岩向下延伸的深度与范围。此外，根据断层左旋走滑性质，可推测该断层以南基岩面的主要岩石单元包括以上被断层错断的基岩。

盆地东部出露大范围下石炭统七角井组地层，且露头边界层受断层控制，因此可确定出基岩面东部为受断层控制的隆起区，且隆起区基岩面岩性应主体为下石炭统七角井组地层。

盆地南部边界断层为巴里坤塔格断裂，位于盆山边界以南约 2km，为中高角度南西倾逆冲断层，切断主要地质体为中－下奥陶统塔水组（$O_{1-2}t$）、下志留统葫芦沟组一段和二段（S_1h^1、S_1h^2）、中－上奥陶统恰干布拉克组（$O_{2-3}q$）。该断层以北主要出露中－下奥陶统塔水组地层。根据以上信息，可以推测出盆地基岩面南侧区域存在该套地层的下延。

（二）地球物理探测信息

1. 区域重磁测量

重力方法探测实施的主要目标是覆盖层厚度变化。由于覆盖层物质密度通常远小于基岩，两者之间存在明显的密度差异，基岩面起伏将在地面引起重力变化。根据测区及其周边出露岩石标本的测定，尽管覆盖层中一些砾石的密度接近基岩，但平均密度比基岩（石炭系、志留系、奥陶系）密度低很多，密度差可达 500～1200kg/m³，这为利用重力方法调查基岩起伏和结构提供了条件。覆盖区区域磁测实施目标是探测覆盖层下岩性特征。由于测区周边出露岩浆岩以花岗岩、花岗闪长岩为主，有少量基性岩脉和火山岩。从地面岩石样品测试结果来看，覆盖层物质中岩浆岩砾石具有一定磁性，但沉积物总体磁性较低，可视为无磁性物质，而地表岩浆岩磁性变化范围较大，平均磁化率大于 4000×10^{-6}SI，这为利用区域磁测方法调查基岩磁性特征并推断基岩成分提供了条件。

1）测网布设与野外观测

重力测网布设在工作图幅巴里坤覆盖区域内，为了方便对比及联合解释，磁测网与重力测网重叠，但在包含了测区东北角出露侵入岩体的部分区域，如图 11-1 所示。所获得的重、磁异常（图 11-2）具有较高的分辨率和精度，为精细刻画覆盖层和基岩构造特征奠定了基础。

2）数据处理与解释

布格重力异常显示盆地覆盖区内基底存在一条切割较深的断裂，将该区异常分为南北两个区带。北部区带为高值负异常，推测为断陷区，基底埋深较大；南部异常为东高西低，推测为基底有系向东逐渐抬高。对原始重力异常数据进行简单的处理，可以发现局部重力异常和垂向一次导数（V_{zz}）（图 11-3）显示了盆地内基底起伏的局部信息。细小局部异常可能反映了砾石发育区，其间条带正异常可能显示古生代地层（基岩）顶面相对隆起部位。根据 V_{zz} 的分布，新生代沉积层有南、北厚而中部浅的特征，盆地腹部存在一条北西西向断层，基岩顶面在该断裂南侧基底相对隆升，V_{zz} 条带异常显示其间可能存在北西向次级断裂。

该区磁异常相对较弱，除东北角出露岩体外，覆盖区磁异常幅值较低。化极磁异常和浅源场（图 11-4）显示覆盖层下主要有南、北两个磁性体，分别被断裂切割。此外，测区东南部一个局部异常为另一个磁性体，推测它们均可能是隐伏岩体所致。据用切线法初步估算，岩体顶面深度大于 400m。

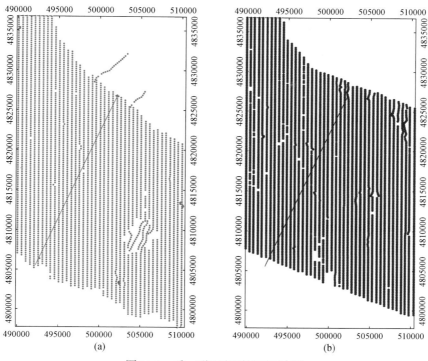

图 11-1　重、磁面积测量测网布设
（a）重力测线、测点分布；（b）磁测线、测点分布

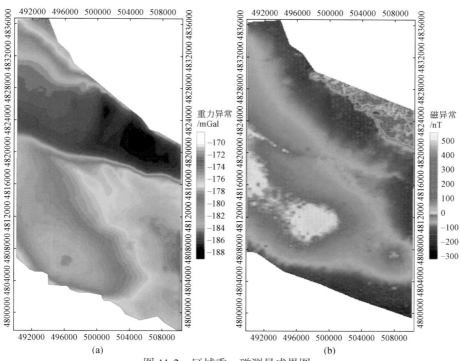

图 11-2　区域重、磁测量成果图
（a）1∶50000 布格重力异常；（b）1∶50000 磁测 ΔT 异常

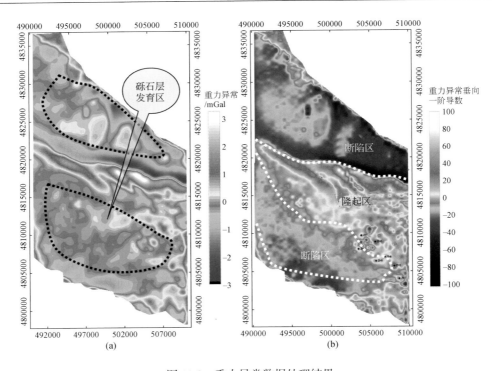

图 11-3　重力异常数据处理结果

（a）局部重力异常；（b）重力异常垂向一阶导数（V_{zz}）

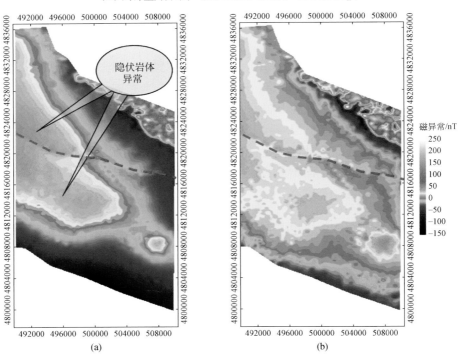

图 11-4　磁异常数据处理结果

（a）化极磁异常；（b）化极磁异常匹配滤波浅源异常

可见，通过区域重力测量和区域磁测所获得数据为揭示基岩构造及其岩性提供了重要信息，为通过进一步分析处理以及结合其他资料进行反演解释基岩顶面深度、基底构造及隐伏岩浆岩分布奠定了基础。

2. 剖面大地电磁测量

大地电磁方法主要接收低频电磁信号用于探测地下深部电性结构，对浅部覆盖层只能做区域性展布特征描述，难以详尽刻画。本项目中应用大地电磁测深技术的目的是探测覆盖区深部构造以及基岩属性。

1）测线布设与野外数据采集

根据工作任务，此次共布设了四条大地电磁剖面总长 79.5km（图 7-2，图 7-3），测点总计 158 个（其中 E 剖面 40 个，G 剖面 15 个，C 剖面 43 个，F 剖面 60 个），其中 C 和 E 线期望查明盆地与南、北山系之间的接触关系，F 线是为了了解覆盖层厚度在盆地走向上的变化和东部出露岩体向西部盆地内的延伸情况，G 线位于巴里坤塔格南部，以控制巴里坤塔格南部覆盖层的厚度及基底延伸情况。采用 GMS07e 大地电磁系统进行数据采集，有测点的频带范围均是 1000 ～ 0.01Hz，点距 500m，观测时长 1.5h。仪器在开工前和结束后进行的一致性实验的结果满足规范，保证了数据的可靠性。本次采集的数据质量较好，高于 1Hz 的高频段资料质量 95% 以上，Ⅰ级、Ⅱ级和Ⅲ级点比例分别为 74%、18.3% 和 7.7%。

2）数据处理与反演

通过实测数据进行多参数、多方法的数据分析，获取沿剖面方向地下介质在电性结构上的维数性，并定性分析实测数据的曲线形态及其空间－周期上的差异所隐含的地质结构特征。从电性结构维数性分析结果看出，盆地内 5km 深度以上地质结构呈现二维特征，说明采用二维反演方法对实测数据进行反演能获得可靠的电性结构。利用 Occam 反演方法进行二维反演工作，选取不同的反演参数，对比不同的反演模式，结合巴里坤盆地的构造模式，判断 TM 极化模式结果最能反映地下电性结构。根据地下电性结构模型，结合地表构造走向分布，对电性结构分界面进行分析。

3）方法应用效果

在对比了三种模式反演结果之后，最终确定 TE 与 TM 模式联合反演的结果作为最终的电性结构剖面。基于沿剖面方向地质地貌特征，根据电性结构差异，给出剖面下方各断裂带的深部延伸趋势、刻画电性结构形态。

从 E 剖面自北向南电性特征（图 11-5）可以看出，在 E000 ～ E008 区域浅部具有厚约 300m、电阻率约为 100Ω·m 的稳定地层；而在 E008 ～ E018 区域具有很薄的一层电阻率约为 100Ω·m 的覆盖层，其底部为高阻体，并向下延伸至 3km 深度，该地块即为稳定性基岩在测点；对 E024 ～ E040 区段，南部低阻沉积层明显厚于北部鸣沙山区域下方沉积层。在深部区域，E000 ～ E004 区域 1km 深度以下表征出大面积向北延伸的高阻地块，物性资料显示北部山体呈中低阻特征电性特征，由于缺乏北部山系深部电性资料，无法判定莫钦乌拉山系下方的电性结构，仅能排除地下高阻体与山体出露岩性一致的可能性。地质资料显示山前有一系列左旋走滑断层，在西北方向出露二叠纪二长花岗岩，其电阻率值偏高，推断 E 剖面北端深部高阻地块即为二叠纪花岗岩。E008 下方有一沿北东方向的电性异常带延伸到地下 6km 深度，在 E018 位置以下，存在很明显的电性分界面，电性结构结果显示两者底部具有连通性，E008 ～ E018 的浅部地层电阻率呈现高阻特征，与邻区浅部及自身深部结构均具有较大的差异，可能是东部山系往西侵入盆地的电性结构证据。南部 E024 ～ E040 深部电性结构具有很强的一致性，无明显错断。

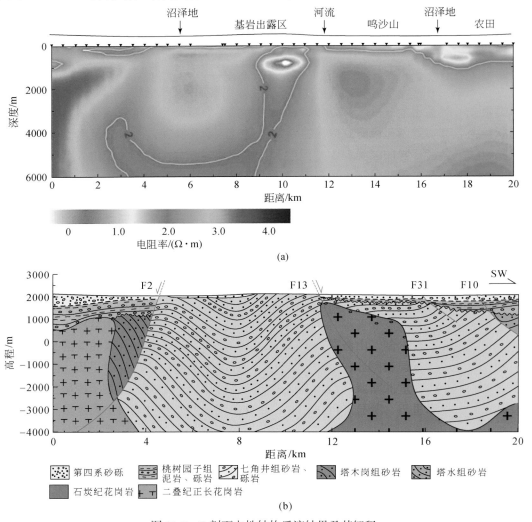

图 11-5　E 剖面电性结构反演结果及其解释

（a）电性结构；（b）地质推断

　　根据以上电性结构信息，结合工区地质资料，给出了 E 剖面地质推断。南北方向的地表电阻为 $100\Omega \cdot m$ 的地层为第四系砂砾层，其下方低阻层为古近系—新近系沉积红层，由于其半湿润特性而显示低阻特征。整个盆地形成于中新生代时期，属拗陷盆地，二叠系到白垩系地层受到严重剥蚀，盆地周边罕见侏罗系及白垩系地层，在地表出露以石炭系砂岩为主，推测古近系—新近系直接覆盖在石炭系砂岩下方。在北部盆山边界多处呈现左旋走滑断裂特征，在北部山体出露二叠纪二长花岗岩，推断测线北部 2km 以下高阻块体是二叠纪侵入石炭纪二长花岗岩，两者在二叠纪时期同时侵入石炭系中，后期发生错断分离形成南北两大地块，南部块体作为盆地基底留在盆地内，北部块体随莫钦乌拉山继续隆起，出露结果显示二长花岗岩已受到剥蚀。在石炭系砂岩出露区两侧存在深大断裂，分隔南北两侧深部岩体，也是东部山系向西侵入的边界分界线。南部隆起属于博格达－哈尔里克山系，出露岩性以奥陶系和石炭系为主，盆山边界接受更多的剥蚀物，推测其深部 2km 以下为中－下奥陶统塔水组砂岩，其北侧为二叠纪侵入花岗岩，上覆石炭系砂岩。

巴里坤盆地具有南北高、中间低及西低东高的起伏形态特性，山间常年积雪，盆地内雨水丰富。由于常年的降水和蒸发作用，在 500～1000m 深度范围内形成一层含水含盐层，地层视电阻率值约 30Ω·m。如图 11-6，C 线北端 1km 深度以下地层电阻率呈现中高阻特征并呈块状分布，在测点 C011 下方存在一低阻通道，说明北部两高阻地块并不具备完整性，可能是电性相似的盆地下方独立基岩与北侧山系根基之间发生走滑错断造成的电性差异。

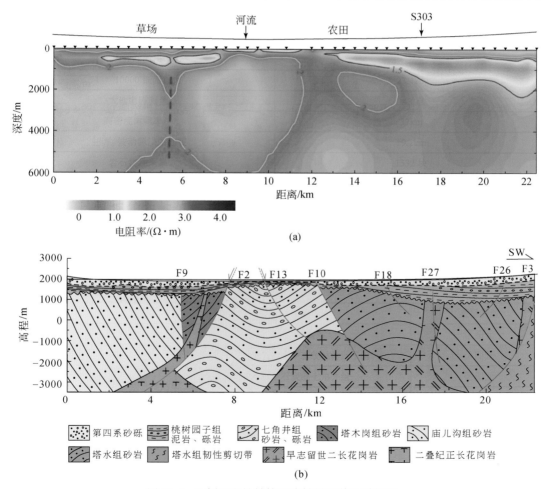

图 11-6 C 剖面电性结构反演结果及其地质解释

（a）电性结构；（b）地质解释剖面

C 线南端浅部电性结构与北端也有差异，其低阻层埋藏更深，地表往下的中高阻地层也逐渐增厚，说明南部山系下方所接受的沉积物更多。

北部基底以石炭系沉积砂岩为主，推测 C011 测点下方的电性分界线是 C016 位置的北东向断裂及基底内发生走滑错断而引起的电性异常。南部整体为塔水组砂岩，内部存在走滑错断，边界存在塔水组韧性剪切带。推测深部为晚石炭世花岗闪长岩，基岩上覆古近系—新近系红层，表层为第四系沉积物。图 11-6 给出 C 剖面地质解释图。

F 剖面沿着山体走向分布在巴里坤盆地内，与另外两条线的走向都不相同，它是为了了解盆地与北部山系结合部位地下结构特征而布设的。反演结果图如图 11-7 所示。

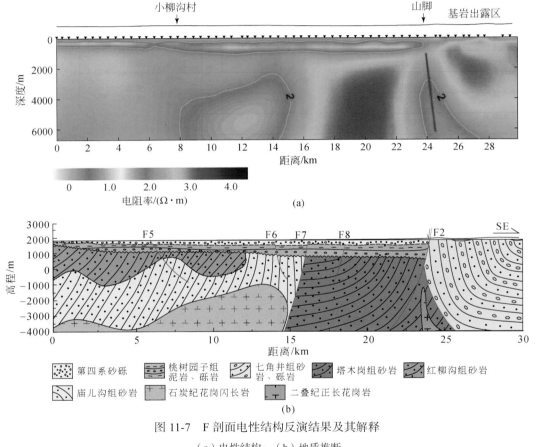

图 11-7　F 剖面电性结构反演结果及其解释

（a）电性结构；（b）地质推断

从 F 剖面电性结构可以看出，测线地下浅部地质体存在明显的分层现象，2km 以上范围内电阻率结果呈层状分布，上地壳发育不连续的壳内高导层，大地电磁结果显示该层为低阻，电阻率值约为 30Ω·m，F、C 剖面均显示在盆地下方存在厚度约 300m 的低阻层，低阻层埋深自西向东由浅变深，在基岩出露区消失。该处深部电性结构也发生了变化，出现了垂向的低阻带，其两侧则出现高阻地块。推测该处存在一垂直断裂，也可能是侵入体的存在造成电性结构的差异。

F 剖面下方结构较为完整，结合地质资料，推断古近系—新近系下方存在较厚的石炭系砂岩，古近系—新近系厚度约为 500m，上覆第四系厚度约为 300m。在 F49 附近可见一北西－南东向断裂，长约 20km，该断裂必为深大断裂，根据地表所测产状特征，判断 F050 下方的低阻异常是断裂引起，并延伸到地层底部。图 11-7 给出了 F 剖面的地质解释图。

3. 基底线性构造信息

通过采用不同线性信号提取方法（如解析信号方法、归一化标准差方法、小波模极大值法、归一化偏差法等）对重磁异常进行处理，获得了多种方法的结果，通过综合分析和筛选，并根据现行信号提取结果推测了基底断裂分布（图 11-8）。由于局部重力异常走向特征与基底断裂不完全一致，表明浅部异常对线性特征影响有限，故认为这些线性信号主要来源于深部，因而推断为基底构造。

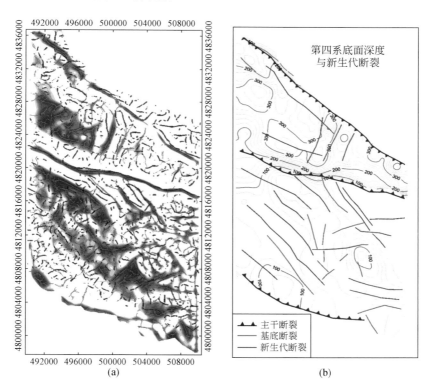

图 11-8　重磁异常线性信号提取与断裂解释结果

（a）重磁异常线性信号；（b）推断的断裂分布

根据重磁异常推断出的基底断层与剖面大地电磁探测结果相契合，尤其分布于盆地边界和腹部的主干断裂。不同地球物理方法给出类似的结论，表明利用重磁资料解释的断裂构造具有一定的可靠性。

4. 新生界底面深度的反演

根据已获得岩石密度资料，古生代地层不同岩石的密度为 2.65 ～ 2.70g/cm³，彼此之间差异不大，很难从重力异常中分辨，因此基底岩石密度可被视为横向是均匀的。而桃树园子组底部（固结较好）泥岩密度为 2.2 ～ 2.4g/cm³，与古生代岩石有明显差异，可以利用重力异常进行反演。

由于第四系厚度变化引起的重力异常也包含于原始异常之中，因此反演之前需要将其从原始重力异常中剔除。如前所述，第四系厚度变化引起的重力异常并非真实的，而是在局部约束情况下模拟获得的结果。因而反演需要考虑新生代沉积物横向密度变化。根据对目标异常进行多尺度分析结果，从中提取可能因密度横向变化的因素，作为建立新生代地层密度横向变化的模型的依据。利用这个模型，将剔除了第四系沉积层异常的剩余异常用于反演，得到新生代地层底部深度（图 11-9），在有井地段，与钻孔揭示的基岩面深度相近。

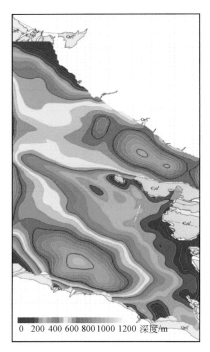

0　200　400　600　800　1000　1200　深度/m

图 11-9　新生界底面深度图

5. 隐伏岩体的反演

由于基岩密度差异不大，应用重力资料很难区分基岩成分。岩石物性资料表明，该区岩浆岩普遍具有磁性，平均磁化率可达 4000×10⁻⁶SI 以上，利用磁测资料圈定隐伏岩体是可行的。由于隐伏岩体在地面引起磁异常较弱，利用磁异常三维反演可圈定磁性体空间位置之前首先需要增强磁异常信号。由于磁性体位于覆盖层之下，从空间上将距离观测面太远，需要进行下延处理来增强磁异常信号。利用多层多尺度等效源位场重构方法将起伏观测面上是磁异常"曲化平"并向下延拓到地下一个平面上，进而利用傅里叶变换方法进行化极和匹配滤波分场，得到反演目标磁异常（图11-10）。

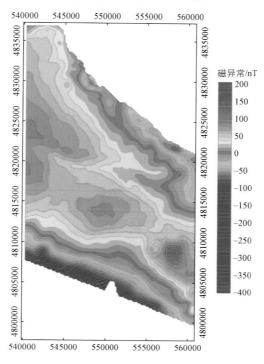

图11-10　曲化平向下延化极浅源磁异常

　　利用 UBC 的三维磁异常反演软件，反演得到隐伏磁性体三维分布（图11-11）。根据反演结果，磁性体由浅到深范围不断扩大，其顶面凹凸不平。浅部和中深部与大地电磁探测结果类似，由于缺少约束，深部特征可靠度降低。

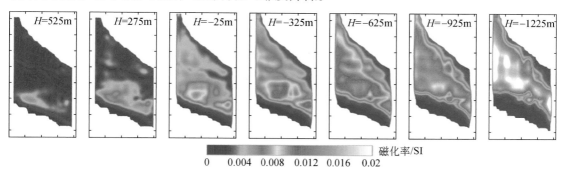

图11-11　三维反演得到的磁性体在不同海拔（H）的水平片图

（三）钻孔揭示

　　针对测区覆盖区所需要解决的填图目标和实际问题，在地表地质调查、收集的水井信息资料分析和地球物理信息探测约束的基岩面地质结构和基岩面起伏的基础上，我们设置了 6 个钻孔（图10-29），总进尺1250m。

ZK1 和 ZK2 根据重力异常所确定，通过重力异常垂向导数处理，较高值对应了高密度沉积岩位置较浅（图 10-29）。ZK1 位于一线性高异常条带上，旨在验证该处为一隆起区，设计孔深 200m。ZK2 位于一高异常区域内，异常值较高，推测该处高密度沉积层埋藏很浅，其与 ZK1 可联合比较盆地东、中部沉积层差异，设计孔深 100m。ZK3 是通过磁化极等轴状圈闭异常确定，以揭示该磁异常的物质属性为目标，设计孔深 50m。ZK4 重力异常中等，总体推测新生界基岩埋深会较大，作为探索孔希望能够钻达新生界基岩面，以了解拗陷带基岩岩性，如果达不到新生界基岩面，则反映第四系基岩深度及覆盖层的结构特点，设计孔深 300m。ZK5 位于大地电磁 C 线剖面所反映的基岩的相对隆起区，根据大地电磁剖面推断新生界基岩面埋深在 300m 左右，但考虑大地电磁测量在近地表地球物理勘探误差较大，设计 300m 的钻进深度抵达基岩存在风险，但可以揭示 300m 以浅的第四系底面及下伏基岩结构特点，即便达不到基岩，仍具有较大信息量。ZK6 为一探索孔，重力异常为低值区，重力反演盆地基底深度，新生界基底深度在 700m 以上，为盆地拗陷带，有限的钻孔进尺显然达不到新生界基底，该处为一山前洪积扇体顶部，推测第四系厚度也较大，钻孔的目的是希望获得该处的第四系厚度。各钻孔预计基岩面深度和实际钻达深度见表 11-1。

表 11-1　测区钻探工作基本信息一览表

钻孔号	地球物理异常特点	钻探目的	预计基岩深度 /m	实际钻达基岩深度
ZK1	重力异常高	揭示第四系、古近系—新近系厚度、基岩面顶面深度和基岩岩性	200	第四系底面 13.5m 桃树园子组底面 201.4m
ZK2	重力异常高	揭示第四系、古近系—新近系厚度、基岩面顶面深度和基岩岩性	100	第四系底面 36.6m 桃树园子组底界 128.8m
ZK3	磁力高异常	揭示第四系、古近系—新近系厚度、基岩面顶面深度和基岩岩性；磁异常成因	50	第四系底面 24.4m 桃树园子组底界 66.2m
ZK4	重力异常中等	探索拗陷带第四系、古近系—新近系沉积结构和厚度	300	第四系底面 60.5m 桃树园子组底界 277.3m
ZK5	C 线大地电磁低阻层隆起区	揭示第四系、古近系—新近系厚度、基岩面顶面深度和基岩岩性；验证标定低阻层隆起区	300	第四系底面 55m 桃树园子组底面大于 300m
ZK6	重力异常低	探索孔，探索第四系覆盖层结构和厚度	250	第四系底面大于 210m

从表 11-1 显示，除了 ZK5 号钻孔因费用限制未钻穿古近系—新近系以及 ZK6 号孔作为试验孔在可预见的范围内未能钻穿第四系外，其他钻孔均穿切第四系和古近系—新近系抵达下伏石炭系基岩，基本印证了 1：50000 区域重力和磁力测量资料所预测的基岩深度及根据地表地质调查和水井资料分析所揭示的地下地质结构。

对系列岩心样品进行岩石物性参数测试，为全区重力反演更准确揭示基岩深度和覆盖层地质结构提供了基础资料。

第三节　基岩面地质结构

一、岩石物性信息

1. 密度

沉积岩最大密度为南部恰干布拉克组砂岩，平均值为 $2.913 \times 10^3 kg/m^3$，其次为塔水组砂岩（$2.778 \times 10^3 \sim 2.807 \times 10^3 kg/m^3$），第四系砂砾、土层样品密度最低为 $1.368 \times 10^3 kg/m^3$，由于采集条件的限制未取得较粗砂砾石样品，第四系砂砾层密度应高于该平均值；古近系—新近系两种岩性密度差距较大，砾岩密度高于泥岩。其余沉积岩分类中，红柳沟组砂岩 > 七角井组砂岩 > 塔木岗组砂岩 > 七角井组砾岩 > 庙儿沟组砂岩。

2. 磁化率

磁化率主要分为沉积岩和岩浆岩两大差异板块，沉积岩均具有较低磁化率，其中恰干布拉克组砂岩磁化率较高，可能指示了该组地层特殊的沉积环境。而岩浆岩中闪长岩的磁化率远高于花岗岩。区域磁异常反演出盆地内部存在高磁化率的岩体，但大多埋藏较深未出露于基岩面。

3. 电阻率

电阻率平均值最低为古近系—新近系，第四系沉积物中含较多砾石层，电阻率较高，与基岩相近。主要岩性单元中：塔水组细砂岩 < 早二叠世花岗闪长岩 < 七角井组砾岩 < 第四系砂砾土 = 塔水组长英质糜棱岩 < 早二叠世二长花岗岩 < 塔水组粉砂岩 < 恰干布拉克组砂岩 < 红柳沟组砂岩 < 七角井组砂岩 < 庙尔沟组砂岩 < 早二叠世花岗岩 < 塔木岗组砂岩 < 早志留世闪长岩。

将所有岩石电阻率分为高、中、低三类。高电阻率：早志留世闪长岩、塔木岗组砂岩、早二叠世花岗岩；中电阻率：庙尔沟组砂岩、七角井组砂岩、红柳沟组砂岩；低电阻率：塔水组砂岩、早二叠世花岗闪长岩、早二叠世二长花岗岩。

4. 波速

除新生代地层受条件限制未收集到波速的物性测量数据，其他岩性单元的纵波波速差异并不大，主要明显差异为花岗岩波速明显小于沉积岩波速。

二、第四系及新生界底面三维形态

根据第四系与渐新统—中新统桃树园子组地层的密度差异，再基于钻孔约束下进行的区域重力数据的反演，重力反演结果再对比高密度电法剖面所解释的结果进行修改，最终绘制了研究区第四系的等厚图。

古近系—新近系厚度反演是在获取的第四系厚度的基础上，将测区第四系厚度变化引起的重力效应，将其从目标异常中"扣除"，可以得到古近系—新近系地层引起的重力异常。前已述及，盆地深部基底的不均匀性造成古近系—新近系地层与下伏古生界地层之间密度差异存在横向变化，钻孔及岩石物性统计结果也验证了这一事实。因此，给定统一的密度差无法得到切合实际情况的反演结果，反演需要考虑横向密度变化，需要对其进行研究。

1. 横向密度差的估计

根据音频大地电磁法给出的二维电性结构所揭示的测区新生代沉积层底界面分布以及基岩电性的变化作为模型框架，利用音频大地电磁法解释的古近系—新近系地层重力异常以及估算的古近系—新近系厚度进行二维重力异常模拟，研究基底岩石与沉积层密度差异变化特征。从模拟结果可以看到，横向密度差与布格重力异常划分的区域构造分区有良好的对应关系。这也说明布格重力异常不仅仅受沉积层厚度变化的影响，基底岩石单元的属性也有一定的体现。根据模拟结果及重力异常特征分区，可将密度横向变化划分为不同的区块，最后得到不同区域对应不同的密度差变化。

2. 古近系—新近系底面密度界面反演

根据得到的剩余重力异常及研究区密度差分布，通过反演可以得到研究区基底起伏形态。这里采用迭代算法（Bott，1960）进行反演。基底起伏 $p(x_i, y_i)$ 可以通过如下迭代公式计算，即

$$p^k(x_i, y_j) = p^{k-1}(x_i, y_j) + \frac{g^0(x_i, y_j) - g(x_i, y_j, \Delta\rho(x_i, y_j), p^{k-1})}{2\pi G \Delta\rho(x_i, y_j)}$$

$$i, j = 1, \cdots, N$$

式中，G 为万有引力常数；$\Delta\rho(x_i, y_i)$ 为 (x_i, y_i) 处的密度差；k 为迭代次数；N 为观测点数；$g^0(x_i, y_i)$ 为 (x_i, y_i) 处的重力异常值，$g(x_i, y_i, \Delta\rho(x_i, y_i), p^{k-1})$ 为对应点的正演重力异常值。

对计算得到的沉积层厚度与钻孔揭示的深度进行对比发现，ZK1 和 ZK4 位置处计算得到的深度值为 214.2m 和 273.4m，钻孔深度分别为 201.1m 和 277.0m，可见计算结果与实际较为符合。整体上看，北部断陷区和南部凹陷区古近系—新近系沉积层厚度达到了1000m 以上，东部隆起区沉积厚度普遍低于 200m。北部断陷区内东部厚度低于西部厚度。

新生界底面即盆地基岩面三维形态能够完整表达盆地基岩面的起伏状况。辅以强大的交互式空间分析工具，能够灵活表现盆地基岩面三维形态特点，最大限度地增强地质分析的直观性和准确性（图 11-12）。为了分析盆地基岩面三维形态，本项目做了翔实的地表地质调查和大量的地球物理工作，并用钻孔加以验证（图 10-29）。

盆地基岩面三维形态主要由三条断裂控制，从北往南依次为 F1（巴里坤北缘盆山边界断裂）、F2、F3。断层 F1 的性质为左旋正断层，断层 F2 的性质为左旋正断层，断层 F3 的性质为右旋正断层。其中断层 F1 为盆地的控盆断裂，发育时间约为古近纪，断层F2、F3 发育时间相对较晚，形成时限为盆地东部石炭系地层隆起时间。盆地基岩面主要

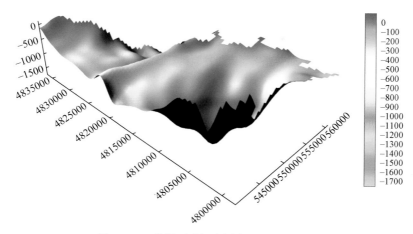

图 11-12　基岩面（新生界底面）三维形态

受以上三条断裂控制总体起伏，其中断层 F2 的北侧和断层 F3 的南侧为盆地相对凹陷区，两条断层的中部为相对隆起区。

断层 F1 呈中高角度南倾，断层南侧盆地底部基岩面深度急速下降，最大断距约为 1200m，最小断距约为 200m，相对高差约为 1000m，总体呈现出东深西浅的特征。断层 F2 呈高角度向北倾，断层面南侧盆地底部基岩面深度急速下降，最大断距为 1200m，最小断距为 750m，相对高差约为 450m，总体呈现出东深西浅的特征。在该断层的西侧到中东部，基岩面深度由 750m 变化到 900m，相对变化程度较低，在断层东侧深度变化较大，直到最东侧深度变为 1200m。断层 F3 呈中高角度南倾，断层北侧断层断距最大约为 900m，断层东侧最小断距约为 100m，相对高差约为 800m，总体呈现出东浅西深的特征。断层中东侧新生代沉积层厚度逐步降低，深度变化较为缓慢，在断层西侧深度变化较大，越靠近西侧边界基岩面深度越大。

由上可见，可将盆地底部基岩面划分为北部凹陷区、中部隆起区和南西凹陷区（图 11-13）。其中南西凹陷区为新生代沉积层最厚的区域，最深处沉积厚度可达 1794m，主体特征为东浅西深，东侧部分区域紧挨基岩出露区，深度较低，而西侧深度较大，平均深度约 1250m。在该区域中西侧，基岩面深度呈漏斗状，最深处达 1750m 以上，为盆地底部基岩面最深；中部隆起区地表存在基岩露头，主体形态受出露区边缘形态影响，由东向西基岩面深度逐步变深；北部凹陷区新生代沉积层厚度略小于南西凹陷区，最厚可达 1250m，主要特征为中西部浅两侧深，中西部平均深度约为 750m，而在其两侧基岩面深度较深，为 1000 ～ 1250m。

三、基岩面地质结构

研究区钻孔岩心和搜集的水井资料揭示了巴里坤盆地具有第四系和古近系—新近系双层覆盖结构，研究区内的第四系下伏的相对低阻层主要为渐新统—中新统桃树园子组砖红色泥岩，钻孔所揭示的第四系厚度一般在 100m 以内，钻孔揭示了桃树园子组地层下伏古生代基底。

（一）第四系底面地质结构

为了揭示第四系底面的地质结构，我们主要通过地表区域地质调查，并结合地球物理勘探和钻孔验证，最后刻画出了第四系底面基岩地质图（图 11-13）。高密度电法、大地电磁测深和区域重力测量均能够很好地揭示研究区盆地的第四系和下伏地层的分层，因此我们主要利用这两种方法进行解释。

研究区钻孔岩心和搜集的水井资料揭示了盆地内的第四系下伏的相对低阻层主要为渐新统—中新统桃树园子组砖红色泥岩，且深度前文已有刻画。但是在盆地的东部隆起区可见第四系直接覆盖在下石炭统七角井组之上，结合高密度电法剖面，我们推断在东部基岩的边缘地带存在着呈带状分布的区域，该区域第四系直接不整合于石炭系之上。另外，在盆地的边界，受到盆缘断裂的影响，盆地边界第四系以下未沉积或者较少沉积桃树园子组泥岩。我们在盆地边界的基岩区进行的地质调查表明，盆地的北边界断裂为左旋走滑正断层，断面倾向为 182° ～ 195°，倾角为 65° ～ 70°，重力反演北边界断裂距离山前 100 ～ 300m，因此基于断层的性质我们认为山前往盆地内 300 ～ 500m 的区域内可能为第四系直接与前新生代基岩接触，而盆地的北部主要出露下石炭统塔木岗组地层、上志留统—下泥盆统红柳沟组断层和二叠纪花岗岩；盆地的南边界断裂同样为左旋走滑正断层，断面倾向为 20° ～ 33°，断面倾角为 60° ～ 72°，重力反演南边界断裂距离山前基岩出露区 20 ～ 1000m，因此基于断层的性质我们认为南部山前往盆地 20 ～ 1000m 的区域内可能为第四系直接与基岩接触，而盆地的南部主要出露中－下奥陶统塔水组地层和奥陶纪—志留纪花岗岩。

盆地内部大部分地区根据有限露头、高密度电法测量、大地电磁测深剖面及钻探验证资料均揭示第四系下伏广泛发育渐新统—中新统桃树园子组，除了盆地东部边缘出现较多砾石层外，绝大部分区域以粉砂质泥岩为主，偶夹砾石层，显示为相对静水的湖盆沉积。

（二）新生界底面地质结构

1. 地层岩石单元体分布

通过岩石物性与地球物理重磁、大地电磁反演数据对比，最终确定出新生代底面基岩面地质结构图（图 11-14）。

盆地南北两侧盆山边界均表现为北西－南东向断层关系，但沿断裂多被新生代地层覆盖。根据局部露头及地球物理获得的基岩面等深线信息对边界断裂的提取发现，盆地南北两侧边界断层均具有正断层性质，断层面倾向盆地。因此，断层与山体之间被新生代地层所覆盖的区域可认为是两侧山体出露地层的自然延伸。其中，南部边界岩性顺延的岩石地层单元为中－下奥陶统塔水组（$O_{1-2}t$）及侵入其中的早志留世二长花岗岩（$\eta\gamma S_1$）和早志留世正长花岗岩（$\xi\gamma S_1$）。北部边界断层以北顺延的岩石地层单元包括中－上奥陶统庙尔

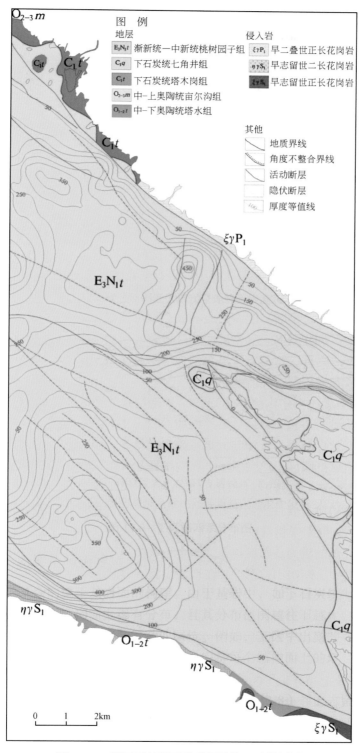

图 11-13 第四系基岩面地质图及第四系等厚图

沟组（$O_{2-3}m$）、下石炭统塔木岗组（C_1t）与及侵入其中的早二叠世大柳沟二长花岗岩（$\eta\gamma P_1$）。

夹持于南北边界断裂之间的盆地内部，基于地球物理勘探资料和钻孔验证，大致以盆地中部近东西向大断层为界，界定断层以北区域岩石地层单元包括中－上奥陶统庙尔沟组（$O_{2-3}m$）、上志留统—下泥盆统红柳沟组（S_3D_1h）与下石炭统七角井组（C_1q）；断层以南主体为下石炭统七角井组（C_1q）和中－下奥陶统塔水组（$O_{1-2}t$）以及侵入其中的一些早志留世二长花岗质岩（$\eta\gamma S_1$）和石炭纪花岗岩体（γC）。

（1）中－下奥陶统塔水组（$O_{1-2}t$）及侵入其中的早志留世二长花岗质岩（$\eta\gamma S_1$）。中－下奥陶统塔水组（$O_{1-2}t$）确定的主要判定依据如下：①通过重力异常及反演界面深度，南西凹陷中心覆盖层厚度大于北东及北西凹陷，但重力异常值小于北东及北西凹陷，因此南西凹陷中基岩地层密度应大于北东及北西凹陷中的岩石单元。塔水组（$O_{1-2}t$）具有相对高的密度，据此推测南西凹陷主要地质单元为中－下奥陶统塔水组（$O_{1-2}t$）。②中－下奥陶统塔水组（$O_{1-2}t$）地表广泛剥露于覆盖区南缘，受到韧性剪切作用发生韧性变形，主体岩性为变质砂岩、糜棱岩。北侧盆地覆盖区中的岩石单元体与南侧基岩应具有一定的延续性。

侵入其中的早志留世二长花岗质岩（$\eta\gamma S_1$）的确定主要来自区域重磁和大地电磁测深资料以及地表地质的综合推断。剖面大地电磁 C 线反演结果显示，塔水组地层中存在两个相对低阻区，对应区域相对高磁异常区，结合覆盖区南侧基岩区塔水组地层中存在多个志留纪二长花岗岩侵入岩体，将覆盖区塔水组地层中的高磁异常及大地电磁低阻区划分出隐伏的早志留世二长花岗岩侵入体。

（2）中－上奥陶统庙尔沟组（$O_{2-3}m$）。该地层单元在地表主要出露于盆地北部莫钦乌拉山，岩性以粉砂岩、长石岩屑砂岩、砂质泥岩为主。其物性特点是密度相对较小，电阻率较小，通过对比区域重力反演与大地电磁反演结果，将北部凹陷区西南侧的相对重力低值区以及大地电磁低阻区推测为中－上奥陶统庙尔沟组（$O_{2-3}m$）。

（3）上志留统—下泥盆统红柳沟组（S_3D_1h）。该地层单元在地表主要出露于盆地北部莫钦乌拉山南部边缘，岩性主要为硅质岩、灰岩、灰绿色硅化泥岩。其岩石物性特点表现为密度相对较大，电阻率相对较高，基于区域重力异常与大地电磁反演结果的综合解释，将北部凹陷区西北侧的重力高值区以及大地电磁高阻区推测为红柳沟组。

（4）下石炭统塔木岗组（C_1t）。在地表出露于盆地北部莫钦乌拉山的南缘，与北西庙尔沟组地层为断层接触关系。岩性以岩屑石英砂岩、粉砂岩和泥质粉砂岩为主。密度相对较大，电阻率较大。通过地表地质信息外延与大地电磁反演结果推测，受边界左旋断层的影响，塔木岗组地层在盆地基岩面中分布于北部凹陷区的东侧，与庙尔沟组地层呈断层接触。

（5）下石炭统七角井组（C_1q）。盆地东部出露大范围下石炭统七角井组地层，且露头边界受断层控制，因此可确定出基岩面东部为受断层控制的隆起区，且隆起区基岩面岩性主体为石炭统七角井组地层。在地表主要出露于盆地东部，岩性以砂岩、砾岩、含砾砂岩为主。岩石密度相对较小，平均电阻率中等。通过对比区域重力与大地电磁反演结果，七角井组地层分布于基岩面中部隆起区，与南、北部地层均呈断层接触。钻孔资料也均揭

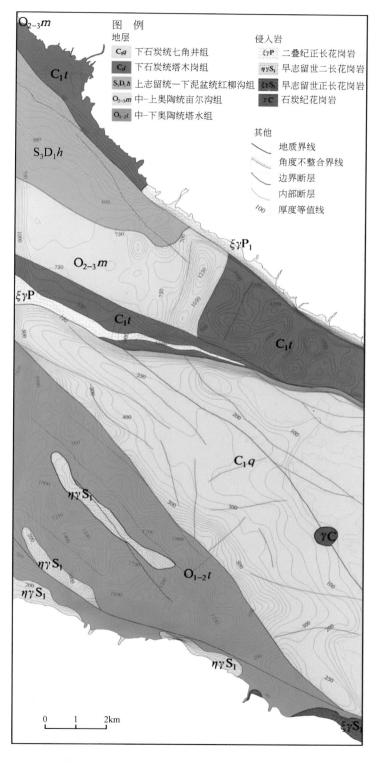

图 11-14 新生界基岩面地质图及新生界等厚图

示，隆起区的渐新统—中新统桃树园子组下伏地层均为下石炭统七角井组（C_1q）砂岩。

2. 基岩断层

通过重力线性异常提取与大地电磁剖面联合解译，并综合地表获得的信息，将盆地内部构造识别出 32 条断层（表 11-2）。

表 11-2　盆地内部断层

断层编号及名称	性质	证据来源
F1 盆地北缘边界断层	左旋走滑正断层	地表证据、重力、磁法反演
F2 红山口断层	左旋走滑正断层	地表证据、重力、磁法、大地电磁均有指示
F3 盆地南缘边界断层	左旋走滑正断层	大地电磁反演、重力提取
F4	左旋走滑正断层	地表证据、重力提取
F5、F6、F7、F8	正断层	大地电磁反演、重力提取
F9	高角度正断层	大地电磁反演、重力提取
F10（塔水组—七角井组界线）	正断层	大地电磁反演、重力提取
F11、F12、F18、F19、F20、F26、F27、F31	正断层	大地电磁反演、重力提取
F13 柳条河断层	正断层	地表证据、重力、磁法、大地电磁均有指示
F14	正断层	地表证据、重力提取
F15、F16、F17、F24	不明	地表证据
F21、F22、F23、F25、F28、F29、F30、F32	不明	重力提取

北部边界断层（F1）、红山口断层（F2）、柳条河断层（F13）为活动断层，在地表均有露头，可确定断层性质。其他断层中，大多数断层可通过大地电磁剖面确定断层性质，少量断层仅来源于重力线性异常提取，未能确定明确性质。

大地电磁剖面所解译的盆地内部断层与地质信息如下：

（1）C 线大地电磁剖面（图 11-6）。该剖面位于盆地东部，剖面走向约 25°，全长 22km。其中，断层 F2（即红山口断层）错断了新生界地层与基岩，剖面上断层为正断性质，与地表证据一致；断层 F13（即柳条河断层）错断新生界地层与石炭系基岩，指示正断性质。此外，剖面中可见塔水组与七角井组的分界断层 F10 错断了盆地新生界沉积层，断层在新生界沉积层中表现为正断层性质；正断层 F9 在剖面中与红山口断层相交，错断了新生界地层。

（2）E 线大地电磁剖面（图 11-5）。该剖面位于盆地东部，剖面走向约 30°，全长 20km。剖面中部通过了盆地东部的石炭系七角井组露头区，可限定出该露头区南北两侧受断层控制，通过剖面位置认为，北侧断层为红山口断层，南部为柳条河断层。其中，红山口断层在剖面中可见正断层性质，基底断距约为 1km。柳条河断层在剖面中为南西倾正断层，基底断距约为 250m。断层 F10 在剖面中为正断层性质，错断了古近系—第四系地层。

此外，根据电阻率特征，该剖面北端基岩为正长花岗岩岩体，与盆地北侧边界出露的二叠纪岩体岩性一致，根据该岩体出露形状，推测 E 线剖面中的岩体为莫钦乌拉山出露的二叠纪岩体的一部分，印证了盆地北缘边界断层左旋走滑兼正断的性质。

（3）F 线大地电磁剖面（图 11-7）。该剖面位于盆地东部，剖面走向约 110°，全长 30km。剖面东侧为石炭系基岩出露区，通过不同岩石地层单元电阻率差异，将基岩地质结构解析为如图 11-7 形态。剖面中红山口断层为正断性质，基岩断距约为 1km。此外，剖面还通过了四条错断盆地新生界沉积层的断层 F5、F6、F7、F8，均表现为正断层性质。

第十二章 新生代盆山关系及演化

盆地地质构造发展演化是盆地覆盖区地质调查的基本任务，而盆地地质构造发展演化的重要方面即盆山关系，尤其是断陷盆地覆盖区，盆山关系及控盆构造的发育等都应是西部断陷盆地区区域地质调查的重要内容。

山脉和盆地总是相伴出现，形成了独特的地质和地貌单元——盆山系统，这两类单元往往在空间上相互依存，在物质上相互转换。山脉在地表表现为正地貌，其伴生盆地表现为相对负地貌。山脉的隆升为盆地的孕育提供了空间，山脉剥蚀的岩石为盆地的形成发展提供了物质来源。盆地内的同造山沉积物不仅翔实记录了地球的气候与环境演变历史，也保留了山脉构造过程及盆地自身演化过程的丰富信息，把盆地放在区域大地构造格架中研究造山带变形和盆地演化的关系，即"盆山耦合关系"研究，对理解地球岩石圈层的构造运动过程具有重要意义。盆山耦合关系的研究包括三个方面重要内容（刘少峰和张国伟，2005）：第一，盆山关系的几何学问题，即造山带和盆地在不同地质历史时期的结构和空间配置关系；第二，盆山关系的运动学问题，即山脉物质的隆升、剥露和剥蚀过程，以及对应的盆地的沉积、沉降和物源；第三，盆山关系的动力学问题，即造山带和盆地协同演化过程所揭示的盆山演化动力学及深部动力学机制。

与测区相关的东天山地区具有典型的盆山结构，博格达山、哈尔里克山和莫钦乌拉山将吐哈盆地、巴里坤盆地三塘湖盆地分隔成"三盆两山"的地貌格局（图 12-1）。现今的巴里坤盆地呈弧形夹持在莫钦乌拉山和哈尔里克山中间，盆地南北宽 25～31km，东西长约 140km，是东天山内部的一个山间断陷盆地（图 12-1）。显然，巴里坤盆地形成演化对认识东天山地区的盆山关系以及动力学过程具有重要意义。

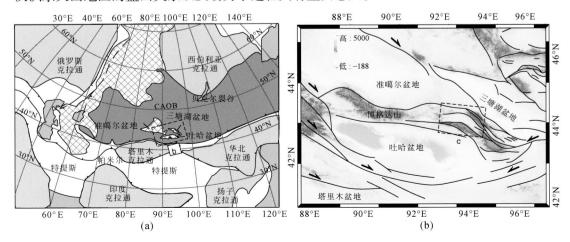

(a)　　　　　　　　　　　　　　　　(b)

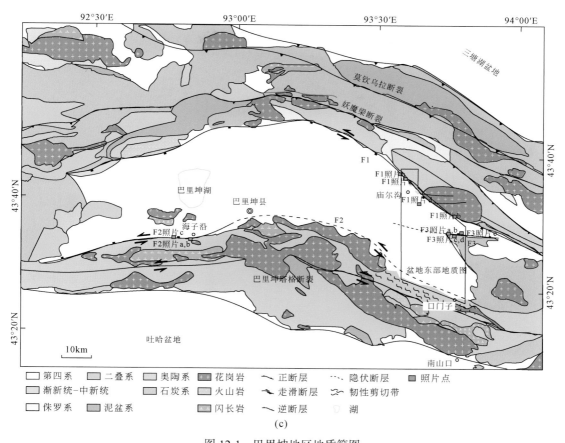

图 12-1　巴里坤地区地质简图

（a）大地构造位置简图［修改自 Xu 等（2015）］；（b）区域数字高程图；（c）巴里坤盆地地质简图
［修改自中国地质调查局西安地调中心（2005）和本研究填图资料］

　　然而，现今的巴里坤盆地在中生代期间并不存在，其直接证据是巴里坤盆地普遍缺失中生界沉积。石油部门在巴里坤县城北部盆地中央实施的 3087m 深的巴 1 井揭示在约 776m 深处钻遇渐新统—中新统桃树园子组湖相泥岩与下伏石炭系凝灰岩角度不整合界线。测区地球物理勘探以及钻孔验证也都揭示渐新统—中新统桃树园子组湖相泥岩直接角度不整合于下伏古生界地层之上，说明现今的巴里坤盆地区中生代到古新世一直处于隆升剥蚀区。间接证据来自于研究区北侧莫钦乌拉山高海拔区发育的一套下侏罗统八道湾组辫状河-湖沼相的陆相碎屑岩沉积建造。其古水流、砾石成分和粒径统计以及碎屑锆石 U-Pb 峰值年龄等综合指示早侏罗世期间其物源来自莫钦乌拉山西部和西南部至哈尔里克山区域，当时的莫钦乌拉山主体并不存在，而是与北部的三塘湖盆地相连，现今的莫钦乌拉山主体（中北部区域）应属于三塘湖盆地的南部边缘。现今的巴里坤盆地区以及南部哈尔里克山构成统一的剥蚀物源区。因此，现今的"三盆两山"的地貌格局在中生代时期尚未形成，现今的盆山格局形成于新生代。

第一节　新生代盆山关系分析

一、巴里坤盆地新生代地层及沉积相分析

（一）新生代盆地沉积相

　　巴里坤盆地新生代地层发育渐新统—中新统桃树园子组，其地表露头零星分布于盆地北东侧的山前和盆地东部基岩隆起区西侧（图 12-2），在盆地内产状较平缓（图 12-3）。

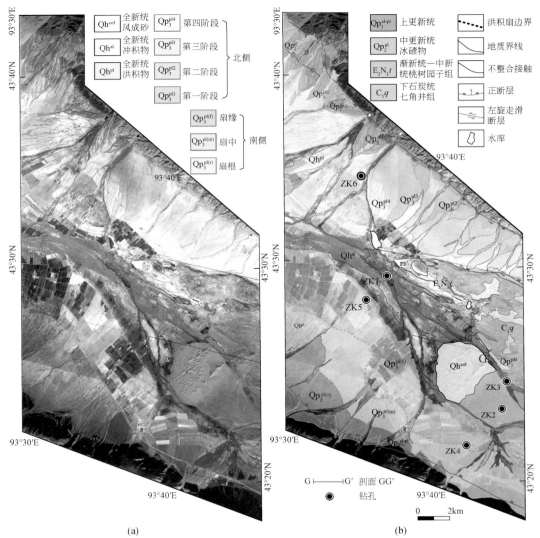

(a)　　　　　　　　　　　　　　　　(b)

图 12-2　测区巴里坤盆地遥感影像及叠合地质简图

（a）高分二号遥感影像图；（b）叠合地质简图

该套地层为一套红色内陆湖相地层，下部由红褐色砂质泥岩和红褐色泥岩组成，可见灰白色钙质结核，在盆地东部与下伏石炭纪地层呈角度不整合接触（图12-3）；上部由灰黄色泥岩和砂砾石层组成，半固结程度［图12-4（a）］。该组岩性、岩石组合及产出特点等均与吐哈盆地桃树园子组相似，孢粉组合揭示该套地层的时代为渐新世—中新世（金小凤，1996）。

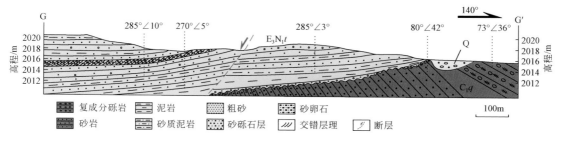

图 12-3　盆地东部桃树园子组（E_3N_1t）与下石炭统七角井组（C_1q）信手地质剖面图

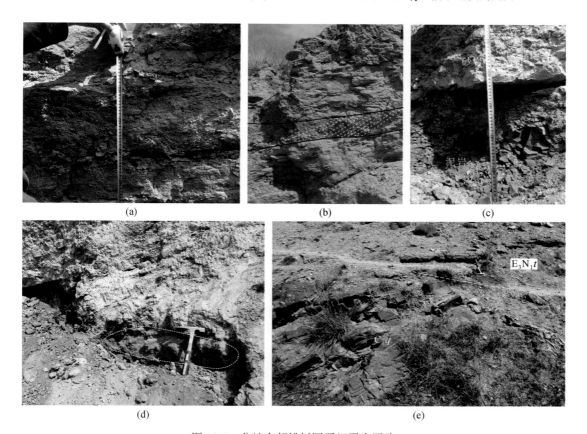

图 12-4　盆地东部桃树园子组露头照片

（a）砾石与砂岩互层；（b）中粗砂岩层的交错层理；（c）砂岩覆盖于泥岩之上；（d）灰色砂岩透镜体；

（e）桃树园子组角度不整合于下石炭统七角井组之上

（二）渐新统—中新统桃树园子组地层底界

为了揭示桃树园子组（E_3N_1t）地层在盆地内平面分布特征，我们搜集了测区盆地内的水井资料（10、11、12、22、40），并且在测区布施了 5 个钻孔（ZK1～ZK5），桃树园子组在所有钻孔岩心中都可见基底（图 10-29）。通过地层资料的空间对比，我们发现桃树园子组地层的埋深向北和向东逐渐变浅，顶界面最深达到了 269m，位于盆地的中心地区（井 12）；最浅的为 10m 深，见基岩，位于东部隆起区西侧（井 22）。盆地东部有 3 个钻孔可见石炭系地层，主要为青灰色粉砂岩和含砾粉砂岩，基岩埋深同样向盆地东部逐渐变浅。我们在东部测区进行了区域重磁测量，重磁异常均表明了盆地具有较为复杂的基底结构，测区中部和南北部边界可见大型断裂切割。另外，测区以西巴里坤盆地地震反射资料同样显示，巴里坤盆地新生代沉积由北向南加厚，沉积中心位于南部山前；巴里坤石油勘探井深达 3087m 的巴 1 井资料则标定桃树园子组深度为 133m，底界为 776m（马晓鸣等，2011）。这可能反映了盆地南部沉积较为稳定，北部沉积则可能受到构造扰动影响；而盆地东部的隆起可能造成了桃树园子组沉积向东逐渐变浅。

二、巴里坤盆地控盆边界断裂构造解析

（一）巴里坤盆地北缘边界断裂

巴里坤盆地北缘边界断裂出露较好，其几何学和运动学性质的分析具有代表性。该断裂在盆地东部的走向为北西－南东，往西部逐渐转变为北东东方向，形成弧形断裂系统。断裂部分被第四系覆盖，我们针对盆地东部的北界断裂开展了构造解析工作（图 12-5）。

(a)　　　　　　　　　　(b)　　　　　　　　　　(c)

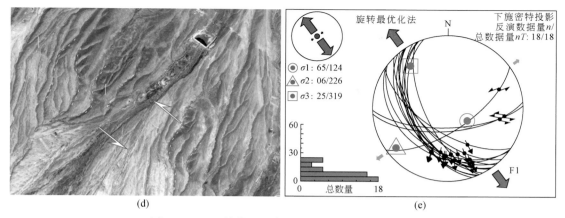

图 12-5　巴里坤盆地北缘边界断裂构造（F1）解析

（a）庙尔沟山前断裂破碎带，断层破碎带多米诺构造指示左行走滑性质；（b）二叠纪花岗岩牵引构造，指示正断性质；（c）二叠纪岩体碎裂岩擦痕和阶步，指示左行走滑兼正断性质；（d）冰碛垄的扭转，指示活动断层具有左行走滑性质；（e）断层面产状下半球极射赤平投影图

　　庙尔沟的山前断裂带，岩石破碎严重，中-上奥陶统庙尔沟组地层强劈理化，断面上的多米诺构造和构造透镜体的斜列均指示了山前断裂的左旋走滑性质［图 12-5（a）］。而在盆地二叠纪岩体山前可见明显的牵引构造，指示了山前的控盆断裂正断性质［图 12-5（b）］。盆山交界处也可见断层角砾岩和碎裂岩，断层面上可见擦痕和阶步，根据角砾岩透镜体和阶步判断断裂为左行走滑兼正断性质［图 12-5（c）］。测得断面产状为 213°～220°∠63°～74°；擦痕产状为 192°～213°∠36°～47°［图 12-5（e）］。另外，遥感影像显示山前第四纪冰碛垄发生左旋错位，说明该左行走滑断裂在第四纪仍较为活跃［图 12-5（d）］。综上所述，我们认为巴里坤盆地的北边界断裂的性质为左行走滑兼正断，形成于北西-南东向的伸展环境［图 12-5（d）］。

　　（二）巴里坤盆地南缘边界断裂

　　巴里坤盆地南边界整体形态与北边界大致平行，盆地东边走向为北西-南东，往西则逐渐转变为北东东。我们选取了巴里坤盆地西南缘海子沿地区的断裂进行了构造解析（图 12-6）。断裂带整体破碎，变形强烈，擦痕和阶步发育，根据擦痕和阶步可判断该处断裂为左行走滑兼正断性质［图 12-6（a）］。可测得断层面产状为 20°～33°∠60°～72°；擦痕产状为 103°～115°∠22°～40°［图 12-6（e）］。盆地边界的花岗岩体破碎带中的透镜体指示断层正断性质［图 12-6（b）］。盆地边界可见断层三角面极为发育，同样指示巴里坤盆地南边界具有正断性质［图 12-6（c）］。综上所述，我们认为巴里坤盆地南缘边界断裂大体为近东西走向，具有左旋走滑兼正断性质，形成于北西-南东向的伸展环境。

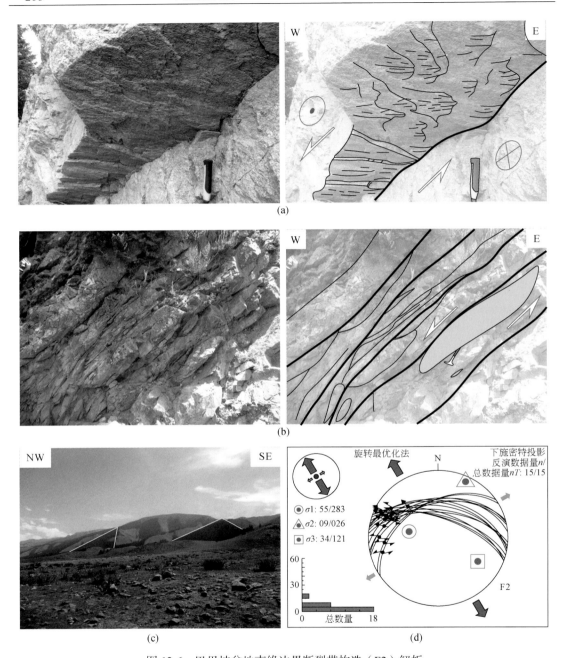

图 12-6 巴里坤盆地南缘边界断裂带构造（F2）解析

（a）巴里坤盆地西南边缘断裂擦痕指示左旋走滑正断层；（b）晚期脆性破碎带，构造透镜体及分隔构造透镜的碎裂岩带，可见变形砾石指示正断性质；（c）山前断层三角面指示正断层；（d）断层面产状下半球极射赤平投影图

（三）巴里坤盆地东部中央断裂

巴里坤盆地东部中央区域表现为隆起的特征，该区域出露盆地基底岩系下石炭统七角井组粉砂岩，上覆渐新统—中新统桃树园子组红褐色半固结泥岩。东部隆起区域的北侧可

见一明显断层，断层造成下石炭统七角井组与北侧第四纪盆地高差达 30 ～ 80m［图 12-7（a）］，该陡坎地貌为断层控制的断层崖。另外，可见断层面以及擦痕和阶步，测得断层面产状为 31°～ 49°∠ 65°～ 77°；擦痕产状为 317°～ 322°∠ 12°～ 25°［图 12-7（f）］，指示断裂具有左行走滑兼正断性质［图 12-7（b）］。断层南侧一高出北侧洪积大滩约 30m 的山梁出露桃树园子组［图 12-7（c）］，其表层覆盖有约 0.5m 的冲洪积扇（Qp_3^{pal}）细砾石

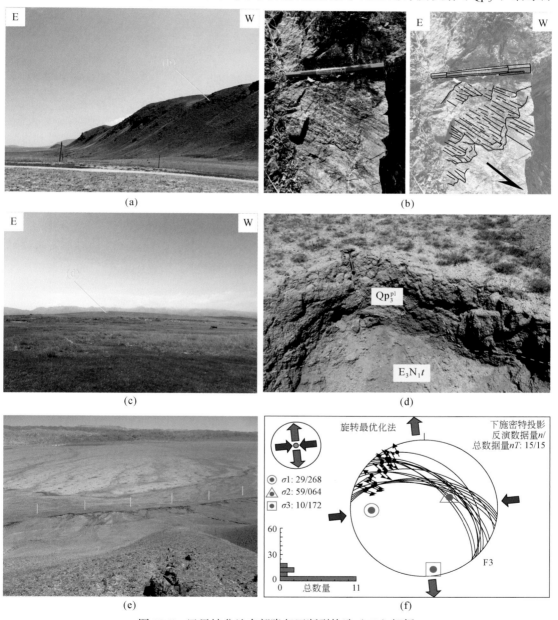

图 12-7　巴里坤盆地东部隆起区断裂构造（F3）解析

（a）石炭纪地层高地貌面高于第四纪盆地 30 ～ 80m；（b）擦痕和阶步指示左行走滑兼正断性质；（c）隆起区表层为 Qp_3^{pal} 细砾石层；（d）隆起区 Qp_3^{pal} 细砾石层物源来自北部花岗岩，下伏桃树园子组红褐色粉砂质泥岩；（e）活动断层切错晚更新世洪冲积形成线性断层陡坎；（f）高地貌面北侧断层崖断层面产状下半球极射赤平投影图

层，砾石主要为肉红色钾长石和石英等［图 12-7（e）］，与周围的石炭系地层截然不同，而与北侧洪积大滩的碎屑物质类似，指示其在晚更新世时期为统一洪积扇体，物源为来自北部的莫钦乌拉山的大柳沟花岗岩，晚更新世以来发生相对于北侧盆地至少 30m 的差异断错。该隆起区的北侧表现为明显的近东西向陡坎地貌和切过晚更新世洪冲积层的陡坎［图 12-7（e）］，在区域重磁以及大地电磁剖面上也有良好显示，指示明显的近东西向断裂，并具有第四纪的活动性。综上所述，盆地中部断裂（F3）应当为左行走滑兼正断性质，形成于转换伸展的环境。

三、巴里坤盆地新生代构造属性及演化

中生代以哈尔里克山－巴里坤盆地区域作为隆起区向两侧提供物源的古地貌格局可能一直持续到新生代早期。直到渐新世巴里坤盆地开始断陷接受桃树园子组沉积。根据巴里坤地区的渐新统—中新统桃树园子组的空间分布可知，渐新世—中新世巴里坤盆地北侧为莫钦乌拉山，南部为哈尔里克山，范围与现今第四纪盆地的范围基本一致，也就是说渐新世—中新世巴里坤地区的盆山结构与现今的基本一样。巴里坤盆地内的钻井与水井资料显示，盆地内渐新统—中新统桃树园子组红褐色泥岩与下石炭统七角井组青灰色粉砂岩呈不整合接触。巴里坤盆地中心地震联井剖面资料显示，盆地内桃树园子组与二叠纪深灰色凝灰岩呈不整合接触关系（马晓鸣等，2011），说明巴里坤盆地从渐新世开始断陷接受沉积（图 12-8）。

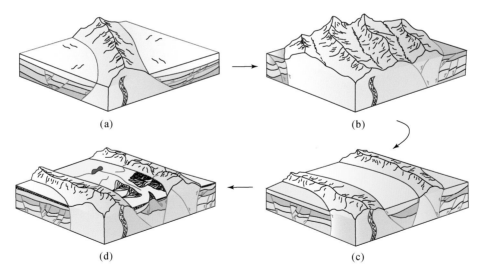

(a)　　　　　　　　　　　(b)

(d)　　　　　　　　　　　(c)

图 12-8　巴里坤盆地构造演化简图

（a）晚三叠世—早侏罗世，受南北向的挤压运动，莫钦乌拉山和哈尔里克山隆起，三塘湖盆地和吐哈盆地边界开始发育一系列逆冲断裂，前陆盆地形成；（b）晚侏罗世—始新世，受南北向的持续挤压运动，莫钦乌拉山和哈尔里克山仍未隆起成为剥蚀区；（c）渐新世—中新世，应力弛豫状态下的转换伸展时期，巴里坤地区由于走滑拉分形成盆地；（d）上新世—第四纪，在经历了短暂的应力弛豫之后，东天山地区又受到挤压作用，巴里坤盆地内部发育一系列逆冲断裂和盆地东边隆升

此外，哈尔里克山南部与吐哈盆地盆山结合部位也受控于大型的北西－南东向边界断裂。野外调查发现哈尔里克山南缘山前断裂主要有两组，一组是倾向盆地的中等角度正断层；另一组是高角度右旋走滑断层。野外关系揭示高角度右旋走滑断层切割早期的中等角度正断层，反映在哈尔里克山与吐哈盆地演化过程中，早期受正断层控制，晚期受右旋走滑断层控制，吐哈盆地早期可能为断陷盆地，导致吐哈盆地区的桃树园子组地层沉积。王宗秀等（2008）对巴里坤盆地南侧的哈尔里克山的磷灰石裂变径迹研究揭示，哈尔里克山在32～17Ma呈现为明显的快速剥露，与巴里坤盆地桃树园子组地层沉积的时限基本一致。因此，我们认为巴里坤盆地形成于渐新世—中新世，即现今的"三盆两山"的地貌格局成形于渐新世—中新世。根据巴里坤盆地边界断裂具有左行走滑兼正断性质，反映为受控于左行走滑断裂的拉分盆地（图12-8）。

渐新世—早中新世是中亚地区构造变形比较强烈的时期。由于帕米尔高原向北开始楔入和挤压（Bosboom et al.，2014；Cao et al.，2013；Sobel and Dumitru，1997），导致西天山地壳的强烈变形（张培震等，1996；Lei et al.，2010，2013）和塔里木盆地的顺时针旋转（Avouac et al.，1992，1993），这种应力的差异性可能会引起天山地壳变形的不均一性，表现为向东逐渐减弱的特征（Sobel et al.，2006）。这种不对称的应力使天山及邻区形成了大量新生代走滑断裂（李锦轶等，2006；朱自虎等，2010；杨顺虎等，2014），其中以北东东走向的左行脆性走滑断裂和北西西走向的右行脆性走滑断裂为主。这些走滑断裂通常被认为是与印度－欧亚板块碰撞的远程效应相关（Molnar and Tapponnier，1975，1977；Cunningham et al.，1996，2003，2013）。Cunningham等（2003，2013）认为中亚地区的蒙古阿尔泰以右行转换断裂系统为主，戈壁阿尔泰以左行转换走滑断裂系统为主，两套系统组成了共轭走滑转换系统，可能与阿尔泰下地壳物质向北东方向的挤出流动有关。东天山巴里坤盆地边界左行走滑断裂可以作为戈壁阿尔泰断裂系统的一部分，因此具有统一的动力学背景和来源，可能与印度－欧亚板块碰撞向北应力传递有关。

第二节　第四纪盆山结构与演化

盆地第四系不同时代成因类型分布（图9-7）呈现如下规律：

（1）西北部山前发育中更新世冰碛，而东部和南部山前不发育。

（2）晚更新世—全新世南北山前发育系列洪积扇沉积，盆地中部在全新世早期以冲积为主，晚期向湖沼相过渡。

（3）北部山前晚更新世洪积扇体可以分出4期，4期晚更新世洪积扇体以及1期全新世洪积扇的分布特点在横向上总体呈现出向南推进的趋势，在纵向上总体呈现出由东向西迁移的趋势。南部山前晚更新世—全新世洪积扇分期性不明显，但南部山前相对高位出现坡度较陡的早期残积＋洪积，说明晚更新世随着哈尔里克山的崛起发生地势掀斜。

上述第四系不同时代成因类型分布规律特点说明：

（1）晚更新世—全新世早期巴里坤盆地发育东西向贯通河流，水流西流，但是全新世晚期东流的河流水系萎缩，盆地中部残留湖沼相。

（2）中更新世冰碛只出现于西北部山前地带，说明中更新世西北部的莫钦乌拉山相对东部要高，而现今山前冰碛物的源头区域地势并不比东部高，说明中晚更新世以来莫钦乌拉山整体地势东部抬升较西部更明显，原西高东低的山体发生了反转变成现今的总体东高西低（图 12-8）。

（3）晚更新世以来山前洪积扇北部向南推进、南部向北推进并发生地势掀斜的总趋势，说明莫钦乌拉山和哈尔里克山在晚更新世以来加速崛起的总趋势。

（4）第四系洪冲积扇体特别是北侧第四纪洪冲积扇体总体呈现出由东向西迁移的趋势，反映东部地区相对西部的翘起。与北部莫钦乌拉山的于中晚更新世以来的地势反转相统一。

另外，测区西侧奎苏北约 2km 盆地中央发育一突起于盆地 30 ～ 40m 的长山梁，其延伸方向为 120°，物质组成自下而上为（图 12-9）：

6. 土黄色砂层夹中细砾砾石层	248cm（未见顶）
5. 灰色中细砾砾石层夹砂层	422cm
4. 土黄色砂层	50cm
3. 灰色中粗砾砾石层夹砂层	600cm
2. 土黄色砂土层	180cm
1. 灰黄色砾石层	185cm（未见底）

在第 3 层砂层夹层获得 ESR 年龄为 89.55±8ka，第 4 层土黄色砂层获得 ESR 年龄为 83.80±8ka，说明其为晚更新世早期的沉积。砂层中发育板状或楔状斜层理，砾石层发育叠瓦状砾石扁平面，沉积特点为一套具有辫状水道的洪冲积砂砾石层，砾石扁平面和斜层理前积层总体指示水流方面来自 SW 190° ～ 220° 方向（图 12-10），与现代巴里坤盆地延展方向垂直，说明其水流来源于南部的哈尔里克山，应属哈尔里克山南北侧的洪冲积扇体沉积。但是，现今长梁为平行盆地延展方向的 120° 方向延伸，长梁东端剥露的横剖面沉积层显示为与长梁地形一致的开阔背斜构造，垂直背斜枢纽还发育系列横向正断层（图 12-11），说明晚更新世沉积后，盆地受近南北向挤压发生崛起形成中部的隆起带。收集的水井资料也显示，盆地中部第四系厚度相对两侧迅速减薄，为相对隆起区。

综上所述，巴里坤盆地晚更新世以来受近南北向挤压，南、北山体进一步崛起，盆地中部受挤压隆起，两侧压陷，而盆地东部发生翘起，显示晚更新世以来具有压陷盆地特征。

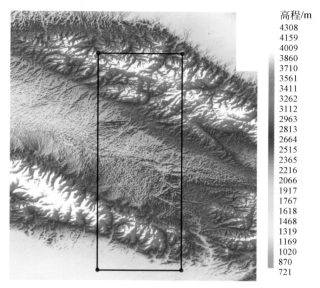

图 12-9 测区及邻近区域现今地势数字高程模型

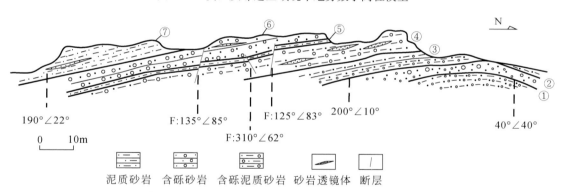

图 12-10 奎苏北侧约 2km 巴里坤盆地内部晚更新世地层中发育的褶皱和断裂

①~⑦为分层号

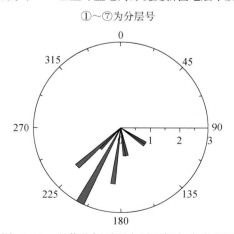

图 12-11 奎苏北侧砾石扁平面倾向玫瑰花图

第十三章 口门子－奎苏一带盆地覆盖区三维地质结构建模

从 20 世纪 80 年代开始，三维地质建模技术便开始在国内外广泛地发展。经过几十年的发展，前人已经建立了 20 多种空间建模理论，主要是依据面元、体元或者混合方式建立模型。当然，与之相伴的建模软件也在不断推进发展。目前，用于建模的三维地质建模软件有很多，其中较为成熟且应用广泛的有法国 Nancy 大学研发的 SKUA-GOCAD（Geological Object Computer Aided Design），斯伦贝谢公司开发的三维可视化建模软件 Petrel 等。本项目选用了 SKUA-GOCAD 软件，对巴里坤盆地戈壁荒漠覆盖区的三维地质结构进行了刻画。

SKUA-GOCAD 地质建模软件是主要应用于地质领域的三维可视化建模软件，是国际上公认的主流建模软件，具有以下特点（张夏欢等，2008）：①功能强大，SKUA-GOCAD 软件具有强大的三维建模、可视化、地质解译和分析的功能。既可以进行表面建模，也可以进行实体建模；既可以设计空间几何对象，也可以表现空间属性分布。SKUA-GOCAD 具有离散光滑插值技术（DSI）及多种地质统计算法，可以更加方便准确地模拟复杂地质构造。②应用广泛，SKUA-GOCAD 在地质工程、地球物理勘探、矿业开发、水利工程中都有广泛的应用，既可以数值模拟、优化设计，也可以进行风险评估。③界面友好，人机交互能力强，实现了以 Workflows 为主的半自动化建模。④数据接口齐全，SKUA-GOCAD 不但可以导入导出多种格式的点、线、面、体或网格文件，而且与很多大型专业软件如 CAD、ER Mapper、ArcView、FLAC3D 等也可以交换数据。

第一节 巴里坤盆地三维地质结构模型数据库

通过野外地质调查，并结合地球物理资料和钻孔资料，我们对巴里坤盆地内的覆盖结构进行了较为系统的勾画。巴里坤盆地主要可以分为三层结构，第一层为第四系，第二层为渐新统—中新统，第三层则为基岩。因此，利用 SKUA-GOCAD 软件，能将其三维地质结构完整地展现出来。建立三维地质建模结构模型的数据库。

一、数据库内容

数据库的内容包括两方面，一方面是钻孔和地球物理资料；另一方面是 GIS 空间图层数据，主要为三个层面的地质图和等深线。

（一）巴里坤盆地地球物理剖面和钻井资料

巴里坤盆地内所做的地球物理剖面以及钻孔是建立三维地质结构的基础。盆地内共完成了重磁面积性测量，以及大地电磁、高密度电法和主动／被动源浅层地震剖面测量（表 13-1）。另外，还有 6 个钻孔遍布盆地。

表 13-1 巴里坤盆地地球物理工作统计

项目	完成工作量
1：50000 面积磁测	538km^2
1：10000 剖面磁测	23.4km
1：50000 面积重力	544.4km^2
1：10000 剖面重力	23.4km
大地电磁测量	143 点
高密度电阻率法	37km
主动／被动源浅层地震	19.1km
岩石物性采集	1532 块

（二）巴里坤盆地地质结构层资料

巴里坤盆地的三个层面地质结构的划分和深度如图所示，其 GIS 空间图层数据见表 13-2。

表 13-2 地质结构图主要图层表

序号	层位	图层名称	数据类型
1		第四系	区图元
2		渐新统—中新统桃树园子组	区图元
3	第一层地质结构	下石炭统七角井组	区图元
4		下石炭统塔木岗组	区图元
5		第四系断层	线图元
6		地表等高线	线图元

序号	层位	图层名称	数据类型
7	第二层地质结构	渐新统—中新统桃树园子组	区图元
8		下石炭统七角井组	区图元
9		下石炭统塔木岗组地层	区图元
10		中－上奥陶统庙尔沟组	区图元
11		中－下奥陶统塔水组	区图元
12		早二叠世正长花岗岩	区图元
13		早志留世二长花岗岩	区图元
14		早志留世正长花岗岩	区图元
15		第四系断层	线图元
16		第四系等厚线	线图元
17	第三层地质结构	下石炭统七角井组	区图元
18		下石炭统塔木岗组地层	区图元
19		中－上奥陶统庙尔沟组	区图元
20		中－下奥陶统塔水组	区图元
21		早二叠世正长花岗岩	区图元
22		早志留世二长花岗岩	区图元
23		早志留世正长花岗岩	区图元
24		石炭纪花岗岩	区图元
25		第四系断层	线图元
26		桃树园子组等厚线	线图元

二、三维地质结构数据转换

巴里坤盆地的三层结构已经通过 GIS，形成了三个独立层面的数据库。为了整合成一个整体的数据库，并在 SKUA-GOCAD 中完成建模，我们通过 MapGIS 将三个层面同一类型数据分别导出并整合。

（一）边界数据

巴里坤盆地的边界（第四系边界），通过 MapGIS 导出成带有经纬度的点数据，将这些点数据集赋予高程，形成 X-Y-Z 数据导入建模软件中（也可以导出成 DXF 格式）。

（二）地层和岩体数据

巴里坤盆地的地层和岩体具有较为独有的特征。第一，盆地内发育较为复杂的断裂系统，这些断裂将盆地内的地层系统和岩体切割为不同的区块；第二，基岩面地质结构主要通过地球物理解译，产状未知，且钻孔控制偏少。基于此，巴里坤盆地的三维地质结构模型建立区别于一般情况下的地质建模，主要通过分区块建立。盆地内的三个层面高程数据主要通过地球物理联合反演得到，并且通过钻孔进行限定。而地层的边界和岩体的边界都可以通过 MapGIS 导出成 X-Y-Z 格式数据，这些数据都为地质界线，在 SKUA-GOCAD 软件中通过地质界线分割地质结构面。

（三）断层数据

巴里坤盆地内的断层格架较为复杂，通过地表地质调查和地球物理解译，总共可以划分为三类断层，第一类为活动断层，在地表有出露；第二类为覆盖层断层，这类断层只切错了第四系和桃树园子组覆盖层；第三类为基岩断层，这类断层切穿了基岩，但是未在覆盖层中发育。SKUA-GOCAD 软件接受 XYZ 文件、Column-based File 等点数据集文件。本项目通过导出不同层位上的断层线点数据集（Column-based File），再将点数据集在软件中投影到相应的地质面上，最后通过线生成断层面。

（四）钻孔数据

本项目主要实施了 ZK0 ～ ZK5 共 6 口钻井，另外在盆地内搜集了一系列的水井和灌溉井资料，最后建立了盆地内的钻井系统。钻孔数据主要包括 Paths、Markers、Paths and logs 等内容，其中 Paths 主要是位置信息；Markers 主要是钻孔所遇到的地层和断层的空间分布信息；Paths and logs 则为测井曲线等方面的信息。本项目主要使用 Paths、Markers 数据。钻孔数据 Paths，按照"Wellname、X、Y、Z、MD"，即钻孔名称、X 坐标、Y 坐标、Z 坐标、埋深的形式编排。钻孔数据 Markers 则按照"Wellname、MD、Markers"，即钻孔名称、标记点埋深、地层（或断层）名称来建立。本项目的钻孔只见第四系、桃树园子组和七角井组地层。

（五）地球物理剖面

巴里坤盆地内的地球物理剖面可以导入模型中，通过对比解释，可以对模型进行进一步的修正。地球物理剖面主要以图片的形式导入（Voxel），导入的图片要指派坐标（tools 里面的 Resize Voxel）。图片左下角为坐标原点，右下角为 U，左上角为 V，在二维图内坐标原点为 W。在完成后可以对其进行数字化处理。本项目大地电磁剖面，浅层地震剖面和高密度电法剖面都可以导入约束。

第二节 巴里坤盆地三维地质结构模型建立

在处理完建模数据之后，将数据导入 SKUA-GOCAD 软件中进行进一步的模型建立。

本项目模型构建主要有两个指导思想：一是基于 GIS 系统下的地质体表达；二是分区块地质体模型构建。

一、数据的导入

导入的数据主要为上述的边界数据、地层和岩体数据、断层数据、钻孔数据和地球物理剖面。导入后的数据可以在软件里面定义其意义，如断裂（Faults）、侵入体（Intrusive Body）等。

（一）层面高程点导入

首先，我们将地表的等高线和桃树园子组等深线以及基岩面等深线，通过 MapGIS 软件导出为 XYZ 的数据点集。为了得到另外两个层面的高程点数据，我们通过 Surfer 软件，用地表的高程减去桃树园子组等深线得到桃树园子组层面等高线，同样的方法得到基岩面等高线。最后，通过 Surfer 软件导出三个地质层面的高程点，纵轴点距设置为 120m，横轴点距 100m。我们将三个层位的地质点导入 SKUA-GOCAD 软件中（图 13-1）。

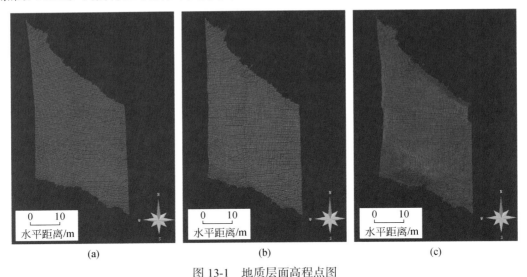

图 13-1　地质层面高程点图

（a）地表高程点图；（b）桃树园子组地层高程点图；（c）基岩面高程点图

（二）断层线导入

盆地内的断层在三个层面上的分布在三个层面的地质图上都已经展示，但是不同层面上的断层线的深度并不清楚，因此在 MapGIS 中导出每条断层线的坐标点，并且赋予一个初始的高程值，形成一个 XYZ 点数据集。导入 SKUA-GOCAD 中后，将不同层位的断层线投影到各自层位中去，最后将相同的断层线形成断层面，如图 13-2 所示。

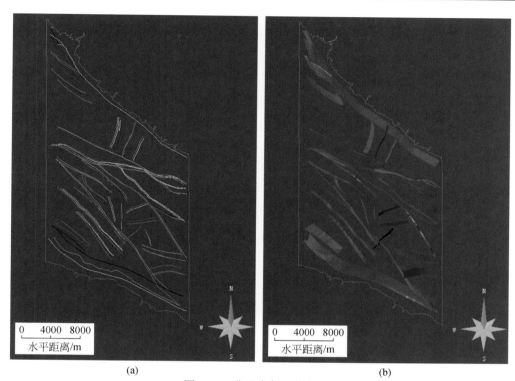

图 13-2 盆地内断层分布格架

（a）盆地内断层线网络；（b）盆地内断层面网络

（三）井数据导入

巴里坤盆地内的井坐标按照 SKUA-GOCAD 的井数据坐标格式编辑（表 13-3），井的层位标定同样以相应的格式编辑（表 13-4），但是由于井层位标定没有产状，因此后两项倾角（Azimuth）和倾向（Dip）默认为 0。最终，我们可以得到如图 13-3 的钻孔和水井在图幅内的分布图。

表 13-3 井坐标数据（Paths） （单位：m）

Wellname（井名）	X	Y	Z	MD
ZK0	546931.1	4826198.34	1993	211.99
ZK1	549105.72	4817413.65	1906	209.24
ZK2	558850.79	4805889.25	2150	140.54
ZK3	559267.76	4808247.39	2067	76.48
ZK4	557551.06	4802720.33	2066	302.3
ZK5	547347.41	4815301.42	1929	300
#025	541601.27	4821513.83	1854	100
#026	541368.31	4821839.02	1853.2	100

Wellname（井名）	X	Y	Z	MD
#027	544406.03	4820782.12	1868	12
#032	543712.74	4818004.33	1886.5	18.3
#037	541854.22	4815225.72	1992	183
well21	547145.3	4824320.6	1957.8	123.6
well22	544586.9	4820544.7	1870.8	120.17
well23	541774.1	4815177.8	2001	102.69
well39	541609.8	4821516.7	1854	105
well40	541360.9	4821823.8	1853	85

表 13-4　井标定数据（Makers）

Wellname（井名）	MD	Markers	Dip	Azimuth
ZK1	0	Q	0	0
ZK1	13.5	E_3N_1t（EN）	0	0
ZK1	59.44	Water（w）	0	0
ZK1	201.54	C_1q	0	0
ZK2	0	Q	0	0
ZK2	36.64	E_3N_1t（EN）	0	0
ZK2	129	C_1q	0	0
ZK3	0	Q	0	0
ZK3	24.38	E_3N_1t（EN）	0	0
ZK3	66.22	C_1q	0	0
ZK4	0	Q	0	0
ZK4	60.52	E_3N_1t（EN）	0	0
ZK4	276.5	C_1q	0	0
ZK5	0	Q	0	0
ZK5	12	Water（w）	0	0
ZK5	55.5	E_3N_1t（EN）	0	0
#025	0	Q	0	0
#025	18	Water（w）	0	0
#026	0	Q	0	0
#026	18	Water（w）	0	0
#027	0	Q	0	0
#032	0	Q	0	0
#032	15.4	Water（w）	0	0
#037	0	Q	0	0

Wellname（井名）	MD	Markers	Dip	Azimuth
well22	0	Q	0	0
well22	7.03	Water（w）	0	0
well22	0	Q	0	0
well22	10.3	E_3N_1t（EN）	0	0
well39	0	Q	0	0
well39	21.8	Water（w）	0	0
well39	71	E_3N_1t（EN）	0	0
well40	0	Q	0	0
well40	22.67	Water（w）	0	0
well40	74	E_3N_1t（EN）	0	0
ZK0	0	Q	0	0
well23	0	Q	0	0
well21	0	Q	0	0

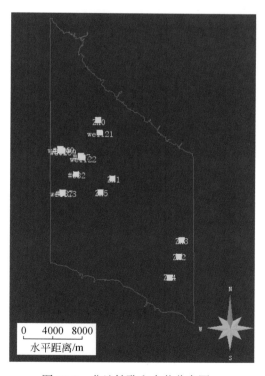

图 13-3　盆地钻孔和水井分布图

（四）地球物理剖面导入

我们在盆地内所布设的地球物理剖面能为三维结构的解释提供有利的依据。因此，我们将这些地球物理剖面导入 SKUA-GOCAD 中辅助地质解释。我们总共导入了 C、E、F 3 条大地电磁测线，高密度电法剖面共计 18 段，以及浅层地震剖面 3 段。地球物理剖面导入后如图 13-4 所示。

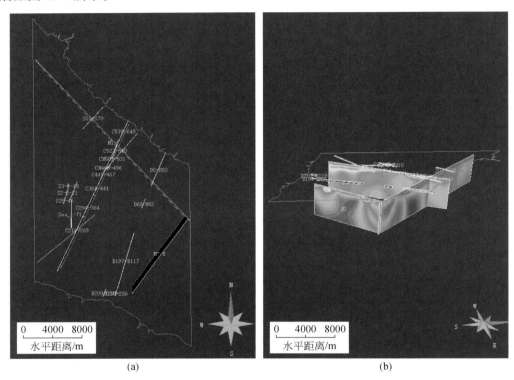

（a）   （b）

图 13-4　巴里坤盆地地球物理剖面位置图

（a）盆地地球物理剖面平面图；（b）盆地地球物理剖面侧面图

二、盆地三维结构建模流程

本项目三维结构建模与普通的 SKUA-GOCAD 构造建模流程存在着一些差别，前文已做阐述。因此，我们采取了相对不同的一个构造建模流程，主要的思路是分区块建模。工区内每个层位都存在着非常多的、不同大小的基岩露头。这些基岩露头与上覆新生界并不是整合接触，而且出露的规律不尽相同，有断层接触的，也有剥蚀的，且并不连续。而 SKUA-GOCAD 构造建模流程更加适用于盆地内的地层相对连续，且相互关系简单的建模。另外，地质和地球物理联合的解译表明，盆地的基岩面存在着较为复杂的结构，基岩面的岩性存在着较大的差别，这种差别有部分可能为断层接触造成的，也有部分推测可能为不整合接触造成的。据此，我们决定将整个三维结构通过分块建模，然后组合在一起。

（一）覆盖层地质结构面建立

我们通过地质界线，将三个层面不同的地质面分隔（surface cut 功能），即通过地质界线生成一个垂直的面，通过垂直的面去切割已有的三个层面，从而提取出不同的地质面，如图 13-5 为工区内的第四系分布范围。我们可以看到被镂空的都为基岩及桃树园子组地层。同样的方法，我们将桃树园子组地层的范围从面中切割出来（图 13-6）。

0　4000　8000
水平距离/m

图 13-5　工区第四系分布图

（二）基岩地质结构面建立

当然，其中最复杂的属于基岩面的构建。由于基岩中，如下石炭统七角井组、下石炭统塔木岗组，在三个地质结构面上都有分布，且其分布范围越往下越大，因此我们采用了分层位切割再组合的方法去构建这些复杂的层位。例如，工区中出露的石炭系地层，在地表出露，且往下其分布的范围不断拓展，因此我们将每个结构面上的地层切割出来，再拼贴（图 13-7）。

同样的方法我们构建了下石炭统塔木岗组结构面（图 13-8）、上志留统—下泥盆统红柳树沟组结构面（图 13-9）、中－上奥陶统庙尔沟组（图 13-10）、中－下奥陶统塔水组结构面（图 13-11）和岩体分布（图 13-12）。

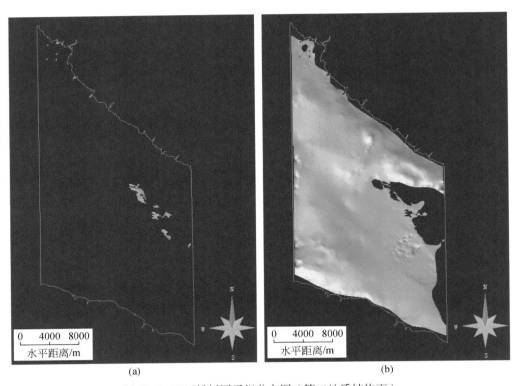

图 13-6 工区桃树园子组分布图（第二地质结构面）

（a）地表桃树园子组出露范围；（b）第二地质结构面上的桃树园子组分布图

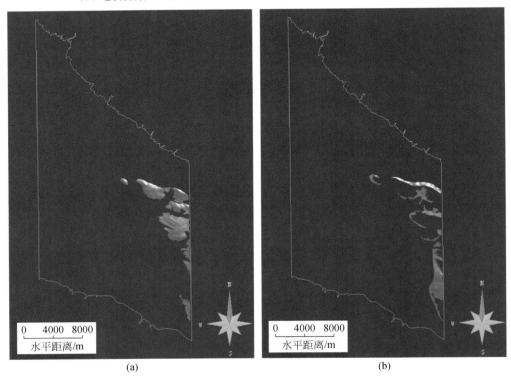

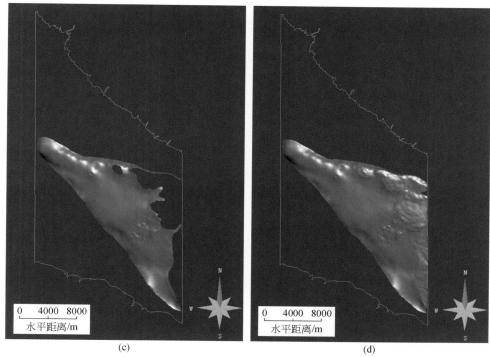

(c)　　　　　　　　　　　　　　　(d)

图 13-7　工区下石炭统七角井组分布图

（a）地表七角井组出露范围；（b）第二地质结构面上的七角井组分布图；
（c）第三结构面上的七角井组分布图；（d）拼贴后的七角井组分布图

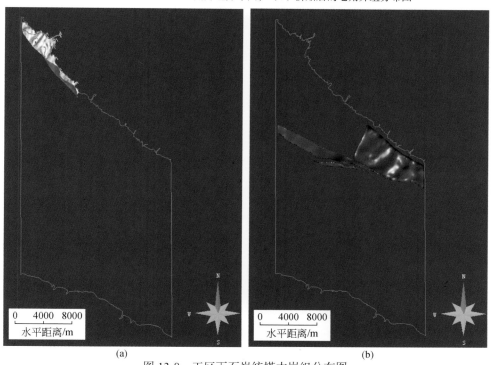

(a)　　　　　　　　　　　　　　　(b)

图 13-8　工区下石炭统塔木岗组分布图

（a）下石炭统塔木岗组结构面 1；（b）下石炭统塔木岗组结构面 2

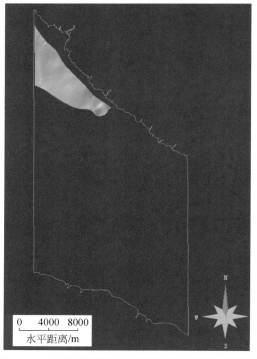

图 13-9 工区上志留统—下泥盆统红柳沟组分布图

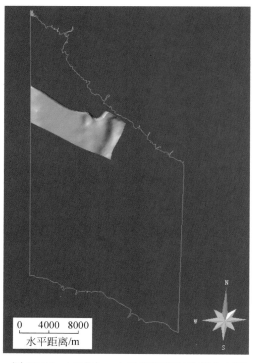

图 13-10 工区中－上奥陶统庙尔沟组分布图

图 13-11 工区中－下奥陶统塔水组分布图

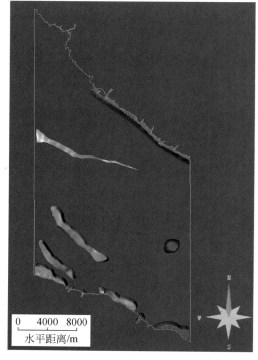

图 13-12 工区岩体分布图

（三）潜水面、隔水层和含水层建立（一定范围）

依靠盆地内的水井资料（Wellmaker）和地球物理剖面，尤其是高密度电法剖面资料，我们对盆地内的潜水面、隔水层和含水层进行了初步的刻画。盆地内的高密度电法剖面揭示出的潜水面和隔水层可以通过曲线在模型中勾勒出来，结合井标定数据，最后对范围内的潜水面和隔水层，以及含水层做出了简单的描绘。主要的高密度电法剖面资料有，C 线的 C219-269 段、C294-364 段、C364-441 段、C441-467 段、CN468-496 段，S2 线的 S2-2-21 段，S3 线的 S3-6-18 段和 S25-45 段，以及 Swa 线的 Swa_1-71 段。

首先，我们对盆地内的潜水面进行刻画（图 13-13）。图中黄色小球为井标定的潜水面位置，蓝色面为地表的水库，下伏橘黄色地质体为桃树园子组地层。结合高密度电法剖面解译的潜水面深度曲线，我们可以对盆地内一定区域的潜水面进行刻画，主要位于盆地的中部地区和盆地的北边（图中紫色层面）。总体而言，潜水面的深度为 20m 以下，而往东其深度更是下降至 2m 左右。

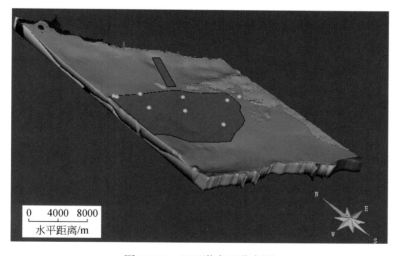

图 13-13　工区潜水面分布图

其次，盆地内的隔水层分布则主要通过高密度电法剖面刻画（图 13-14）（图中浅灰色层面）。隔水层主要分为两层，盆地内的桃树园子组地层为盆地内最底部的一个隔水层，而在第四系中也存在着一个隔水层，这个隔水层在盆地内分布并不连续，其深度变化也从盆地的西部向东部逐渐变浅。

最后，通过潜水面和隔水层的深度面，我们对盆地内的含水层（范围内）进行了刻画（图 13-15）（图中蓝色层面）。含水层的顶面为潜水面，其底面则为隔水层，含水层成分主要为一套砾石含量较为丰富的砾石层。含水层也具有向东部逐渐减薄的特征。

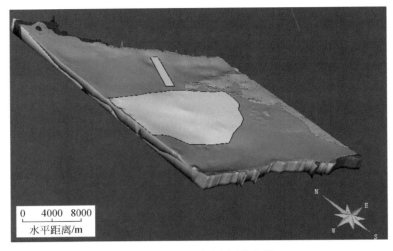

图 13-14　工区隔水层分布图

图 13-15　工区含水层分布图

（四）盆地砾石层分布及变化（廊带）

根据盆地内的高密度电法资料的解译，结合野外地质调查，我们对盆地内的第四系砾石层的分布进行了刻画。由于砾石层厚度变化资料主要来自于盆地的高密度电法剖面，因此砾石层以"廊带"形式反映在三维模型中。高密度电法剖面显示，第四系砾石层从盆地边缘往盆地中心厚度逐渐下降，砾石的含量及成分在盆地中央发生变化，推断可能是山前洪积物（粗砾石层）向盆地中心的冲洪积物转变造成的。如图 13-16，图中深灰色表示山前洪积物，军绿色则表示冲洪积物。

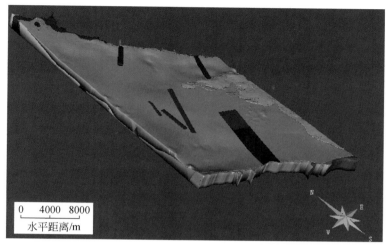

图 13-16　工区砾石层分布及变化图

三、盆地三维地质结构模型成果

完成了每个地质单元的结构面的切割后，我们根据地球物理的剖面和钻井资料进行修正。SKUA-GOCAD 具有强大的编辑功能，可以通过增加约束、局部 DSI 或 reshape Surface 命令，调整三角网的控制点来实现曲面的编辑。修正完每个曲面之后，我们就可以将这些面生成一个整体区块，即一个闭合的区块。具体的方法就是确定顶底面，再利用两个顶底面生成一个闭合的面。我们选取的工区模型的高程范围是 300～2650m，模型厚度为 2350m，这个厚度相对于盆地的范围来说较小，但是我们可以通过加大纵向分辨率去增强垂向地质体的结构表达。最后我们可以将所生成的区块合并，形成最终模型。

（一）分区块三维地质结构模型成果

切割的模型形成体后如图 13-17～图 13-38 所示。

（二）合区块三维地质结构模型成果

分区块的模型建完之后，我们将所有区块都合在一起。由于先前在使用 MapGIS 软件编辑各个地质体的边界时，边界的数据是严丝合缝的，因此最终模型边界都是紧扣的，即共享相同数据边界。巴里坤盆地东部的三维模型如图 13-39～图 13-41 所示。我们可以对模型进行剖切，可见三维模型的剖切栅格图（图 13-42）和加上断层面的剖切栅格图（图 13-43），或对重要目标地质要素（含水层、隔水层等）进行独立提取（图 13-44）。

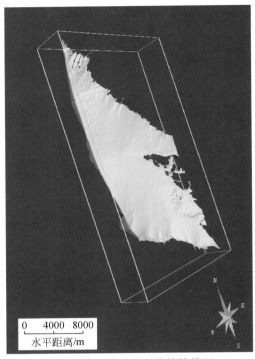

图 13-17 第四系三维结构模型

（3 倍垂向分辨率）

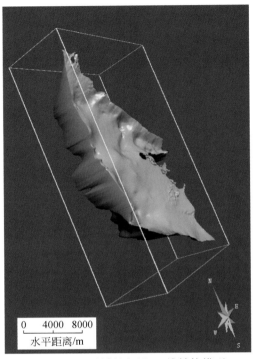

图 13-18 桃树园子组三维结构模型

（3 倍垂向分辨率）

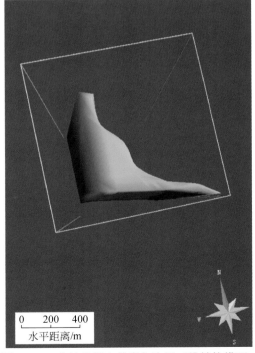

图 13-19 盆地北侧山前庙尔沟组三维结构模型

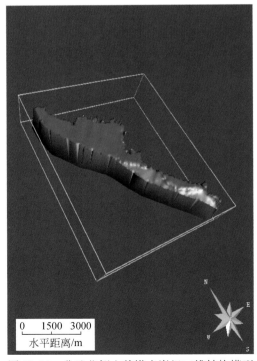

图 13-20 盆地北侧山前塔木岗组三维结构模型

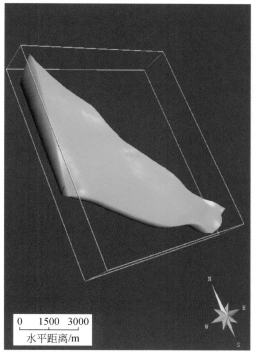

图 13-21　红柳沟组三维结构模型

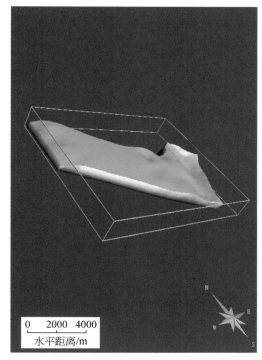

图 13-22　盆地中央庙尔沟组三维结构模型

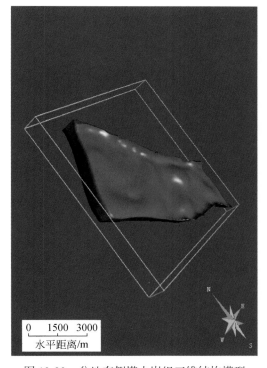

图 13-23　盆地东侧塔木岗组三维结构模型

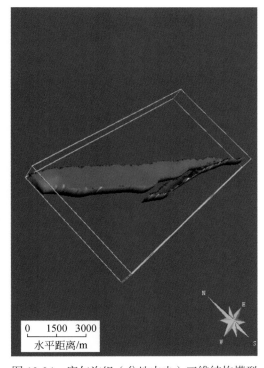

图 13-24　庙尔沟组（盆地中央）三维结构模型

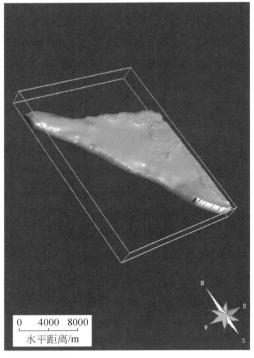

图 13-25　七角井组三维结构模型

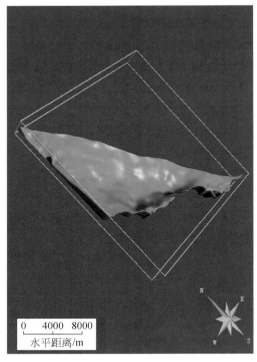

图 13-26　塔水组三维结构模型

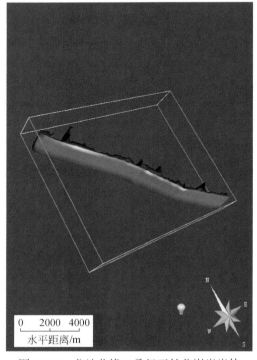

图 13-27　盆地北缘二叠纪正长花岗岩岩体
三维结构模型

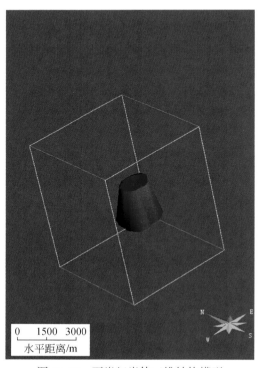

图 13-28　石炭纪岩体三维结构模型

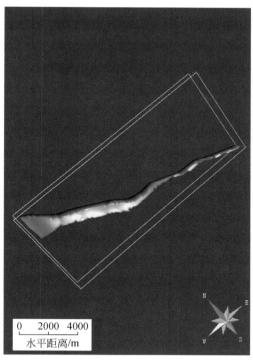

图 13-29 盆地中央二叠纪二长花岗岩岩体
三维结构模型

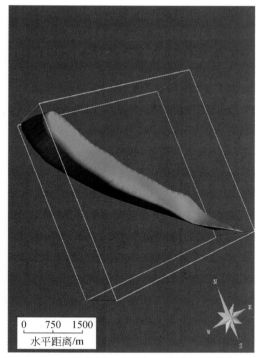

图 13-30 塔水组中志留纪二长花岗岩岩体 1
三维结构模型

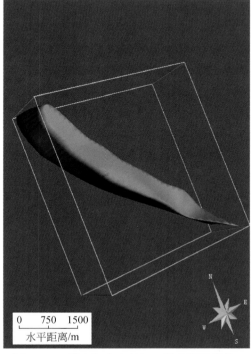

图 13-31 塔水组中志留纪二长花岗岩岩体 2
三维结构模型

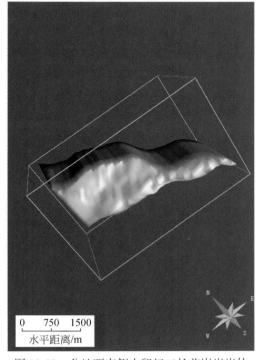

图 13-32 盆地西南侧志留纪二长花岗岩岩体
三维结构模型

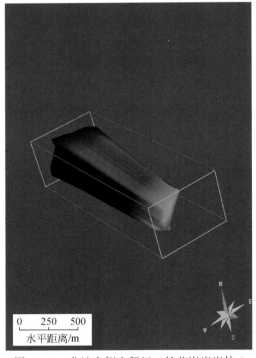

图 13-33 盆地南侧志留纪二长花岗岩岩体 1
三维结构模型

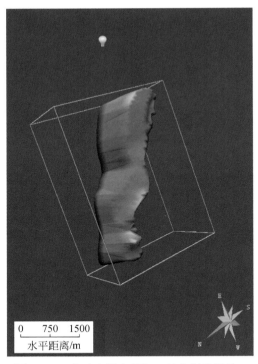

图 13-34 盆地南侧志留纪二长花岗岩岩体 2
三维结构模型

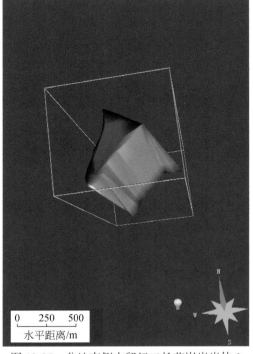

图 13-35 盆地南侧志留纪二长花岗岩岩体 3
三维结构模型

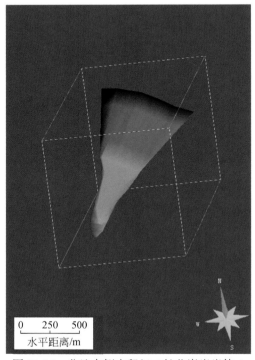

图 13-36 盆地南侧志留纪二长花岗岩岩体 4
三维结构模型

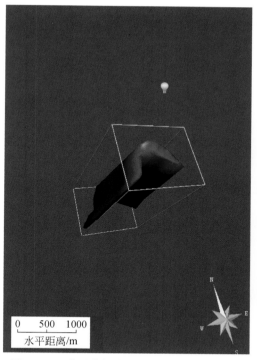

图 13-37 盆地南侧志留纪正长花岗岩岩体 1
三维结构模型

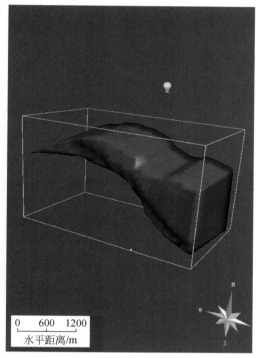

图 13-38 盆地南侧志留纪正长花岗岩岩体 2
三维结构模型

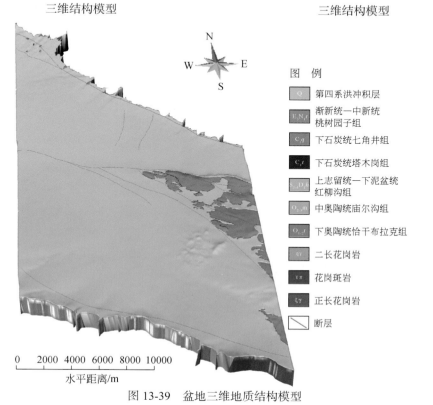

图 例

Q	第四系洪冲积层
E_3N_1^t	渐新统一中新统桃树园子组
C_1q	下石炭统七角井组
C_1t	下石炭统塔木岗组
S_3-D_1h	上志留统一下泥盆统红柳沟组
O_2-3m	中奥陶统庙尔沟组
O_1-2q	下奥陶统恰干布拉克组
ηγ	二长花岗岩
γπ	花岗斑岩
ξγ	正长花岗岩
	断层

图 13-39 盆地三维地质结构模型

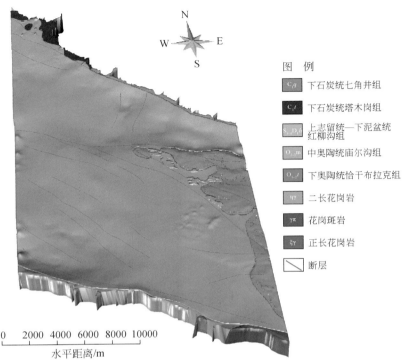

图例

C₁q 下石炭统七角井组

C₁t 下石炭统塔木岗组

S₃-D₁h 上志留统—下泥盆统红柳沟组

O₂-₃m 中奥陶统庙尔沟组

O₁-₂t 下奥陶统恰干布拉克组

ηγ 二长花岗岩

γπ 花岗斑岩

ξγ 正长花岗岩

∕∕ 断层

图 13-40 盆地三维地质结构模型（剥掉第四系覆盖层）

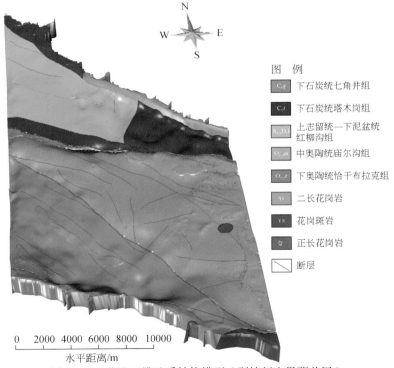

图例

C₁q 下石炭统七角井组

C₁t 下石炭统塔木岗组

S₃-D₁h 上志留统—下泥盆统红柳沟组

O₂-₃m 中奥陶统庙尔沟组

O₁-₂t 下奥陶统恰干布拉克组

ηγ 二长花岗岩

γπ 花岗斑岩

ξγ 正长花岗岩

∕∕ 断层

图 13-41 盆地三维地质结构模型（剥掉新生界覆盖层）

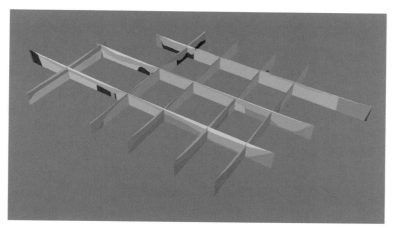

图 13-42　盆地三维地质栅格图

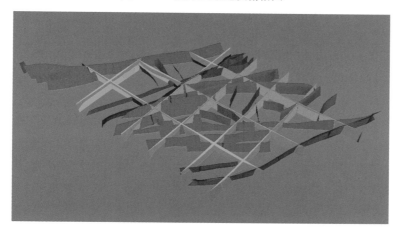

图 13-43　盆地三维地质栅格图及断层面（断层面为红色）

图 13-44　基于水井、钻孔、地球物理勘探约束的覆盖层中潜水面、含水层、隔水层和砾石层的三维分布

主要参考文献

蔡土赐 . 1999. 新疆维吾尔自治区岩石地层 . 武汉：中国地质大学出版社 .

陈绍藩，王建永，黄国龙，等 . 2004. 吐哈盆地形成及其演化 . 世界核地质科学，21（3）：125-131.

陈文寄，彭贵 . 1991. 年轻地质体系的年代测定 . 北京：地震出版社 .

范育新，陈发虎，范天来，等 . 2010. 乌兰布和北部地区沙漠景观形成的沉积学和光释光年代学证据 . 中国科学：地球科学，40（7）：903-910.

方世虎，郭召杰，张志诚，等 . 2004. 中新生代天山及其两侧盆地性质与演化 . 北京大学学报（自然科学版），40（6）：886-897.

冯益明，吴波，姚爱冬，等 . 2014. 戈壁分类体系与编目研究 . 地理学报，69（3）：391-398.

顾兆炎，刘东生，Lal D. 1997. ^{10}Be 和 ^{26}Al 在地表形成和演化研究中的应用 . 第四纪研究，20（3）：211-221.

何文渊，李江海，钱祥麟，等 . 2001. 塔里木盆地北部隆起负反转构造成因机制探讨 . 地质科学，36（2）：234-240.

计凤桔，陈文寄，王非 . 1999. 年轻地质体系的年代测定（续）——新方法、新进展 . 北京：地震出版社 .

金小凤 . 1996. 吐哈盆地第三系—白垩系古微体植物动物群 . 石油勘探与开发，23（1）：33-38.

李海兵，杨经绥，许志琴，等 . 2001. 阿尔金断裂带的形成时代——来自于同构造生长锆石 U-Pb SHRIMP 定年证据 . 地质论评，47（3）：315-316.

李虎侯 . 1998. 从断代到年龄测定 . 地球学报，（4）：42-47.

李锦轶，何国琦，徐新，等 . 2006. 新疆北部及邻区地壳构造格架及其形成过程的初步探讨 . 地质学报，80（1）：148-168.

赖忠平 . 2008. 基于光释光测年的中国黄土中氧同位素阶段 2/1 和 3/2 界限位置及年代的确定 . 第四纪研究，28（5）：883-891.

林宝玉，王宝瑜，1985. 新疆精河地区中石炭世床板珊瑚 . 地质论评，31（6）：512-517.

刘庆 . 1986. 走滑断裂系中的重要构造——拉分盆地 . 地质科技情报，5：7-14.

刘学锋，刘绍平，刘成鑫，等 . 2002. 三塘湖盆地构造演化与原型盆地类型 . 西南石油学院学报，24（4）：13-16.

刘训 . 2004. 中国西北盆山地区中－新生代古地理及地壳构造演化 . 古地理学报，6（4）：448-458.

刘永江，Neubauer F，葛肖虹，等 . 2007. 阿尔金断裂带年代学和阿尔金山隆升 . 地质科学，42（1）：134-146.

柳永清，王宗秀，金小赤，等 . 2004. 天山东段晚中生代－新生代隆升沉积响应、年代学与演化研究 . 地质学报，78（3）：319-331.

马晓鸣，何登发，李涤，等．2011．巴里坤盆地晚古生代火山岩年代学及构造演化．地质科学，46（3）：798-807．

欧阳征健，周鼎武，冯娟萍，等．2006．新疆三塘湖盆地走滑构造特征与油气勘探．现代地质，20（2）：277-282．

覃金堂，周力平．2007．沙漠边缘厚层黄土上部光释光测年的初步研究．第四纪研究，27（4）：546-552．

邱华宁，彭良．1997．^{40}Ar-^{39}Ar 年代学与流体包裹体定年．北京：中国科学技术大学出版社．

仇士华．1990．中国 ^{14}C 年代学研究．北京：科学出版社．

申元村，王秀红，丛日春，等．2013．中国沙漠、戈壁生态地理区划研究．干旱区资源与环境，27（1）：1-13．

申元村，王秀红，程维明，等．2016．中国戈壁综合自然区划研究．地理科学进展，35（1）：57-66．

沈传波，梅廉夫，张士万，等．2008．依连哈比尔尕山和博格达山中新生代隆升的时空分异：裂变径迹热年代学的证据．矿物岩石，28（2）：63-70．

舒勇．2000．水-岩交换作用对 Sm-Nd 法定年的影响．地学前缘，（2）：400．

孙桂华．2007．新疆哈尔里克山古生代以来构造变形及构造演化．中国地质科学院博士学位论文．

汤良杰，金之钧．2000．塔里木盆地北部隆起牙哈断裂带负反转过程与油气聚集．沉积学报，18（2）：302-309．

汤良杰，金之钧，张一伟，等．1999．塔里木盆地北部隆起负反转构造及其地质意义．现代地质，13：93-98．

王宝瑜．1988．新疆乌鲁木齐地区中-晚石炭世地层划分．地层学杂志，12（1）：22-29．

王国灿，杨巍然．1998．地质晚近时期山脉地区隆升及剥露作用研究．地学前缘，（1）：152-157．

王清晨，张仲培，林伟．2003．库车盆地-天山边界的晚第三纪断层活动性质与应力状态．科学通报，48（24）：2553-2559．

王学求，张必敏，姚文生，等．2012．覆盖区勘查地球化学理论研究进展与案例．地球科学——中国地质大学学报，37（6）：1126-1132．

王宗秀，李涛．2004．新疆博格达山链新生代再生造山机理——岩石圈内切层"开""合"造山带的典型代表．地质通报，23（3）：286-293．

王宗秀，李涛，张进，等．2008．博格达山链新生代抬升过程及意义．中国科学：地球科学，38（3）：312-326．

肖克炎，邢树文，丁建华，等．2016．全国重要固体矿产重点成矿区带划分与资源潜力特征．地质学报，90（7）：1269-1280．

谢桂青，胡瑞忠，蒋国豪，等．2002．锆石的成因和 U-Pb 同位素定年的某些进展．地质地球化学，30（1）：64-70．

新疆维吾尔自治区地质局．1967．K-46-4（巴里坤）地质矿产图说明书（上）．北京：中国工业出版社．

新疆维吾尔自治区地质矿产勘查开发局第一区域地质调查大队．2006．新疆哈密市口门子南一带 K46E005015、K46E005016、K46E005017、K46E006016（北半幅）、K46E006017（北半幅）1：5 万区域地质调查报告．

杨顺虎，苗来成，朱明帅，等．2014．蒙古戈壁天山断裂带晚新生代构造变形与构造地貌研究．中国地质，41（4）：1159-1166．

杨巍然，王国灿 . 2000. 大别造山带构造年代学 . 北京：中国地质大学出版社 .

张培震，邓起东，杨晓平，等 . 1996. 天山的晚新生代构造变形及其地球动力学问题 . 中国地震，（2）：23-36.

张生 . 2001. 第四纪沉积物常用测年方法及其适用性研究 . 安徽师范大学学报（自然科学版），24（4）：383-388.

张夏欢，高谦 . 2008. GOCAD 地质三维建模技术在矿山边坡工程中的应用 . 矿业快报，（9）：113-114.

赵善定，王学求 . 2005. 土屋铜矿上方覆盖层元素分布规律研究 . 新疆地质，23（3）：239-243.

朱文斌，舒良树，万景林，等 . 2006. 新疆博格达－哈尔里克山白垩纪以来剥露历史的裂变径迹证据 . 地质学报，80（1）：16-22.

朱自虎，季建清，徐芹芹，等 . 2010. 新疆博格达－哈尔里克山晚新生代压扭性变形与隆起成山 . 地质科学，45（3）：653-665.

Allen M B，Windley B F，Zhang C，et al. 1991. Basin evolution within and adjacent to the Tienshan Range，NW China. Journal of the Geological Society，148（2）：369-378.

Allen M B，Windley B F，Zheng C，et al. 1993. Evolution of the Turfan Basin，Chinese Central Asia. Tectonics，12（4）：889-896.

Avouac J P，Tapponnie P. 1993. Kinematic model of active deformation in Central Asia. Geophysical Research Letters，20（10）：895-898.

Avouac J P，Meyer B，Tapponnier P. 1992. On the growth of normal faults and the existent of flats and ramps along the El-Asnam active fold-and-thrust system. Tectonics，11（1）：1-11.

Avouac J P，Tapponnier P，Bai M，et al. 1993. Active thrusting and folding along the northern Tien Shan and Late Cenozoic rotation of the Tarim relative to Dzungaria and Kazakhsta. Journal of Geophysic Research-Solid Earth，98（B4）：6755-6804.

Bosboom R，Dupont-Nivet G，Huang W，et al. 2014. Oligocene clockwise rotations along the eastern Pamir：Tectonic and paleogeographic implications. Tectonics，33（2）：53-66.

Bott M H P. 1960. The use of rapid digital computing methods for direct gravity interpretation of sedimentary basins. Geophysical Journal International，3（1）：63-67.

Cao G C，Long H，Zhang J R，et al. 2012. Quartz OSL dating of last glacial sand dunes near Lanzhou on the western Chinese Loess Plateau：A comparison between different granulometric fractions. Quaternary Geochronology，10（4）：32-36.

Cunningham D. 2013. Mountain building processes in intracontinental oblique deformation belts：Lessons from the Gobi Corridor，Central Asia. Journal of Structural Geology，46：255-282.

Cunningham D，Owen L A，Snee L，et al. 2003. Structural framework of a major intracontinental orogenic termination zone：The easternmost Tien Shan，China. Journal of the Geological Society，160（4）：575-590.

Cunningham W D. 1998. Lithospheric controls on late cenozoic construction of the Mongolian Altai. Tectonics，17（6）：891-902.

Cunningham W D，Windley B F，Dorjnamjaa D，et al. 1996. Late Cenozoic transpression in southwestern Mongolia and the Gobi Altai-Tien Shan connection. Earth and Planetary Science Letters, 140 (1-4): 67-81.

Dupont-Nivet G, Robinson D, Butler R F, et al. 2004. Concentration of crustal displacement along a weak Altyn Tagh fault: Evidence from paleomagnetism of the northern Tibetan Plateau. Tectonics, 23 (1): 1020-1029.

Granger D E, Kirchner J W, Finkel R. 1996. Spatially averaged long-term erosion rates measured from in situ-produced cosmogenic nuclides in alluvial sediment. Journal of Geology, 104 (3): 249-257.

De Grave J D, Glorie S, Ryabinin A, et al. 2012. Late Palaeozoic and Meso-Cenozoic tectonic evolution of the southern Kyrgyz Tien Shan: Constraints from multi-method thermochronology in the Trans-Alai, Turkestan-Alai Segment and the Southeastern Ferghana Basin. Journal of Asian Earth Sciences, 44 (1): 149-168.

Harrison T M, Zeitler P K. 2005. Fundamentals of noble gas thermochronometry. Low-temperature Thermochronology: Techniques, Interpretations, and Applications, 58: 123-149.

Hendrix M S, Dumitru T A, Graham S A. 1994. Late Oligocene-Early Miocene unroofing in the Chinese Tian Shan: An early effect of the India-Asia collision. Geology, 22 (6): 487-490.

Jiang S, Li S, Somerville I D, et al. 2015. Carboniferous-Permian tectonic evolution and sedimentation of the Turpan-Hami Basin, NW China: Implications for the closure of the Paleo-Asian Ocean. Journal of Asian Earth Sciences, 113: 644-655.

Jolivet M, Dominguez S, Charreau J, et al. 2010. Mesozoic and Cenozoic tectonic history of the central Chinese Tian Shan: Reactivated tectonic structures and active deformation. Tectonics, 29 (6): 1-30.

Lai Z, Fan A. 2014. Examining quartz OSL age underestimation for loess samples from Luochuan in the Chinese Loess Plateau. Geochronometria, 41 (1): 57-64.

Lei X, Chen Y, Zhao J, et al. 2010. Modelling of current crustal tectonic deformation in the Chinese Tianshan orogenic belt constrained by GPS Observations. Journal of Geophysics and Engineering, 7 (4): 431-442.

Lei X, Chen Y, Zhao C, et al. 2013. Three-dimensional thermo-mechanical modeling of the Cenozoic uplift of the Tianshan mountains driven tectonically by the Pamir and Tarim. Journal of Asian Earth Science, 62: 797-811.

Li G, Jin M, Wen L, et al. 2014. Quartz and K-feldspar optical dating chronology of eolian sand and lacustrine sequence from the southern Ulan Buh Desert, NW China: Implications for reconstructing late Pleistocene environmental evolution. Palaeogeography Palaeoclimatology Palaeoecology, 393 (2): 111-121.

Li Y, Zhao Y, Sun L, et al. 2013. Meso-cenozoic extensional structures in the northern Tarim Basin, NW China. International Journal of Earth Science, 102 (4): 1029-1043.

Liu S W, Lai Z P, Wang Y X, et al. 2015. Growing pattern of mega-dunes in the Badain Jaran Desert in China revealed by luminescence ages. Quaternary International, 410: 111-118.

Lu Y C, Wang X L, Wintle A G. 2007. A new OSL chronology for dust accumulation in the last 130,000yr for the Chinese Loess Plateau. Quaternary Research, 67 (1): 152-160.

Luo Y, Xia J, Miller R D, et al. 2008. Rayleigh-wave dispersive energy imaging using a high-resolution linear Radon transform. Pure and Applied Geophysics, 165 (5): 903-922.

Luo Y, Xia J, Liu J, et al. 2009. Research on the middle-of-receiver-spread assumption of the MASW method. Soil Dynamics and Earthquake Engineering, 29 (1): 71-79.

Mcnamara D E，Buland R P. 2004. Ambient noise levels in the continental United States. Bulletin of the Seismological Society of America，94（4）：1517-1527.

Moinar P，Tapponnier P. 1975. Cenozoic tectonics of Asia：Effects of a continental collision. Science，189（4201）：419-426.

Moinar P，Tapponnier P. 1977. Active faulting and tectonic in China. Journal of Geophysical Research，82（20）：2902-2930.

Pappu S，Gunnell Y，Akhilesh K，et al. 2011. Early Pleistocene presence of Acheulian hominins in South India. Science，331（6024）：1596-1599.

Rumelhart P E，Yin A，Cowgill E，et al. 1999. Cenozoic vertical-axis rotation of the Altyn Tagh fault system. Geology，27（9）：819.

Sobel E R，Dumitru T A. 1997. Thrusting and exhumation around the margins of the western Tarim basin during the India-Asia collision. Journal of Geophysical Research Solid-Earth，102（B3）：5043-5063.

Sobel E，Chen J，Heermance R. 2006. Late Oligocene-Early Miocene initiation of shortening in the Southwestern Chinese Tian Shan：Implications for Neogene shortening rate variations. Earth and Planetary Science Letters，247（1-2）：70-81.

Tapponnier P，Molnar P. 1979. Active faulting and cenozoic tectonics of the Tien Shan，Mongolia，and Baykal Regions. Journal of Geophysical Research，84（B7）：3425-3459.

Wang Q，Li S，Du Z. 2009. Differential uplift of the Chinese Tianshan since the Cretaceous：Constraints from sedimentary petrography and apatite fission-track dating. International Journal of Earth Sciences，98（6）：1341-1363.

Wittlinger G，Tapponnier P，Poupinet G，et al. 1998. Tomographic evidence for localized Lithospheric shear along the altyn tagh fault. Science，282（5386）：74-76.

Wu L，Xiao A，Yang S，et al. 2012. Two-stage evolution of the Altyn Tagh Fault during the Cenozoic：New Insight from provenance analysis of a geological section in NW Qaidam Basin，NW China. Terra Nova，24（5）：387-395.

Xia J，Miller R D，Park C B. 1999. Estimation of near-surface shear-wave velocity by inversion of Rayleigh waves. Geophysics，64（3）：691-700.

Xu X，Li X，Jiang N，et al. 2015. Basement nature and origin of the Junggar Terrane：New zircon U-Pb-Hf isotope evidence from Paleozoic rocks and their enclaves. Gondwana Research，28（1）：288-310.

Yin A. 2010. Cenozoic tectonic evolution of Asia：A preliminary synthesis. Tectonophysics，488（1）：293-325.

Yue Y J，Graham S A，Ritts B D，et al. 2005. Detrital zircon provenance evidence for large-scale extrusion along the Altyn Tagh fault. Tectonophysics，406（3）：165-178.

Zhang L，Unsworth M，Jin S，et al. 2015. Structure of the Central Altyn Tagh Fault revealed by magnetotelluric data：New insights into the structure of the northern margin of the India-Asia collision. Earth and Planetary Science Letters，415：67-79.

Zhang P，Molnar P，Xu X. 2007. Late Quaternary and present-day rates of slip along the Altyn Tagh Fault，northern margin of the Tibetan Plateau. Tectonics，26（5）：1-24.